Springer-Lehrbuch

H. E. Siekmann · P. U. Thamsen

Strömungslehre für den Maschinenbau

Technik und Beispiele

2. Auflage

Prof. Dr.-Ing. Helmut E. Siekmann
Prof. Dr.-Ing. Paul Uwe Thamsen
Technische Universität Berlin
Fluidsystemdynamik – Strömungstechnik in Maschinen und Anlagen
Sekretariat K2
Straße des 17. Juni 135
10623 Berlin
Germany
helmut.siekmann@tu-berlin.de
paul-uwe.thamsen@tu-berlin.de

ISBN 978-3-540-73989-0 e-ISBN 978-3-540-73990-6

DOI 10.1007/978-3-540-73990-6

Springer Lehrbuch ISSN 0937-7433

Bibliografische Information der Deutschen Nationalbibliothek
Die Deutsche Bibliothek verzeichnet diese Publikation in der Deutschen Nationalbibliografie; detaillierte bibliografische Daten sind im Internet über http://dnb.d-nb.de abrufbar.

Satz: Digitale Druckvorlage der Autoren
Herstellung: le-tex publishing services oHG, Leipzig
Einbandgestaltung: WMXDesign, Heidelberg

Gedruckt auf säurefreiem Papier

9 8 7 6 5 4 3 2 1

springer.de

Vorwort

Der vorliegende zweite Band entspricht unserer Vorlesung Strömungslehre II, die wir in stetig redigierter Form seit vielen Jahren an der Technischen Universität Berlin halten. Wir legen dieses Lehrbuch einer größeren Zielgruppe vor, die aus Studierenden der Ingenieurwissen-schaften und Physik sowie den Praktikern aus vorwiegend strömungstechnischer Industrie besteht. Um den anwendungstechnischen Charakter dieses Buches zu betonen, haben wir in Abstimmung mit dem SPRINGER-Verlag Heidelberg den Titel

„Strömungslehre für den Maschinenbau – Technik und Beispiele"

gewählt. Die Kenntnis des ersten Bandes Strömungslehre – Grundlagen ist hilfreich, jedoch keine Voraussetzung zum Verständnis des zweiten Bandes. Neu hinzugekommen ist die Realisierung einer Homepage

www.tu-berlin.de/~fsd.

Für die Erstellung dieses Werkes haben wir wieder vielfältigen Dank auszusprechen:
Frau KOMOLL und Frau LAWRENZ für die Erstellung der Zeichnungen, Frau Bente THAMSEN und Herrn Kristian HÖCHEL für die Redaktion und computerunterstützte Anfertigung der druckfertigen Vorlage und dem Springer-Verlag für das uns entgegengebrachte Vertrauen.
Last but not least sind wir der ehemaligen Doktorandin des Institutsbereichs, Frau Prof. Dr.-Ing. (habil) Kitano MAJIDI, für die Mitgestaltung einiger Kapitel, insbesondere 13.3, 13.4 und 14, äußerst dankbar.
Wie beim ersten Band sind wir dem SPRINGER-Verlag Heidelberg für die Unterstützung und das uns entgegengebrachte Vertrauen zu Dank verpflichtet.

Berlin, im Herbst 2008

Helmut E. Siekmann
Paul Uwe Thamsen

Inhaltsverzeichnis

1 Hydrostatik

1.1 Grenzflächenspannung

Die Grenzfläche stellt die Trennfläche mehrerer Phasen dar, wie z.B. in **Bild 1.1** zwischen Wasser-Glas-Luft, Quecksilber-Glas-Luft bzw. Petroleum-Glas-Luft. Der Energieinhalt der Moleküle im Inneren der Flüssigkeit und an der Oberfläche der Flüssigkeit ist unterschiedlich. So ist, wie in **Bild 1.1** in der oberen Hälfte dargestellt, die resultierende Kraft $\underline{F}_{\text{res}}$ auf ein Flüssigkeitsmolekül im Inneren des Wasser- oder Quecksilberreservoirs Null, wohingegen an der Grenzfläche diese resultierende Kraft vorhanden ist, da, um die Grenzfläche zu erreichen, Verschiebungsenergie gegen die resultierende Kraft notwendig geworden ist.

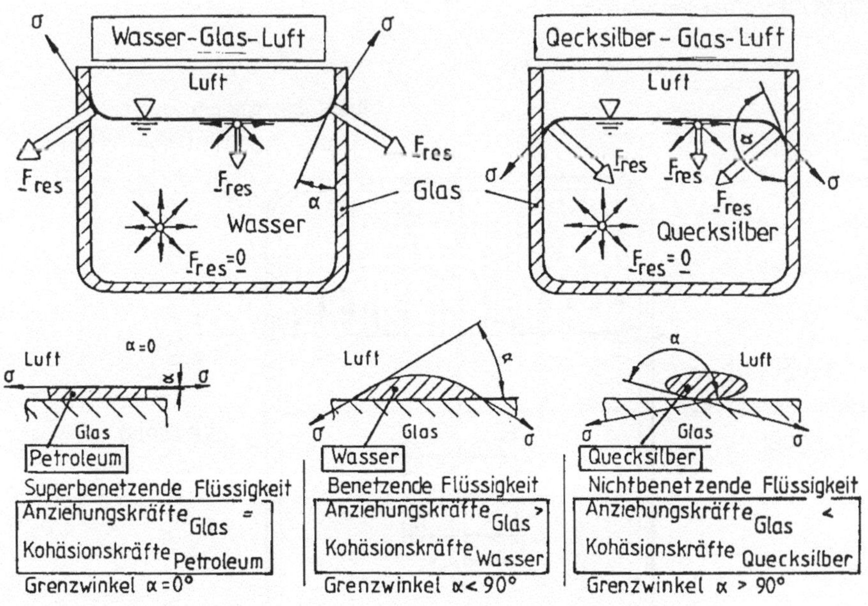

Bild 1.1. Grenzflächenspannung σ bei Petroleum, Wasser und Quecksilber

Wegen des Unterschieds im Energieinhalt nehmen die Moleküle in der Grenzfläche eine Sonderstellung ein. Sie verhalten sich wie eine Membran. Diese Membran hat eine Dicke von ca. 1 nm. Die von Natur aus bestimmte Energieminimierung führt zur Tangentialspannung der Membran. Diese in **Bild 1.1** dargestellte Spannung trägt den Namen **Grenzflächenspannung** σ, auch Oberflächenspannung, im Englischen „Surface Tension", genannt. σ hat in der oberen linken Bildhälfte eine andere Richtung als in der rechten. Dies hängt damit zusammen, dass die Anziehungskräfte des Glases größer sind als die Kohäsionskräfte der Wassermoleküle untereinander, in der rechten Bildhälfte sind die Anziehungskräfte des Glases kleiner als die Kohäsionskräfte der Quecksilbermoleküle im Inneren. In der unteren Hälfte des **Bildes 1.1** sind die unterschiedlichen Richtungen von σ in Form eines Petroleum-, Wasser- und Quecksilbertropfens dargestellt. Bei Petroleum handelt es sich um eine „superbenetzende" Flüssigkeit bei Gleichheit der Anziehungskräfte des Glases und der Kohäsionskräfte des Petroleums, Fazit: **Grenzwinkel** $\alpha = 0°$. Bei dem Wassertropfen sind die Anziehungskräfte des Glases größer als die Kohäsionskräfte des Wassers, Fazit: $\alpha < 90°$, weshalb man Wasser als „benetzende" Flüssigkeit bezeichnet. Hingegen gilt für den Quecksilbertropfen, dass die Anziehungskräfte des Glases kleiner als die Kohäsionskräfte des Quecksilbers sind, woraus sich $\alpha > 90°$ und der Name „nichtbenetzende" Flüssigkeit ableiten.

Die Grenzflächenspannung σ kann u.a. mit dem in **Bild 1.2** dargestellten Zuggerät gemessen werden.

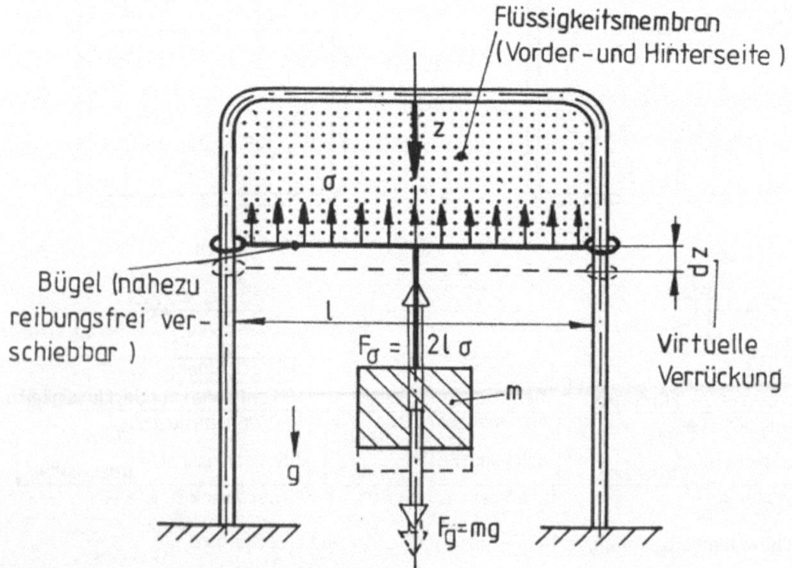

Bild 1.2. Zuggerät für Flüssigkeitsmembran

Ein U-förmiges Drahtgebilde trägt einen nahezu reibungsfrei verschiebbaren Bügel, mit dem eine Flüssigkeitsmembran mit der Gewichtskraft F_g ausgedehnt werden kann. Bei maximaler Ausdehnung gilt folgendes Kräftegleichgewicht:

$$F_g = F_\sigma$$

mit

$F_g = m\,g$	Gewichtskraft,
m	Messgewicht,
g	Fallbeschleunigung,
$F_\sigma = 2\,l\,\sigma$	Grenzflächenspannungskraft,
l	Bügellänge und
σ	Grenzflächenspannung[1].

Hieraus folgt: $m\,g = 2\,l\,\sigma$ und

$$\boxed{\sigma = \frac{m\,g}{2\,l}}. \qquad (1.1)$$

Diese Gleichung kann auch durch die Betrachtung der folgenden Energien gewonnen werden:

- Energie zur virtuellen Verrückung dz des Bügels gegen die Gewichtskraft $F_g = m\,g$ und
- Energie zur Vergrößerung der zwei Oberflächen um $2\,l\,dz$ (Vorder- und Rückseite).

Das Energiegleichgewicht besagt:
$m\,g\,dz = 2\,l\,dz\,\sigma$, woraus sich wieder die o.a. Gleichung ergibt.

Man beachte, dass die Grenzflächenspannung die Dimension einer Kraft pro Länge, bzw. Energie pro Fläche besitzt. Entsprechend ist die Einheit von σ wie folgt: N/m bzw. N m/m².
Bekannte Zahlenwerte aus der Praxis sind:

σ (Öl-Wasser-Glas)	=	0,020 N/m,
σ (Öl-Luft-Glas)	=	0,030 N/m,
σ (Wasser-Luft)	=	0,073 N/m und
σ (Quecksilber-Luft-Glas)	=	0,472 N/m.

[1] Der Faktor 2 ergibt sich aus der Tatsache, dass die Flüssigkeitsmembran eine Vorder- und eine Rückseite mit den jeweiligen Grenzflächenspannungen besitzt.

Gekrümmte Grenzflächen (Membranen) führen zu Druckdifferenzen zwischen der Vorder- und Rückseite der Membran. Der höhere Druck herrscht auf der hohlen (konkaven) Seite. Dies lässt sich anhand der folgenden Beispiele erklären.

1.2 Beispiele

1.2.1 Luftblase in Wasser oder Wassertropfen in Luft

Bild 1.3 gibt die Kraftverhältnisse für eine Luftblase (freigeschnitten) in Wasser oder einen Wassertropfen (freigeschnitten) in Luft wieder. Das Kräftegleichgewicht in x-Richtung lautet:

$$F_{p.i} - F_{p.a} - F_\sigma = 0 \text{, bzw. } (p_i - p_a)\pi d^2/4 - \sigma\pi d = 0 .$$

Mit $\Delta p = p_i - p_a$ folgt:

$$\boxed{\Delta p = \frac{4\sigma}{d} = \frac{2\sigma}{r}} . \qquad (1.2)$$

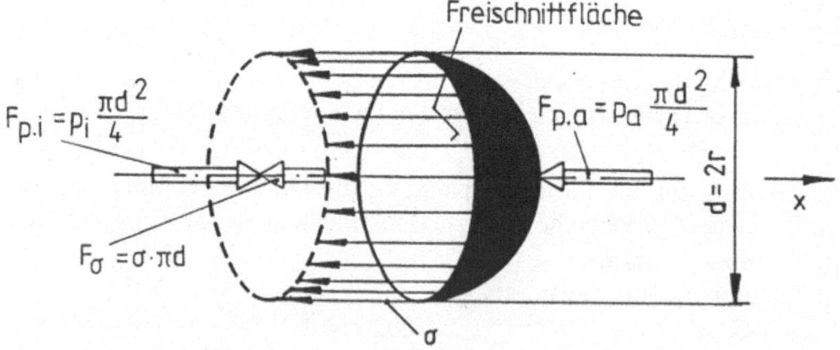

Bild 1.3. Luftblase (freigeschnitten) im Wasser oder Wassertropfen (freigeschnitten) in Luft

Bei einer dreidimensionalen Membran, man spricht auch von einer zweidimensional gekrümmten Membran mit den Hauptkrümmungsradien r_1 und r_2 (**Bild 1.4**), ergibt sich entsprechend Gl.(1.2) im Druckmesspunkt folgende Druckdifferenz:

$$\boxed{\Delta p = \sigma(\frac{1}{r_1} + \frac{1}{r_2})} \,. \tag{1.3}$$

Im Grenzfall $r_1 = r_2 = \mathrm{r}$ ergibt sich wieder $\Delta p = 2\sigma / r$.

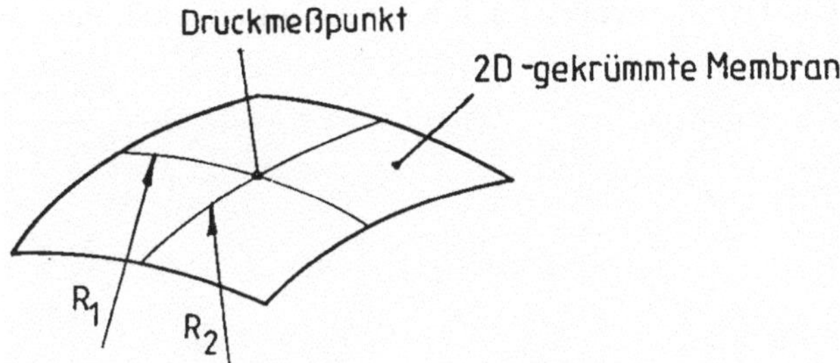

Bild 1.4. Hauptkrümmungsradien r_1 und r_2 einer 2D-gekrümmten Membran

1.2.2 Zwei kommunizierende Seifenblasen

Bild 1.5 zeigt einen Kleinversuchsstand, in dem sich bei entsprechender Ventilstellung die kleinere Blase in die größere entladen kann. Dies hängt damit zusammen, dass, wie im vorherigen Beispiel gezeigt, in der kleineren Blase ein höherer Druck herrscht als in der größeren.

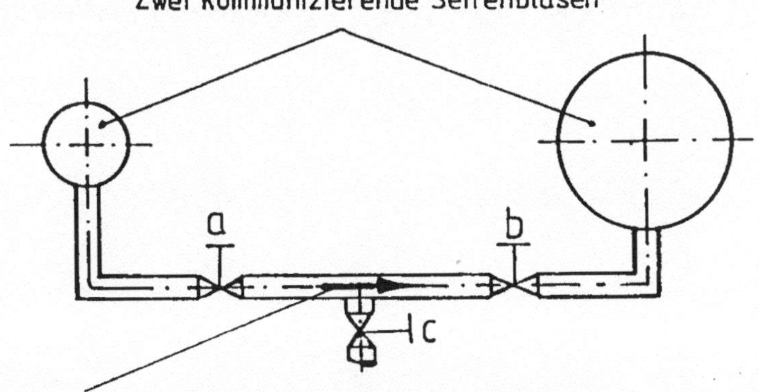

Bild 1.5. Versuchsaufbau für zwei kommunizierende Seifenblasen

1.2.3 Kapillardepression

Ein Kapillarröhrchen („Haarröhrchen“) in der Durchmessergrößenordnung d = 1 µm...5 mm wird in ein Quecksilberbad getaucht. Es ist festzustellen, dass die Kuppe des Quecksilbers innerhalb der Kapillare um den Betrag h (**Bild 1.6**) abgesenkt ist. Die Kapillardepression h ist wie folgt zu erklären:

a) Betrachtung der Kräfte

Gegeben:
σ, d, ρ_{Hg}, g.

Vorausgesetzt:
- Kreisförmiger Kapillarquerschnitt $A = \pi d^2 / 4$,
- Vernachlässigbar kleine Gewichtskraft der Kuppe,
- Vernachlässigbar kleine Anziehungskräfte der sehr dünnen Glaskapillare,
- Dichte der Luft gegenüber der Dichte des Quecksilbers vernachlässigbar klein und
- Grenzwinkel α sei näherungsweise mit 180° angenommen.

Gesucht:
Kapillardepression h.

Lösung:
Das Kräftegleichgewicht in z-Richtung lautet nach **Bild 1.6**:

$$F_{p.a} - F_{p.i} + F_\sigma = 0 \text{ oder } [p_a - (p_a + \rho_{Hg} g\, h)]\pi d^2 / 4 + \sigma \pi d = 0 .$$

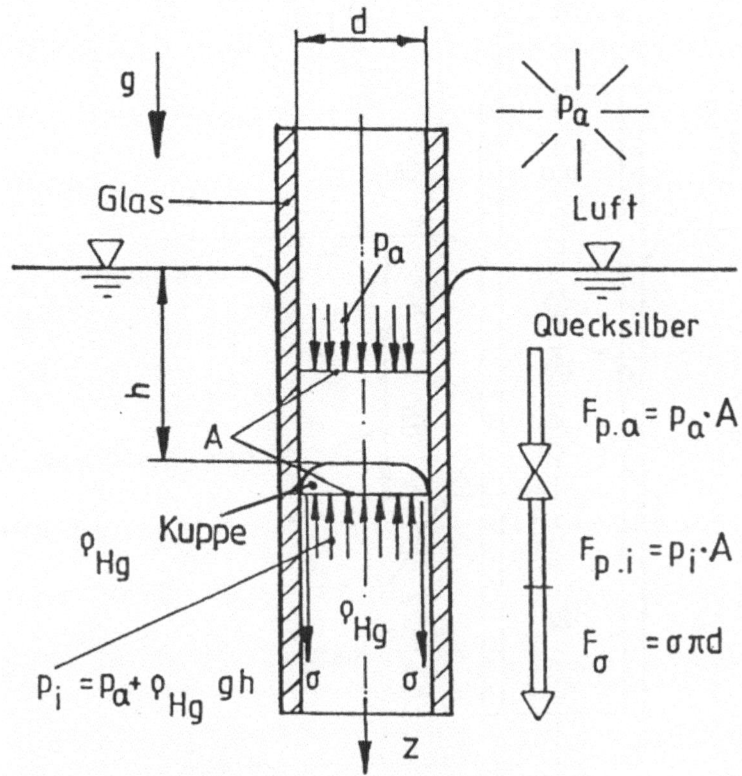

Bild 1.6. Prinzipdarstellung zur Kapillardepression h der Kuppe

Hieraus folgt die Kapillardepression zu:

$$\boxed{h = \frac{4\sigma}{d\, \rho_{Hg}\, g}} \,. \tag{1.4}$$

Aus dieser Kapillardepression lässt sich die Grenzflächenspannung σ experimentell bestimmen.

b) Betrachtung der Energien

Es wird entsprechend **Bild 1.7** eine virtuelle Verrückung dh der Kuppe angenommen. Die hierzu aufzuwendende Energie $dE_p + dE_\sigma$ muss Null ergeben mit $dE_p = -\rho_{Hg}\, g\, h\, \mathrm{d}h\, \pi d^2/4$ und $dE_\sigma = \pi d \sigma\, \mathrm{d}h$. Hieraus folgt $-\rho_{Hg}\, g\, h\, \mathrm{d}h\, \pi d^2/4 + \pi d \sigma\, \mathrm{d}h = 0$, woraus sich wieder Gl.(1.4) ergibt.

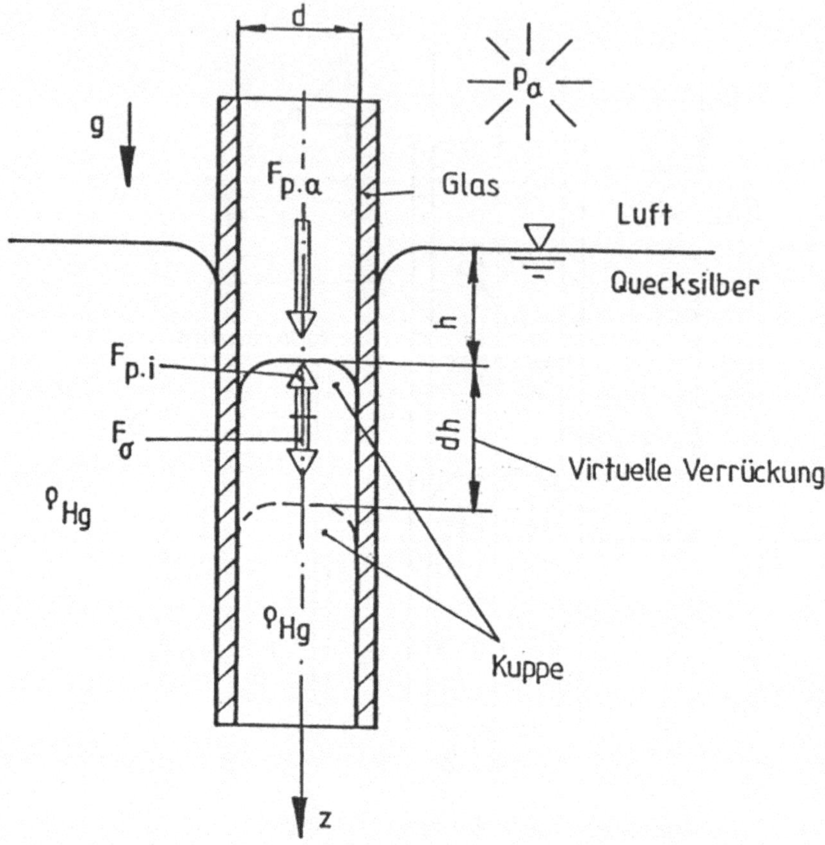

Bild 1.7. Prinzipdarstellung zur virtuellen Verrückung d h der Kuppe bei Kapillardepression

1.2.4 Kapillaraszendenz

In Natur und Technik wird auch die Umkehrung der Kapillardepression beobachtet. Es handelt sich hier um die **Kapillaraszendenz**, das Aufsteigen von Flüssigkeiten in Kapillaren. So zeigt **Bild 1.8** die Kapillaraszendenz h von Wasser in einer von Luft umgebenen Kapillare aus Glas. Die Aufstellung des Kräftegleichgewichts entsprechend **Bild 1.6** liefert in diesem Falle eine in der Praxis häufig angewendete Gleichung:

$$\boxed{h \approx \frac{30}{d}}$$

mit h und d in mm im Bereich $d \leq 3$ mm .

So lässt sich folgendes Zahlenbeispiel tabellarisch angeben:

Tabelle 1: Kapillaraszendenzen von Wasser in Glaskapillaren

Kapillardurchmesser d in mm	$1 \cdot 10^{0}$	$1 \cdot 10^{-1}$	$1 \cdot 10^{-2}$	$1 \cdot 10^{-3}$
Kapillaraszendenz h in mm	30	300	3 000	30 000

Aus dem Zahlenbeispiel wird deutlich, dass erhebliche Höhen durch Kapillarwirkung erzielt werden können (vgl. Saugwirkung von Filzmatten und anderen porösen Materialien).

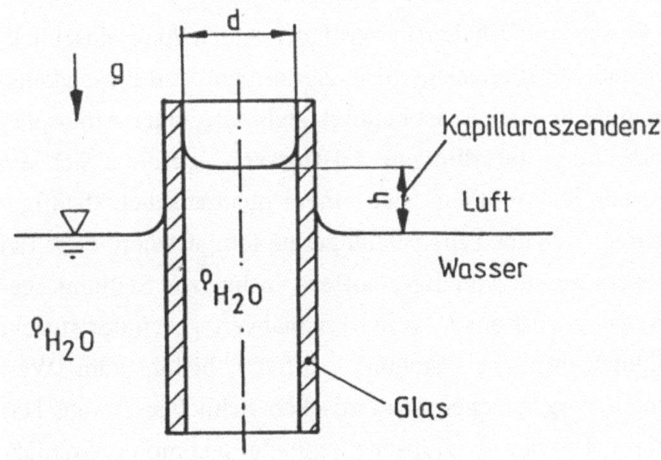

Bild 1.8. Prinzipdarstellung zur Kapillaraszendenz h

Übungsaufgaben zu diesem Kapitel finden sich unter:
www.tu-berlin.de/~fsd

2 Kinematik der instationären Strömung

2.1 Flüssigkeitsbehälter mit Schieber und Ausflussrohr

Bild 2.1 zeigt einen Flüssigkeitsbehälter in vertikaler Aufstellung einschließlich Behälterfestlager und Behälterloslager. Ein Zufluss hält den Flüssigkeitsstand h konstant. Der freie Spiegel A_1 ist belüftet, steht also unter Atmosphärendruck p_a. Im horizontalen **geradlinigen Ausflussrohr** befindet sich ein Schieber, der über einen Elektromotor nach einem quadratischen (häufiger Fall) oder einem linearen (seltener Fall) Schließgesetz ferngesteuert wird. Bei Betätigung des Schiebers aus der Stellung „offen“ bishin zur Stellung „geschlossen“ nimmt der Volumenstrom $\dot{V}$ vom Maximalwert $\dot{V}_{st}$ (Index st steht für **st**ationären Volumenstrom bei Stellung „offen“) bishin zum Wert $\dot{V} = 0\ m^3/s$ nach einem vorgegebenen quadratischen Schließgesetz ab. Das **Bild 2.1** zeigt im unteren Teil das quadratische Schließgesetz mit der Schließzeit Δt sowie zum Vergleich das lineare Schließgesetz, das zwar einfach zu rechnen aber in der Praxis kaum zu verwirklichen ist.

Es besteht nun die Aufgabe, die durch die instationäre Strömung ins Freie verursachten Behälterkräfte zu ermitteln.

Gegeben:

$h = 12{,}500$ m	Wasserstandshöhe über dem horizontalen Ausflussrohr,
$l = 2{,}900$ m	Länge des horizontalen Ausflussrohrs,
$A_2 = 0{,}126$ m²	Ausflussfläche (entspricht einer lichten Rohrweite von 400 mm),
$\rho = 1000$ kg/m³	Fluiddichte (Wasser bei 4°C),
$g = 9{,}81$ m/s²	Fallbeschleunigung und
$\Delta t = 20$ s	Schließzeit des Schiebers von der Stellung „offen“ bis zur Stellung „geschlossen“ nach dem quadratischen Schließgesetz.

Vorausgesetzt:

- Behälter- und Fluidgewicht als Grundlast unberücksichtigt,
- Reibungsfreies Fluid,
- Starre Wände,
- Richtungsstationäre Strömung (I-Kap.2.2, 3.Beispiel),
- Strömungsgeschwindigkeit im freien Spiegel (1) vernachlässigbar klein,
- Rohrquerschnitt $A = A_2$ = const (hierbei lokal begrenzte Einengung des Strömungsquerschnitts durch den Schieber vernachlässigt),
- Geradliniger Rohrverlauf und
- Rohrdurchmesser gegenüber Wasserstandshöhe h vernachlässigbar.

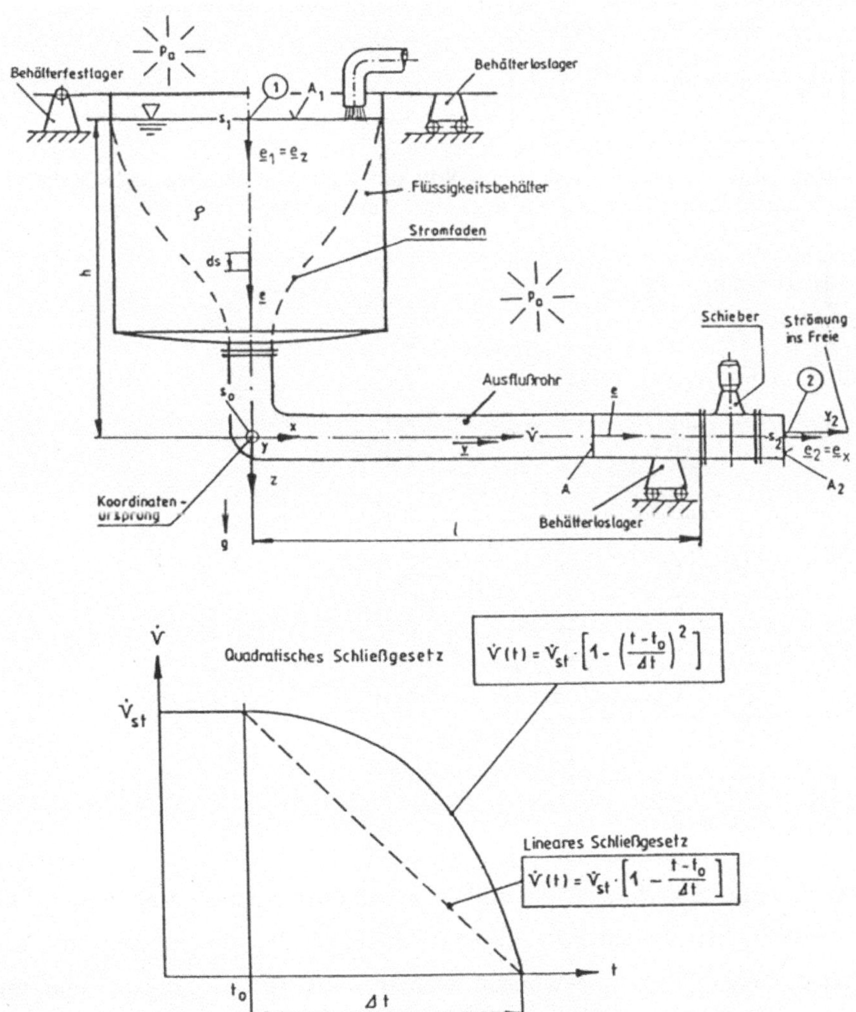

Bild 2.1. Flüssigkeitsbehälter mit Ausflussrohr und Schieber mit zwei Schließgesetzen

Gesucht ist der zeitliche Verlauf der Reaktionswandkraft R_W in x- und z-Richtung sowohl für das quadratische als auch für das lineare Schließgesetz (s. **Bild 2.1**):

Zur *Lösung* werden das **quadratische Schließgesetz**

$$\boxed{\dot{V}(t) = \dot{V}_{st}\left[1 - \left(\frac{t - t_0}{\Delta t}\right)^2\right]} \tag{2.1}$$

und die Gleichung (I-4.24) für die Reaktionswandkraft $\underline{R}_W$ herangezogen. Zugeschnitten auf dieses Problem lautet letztgenannte Gleichung:

$$\boxed{\underline{R}_W = -[\dot{m}v_2]\underline{e}_2 - \frac{d\dot{m}}{dt}\int_{s_1}^{s_2}\underline{e}\,ds}. \tag{2.2}$$

Hierbei sind $\dot{m}$ und v_2 Funktionen von der Zeit t, s. Schließgesetz Gl.(2.1). Das Integral kann näherungsweise ersetzt werden durch:

$$\int_{s_1}^{s_2}\underline{e}\,ds = h\,\underline{e}_z + l\,\underline{e}_x\,.$$

Mit $\dot{m} = \rho\dot{V} = \rho A_2 v_2$ folgen:

$$\frac{d\dot{m}}{dt} = \rho A_2 \frac{dv_2}{dt}\,,$$

$$\boxed{\underline{R}_W = -\left(\rho A_2 v_2^{\,2}\right)\underline{e}_x - \rho A_2 \frac{dv_2}{dt}\left(h\underline{e}_z + l\,\underline{e}_x\right)}\,, \tag{2.3}$$

$$\boxed{R_{W.x} = -\rho A_2\left(v_2^{\,2} + l\frac{dv_2}{dt}\right)} \tag{2.4}$$

und

$$\boxed{R_{W.z} = -\rho A_2 h \frac{dv_2}{dt}}\,. \tag{2.5}$$

Man beachte, dass $R_{W.x}$, $R_{W.z}$ und v_2 Funktionen von der Zeit t sind. Die Geschwindigkeit v_2 und ihre zeitliche Ableitung dv_2/dt müssen über das Schließgesetz, Gl.(2.1), gewonnen werden. Mit $\dot{V}(t) = A_2 v_2(t)$ und mit $\dot{V}_{st} = A_2\sqrt{2gh}$ (nach TORRICELLI-Gl. I-3.13) folgt aus Gl.(2.1):

$$\mathrm{v}_2(t)=\sqrt{2gh}\left[1-\left(\frac{t-t_0}{\Delta t}\right)^2\right] \tag{2.6}$$

und nach der Zeit abgeleitet:

$$\frac{\mathrm{dv}_2}{\mathrm{d}t}=-\frac{2\sqrt{2gh}}{\Delta t}\cdot\frac{t-t_0}{\Delta t}. \tag{2.7}$$

Setzt man Gln. (2.6) und (2.7) in Gln. (2.4) und (2.5) ein, so erhält man für das quadratische Schließgesetz:

$$\boxed{R_{\mathrm{W.x}}(t)=-\rho A_2\left\{2gh\left[1-\left(\frac{t-t_0}{\Delta t}\right)^2\right]^2-\frac{2l\sqrt{2gh}}{\Delta t}\cdot\frac{t-t_0}{\Delta t}\right\}} \tag{2.8}$$

und

$$\boxed{R_{\mathrm{W.z}}(t)=+\rho A_2\frac{2h\sqrt{2gh}}{\Delta t}\cdot\frac{t-t_0}{\Delta t}}\,. \tag{2.9}$$

Die graphische Darstellung dieser Gln. (2.8) und (2.9) findet sich im **Bild 2.2**. Man beachte, dass $R_{\mathrm{W.x}}$ im Laufe der Schließzeit ein relativ großes Intervall von

$R_{\mathrm{W.x}}(t=t_0)=-\rho A_2 2gh$

bis

$R_{\mathrm{W.x}}(t=t_0+\Delta t)=+\rho A_2 2l\sqrt{2gh}\,/\,\Delta t$

durchläuft, d.h. von –30 902 N (das ist die bei Schieberstellung „offen" dauernd auftretende Kraft entsprechend einer Gewichtskraft von ca. 3 to) auf +572 N. Diese verhältnismäßig geringe Kraft in positiver x - Richtung tritt am Ende des Schließvorgangs auf. Danach verschwindet $R_{\mathrm{W.x}}$. Mit sehr kurzen Schließzeiten und langen Ausflussleitungen können auch hier relativ große Werte auftreten.

Da die Gewichtskraft für Behälter und Inhalt bei dieser Rechnung nicht berücksichtigt werden, startet $R_{\mathrm{W.z}}$ bei Null, d.h.

$R_{\mathrm{W.z}}(t=t_0)=0\ N$,

und erreicht einen Wert von

$R_{\mathrm{W.z}}(t=t_0+\Delta t)=+\rho A_2 2h\sqrt{2gh}\,/\,\Delta t=+2\,467$ N

(das ist eine Gewichtskraft von ca. 0,25 to) am Ende des Schließvorgangs. Man beachte, dass bei Schnellschluss in 2 s statt 20 s die zehnfachen Werte für $R_{\mathrm{W.x}}$ und $R_{\mathrm{W.z}}$ auftreten.

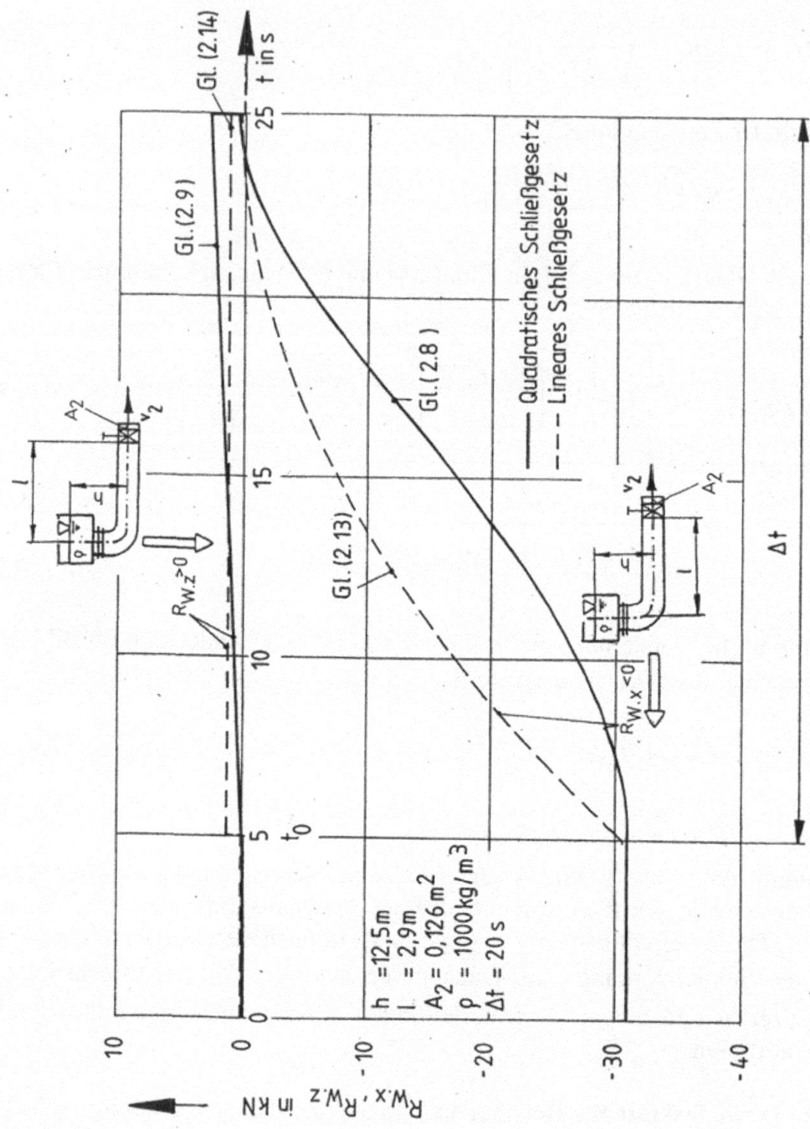

Bild 2.2. Reaktionswandkraftkomponenten $R_{W.x}$ und $R_{W.z}$ während der Schließzeit Δt für ein geradliniges Ausflussrohr

Es soll nun die Anwendung des „Linearen Schließgesetzes", s. **Bild 2.1**, untersucht werden.

Das **lineare Schließgesetz** lautet:

$$\boxed{\dot{V}(t) = \dot{V}_{\text{st}}\left[1 - \frac{t - t_0}{\Delta t}\right]}\,. \tag{2.10}$$

Aus $\dot{V}(t) = A_2 \mathrm{v}_2(t)$ folgen:

$$\mathrm{v}_2(t) = \sqrt{2gh}\left[1 - \frac{t - t_0}{\Delta t}\right] \tag{2.11}$$

und, nach der Zeit abgeleitet:

$$\frac{\mathrm{dv}_2}{\mathrm{d}t} = -\frac{\sqrt{2gh}}{\Delta t}\,. \tag{2.12}$$

Man beachte, dass im Gegensatz zu Gl. (2.7) diese Gleichung zeitunabhängig ist.

Setzt man Gln. (2.11) und (2.12) in Gl. (2.4) ein, so erhält man für das lineare Schließgesetz:

$$\boxed{R_{\mathrm{W.x}}(t) = -\rho\, A_2 \left\{ 2gh\left[1 - \frac{t - t_0}{\Delta t}\right]^2 - \frac{l\sqrt{2gh}}{\Delta t} \right\}}\,. \tag{2.13}$$

Diese Gleichung ist als gestrichelte Kurve in **Bild 2.2** dargestellt.

Durch Einsetzen von Gl.(2.12) in Gl.(2.5) erhält man:

$$\boxed{R_{\mathrm{W.z}} = +\rho\, A_2 \frac{h\sqrt{2gh}}{\Delta t}}\,. \tag{2.14}$$

Diese Gleichung ist zeitunabhängig und erscheint als gestrichelte Gerade ebenfalls in **Bild 2.2**.

Zahlenmäßig ergibt sich:

$$R_{\mathrm{W.x}}(t = t_0) = -\rho\, A_2\, 2gh + \rho A_2 \frac{l\sqrt{2gh}}{\Delta t}$$

$$= -30\,902\,N + 286\,N = -30\,616\,N\,.$$

Diese Kraft wirkt wie bei dem quadratischen Schließgesetz entgegen der v_2-Richtung und tritt unmittelbar nach Einleitung des Schließvorgangs auf. Vor dem Schließvorgang ist natürlich der stationäre Wert $-\rho A_2\, 2gh = -30902\,N$ festzustellen. Die Tatsache, dass $R_{\mathrm{W.x}}$ bei Einleitung des

Schließvorgangs um 286 N springt, ist mit der Steigungsunstetigkeit des linearen Schließgesetzes bei $t = t_0$ zu erklären. Bei $t = t_0 + \Delta t$, dem Ende des Schließvorgangs, ergibt sich:

$$R_{W.x}(t = t_0 + \Delta t) = +\rho A_2 \frac{l\sqrt{2gh}}{\Delta t} = +286\ N\,.$$

Zahlenmäßig ergibt sich für $R_{W.z}$ während der Schließzeit Δt:

$$R_{W.z} = +\rho\, A_2 \frac{h\sqrt{2gh}}{\Delta t} = 1\ 233\,N\,.$$

Diese Reaktionswandkraftkomponente zeigt in g-Richtung (identisch mit positiver z-Richtung) und ist zeitunabhängig.

Es treten also bei Anwendung des linearen Schließgesetzes kleinere dynamische Belastungen auf den Behälter auf; dem gegenüber steht der technisch hohe Aufwand zur Umsetzung des linearen Schließgesetzes in die Praxis.

Nun soll noch diskutiert werden, wie sich die dynamischen Kräfte $R_{W.x}$ und $R_{W.z}$ ändern, wenn sich statt des geradlinigen horizontalen Ausflussrohres ein **hakenförmiges Ausflussrohr** nach **Bild 2.3** in der Ausflussleitung befindet.

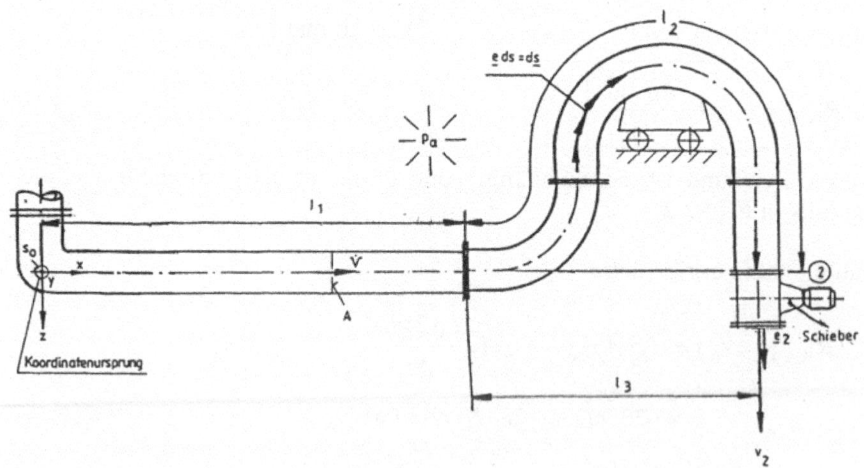

Bild 2.3. Hakenförmiges Ausflussrohr

In diesem Fall ist es wichtig zu erkennen, dass in Gl. (I-4.24) bzw. Gl. (2.2) das auftretende Integral $\int_{s_0}^{s_2} \underline{e}\,\mathrm{d}s$ im Rohrleitungsabschnitt (l_1+l_2) wie folgt angegeben werden kann:

$$\int_{s_0}^{s_2} \underline{e}\, ds = \underline{e}_x (l_1 + l_3)\,. \tag{2.15}$$

Diese Gleichung, in Gl. (2.2) eingesetzt, liefert:

$$\boxed{\underline{R}_\mathrm{W} = -\left[\rho A_2 \mathrm{v}_2^{\,2}\right] \underline{e}_z - \rho A_2 \frac{\mathrm{dv}_2}{\mathrm{d}t}\left[h \underline{e}_z + (l_1 + l_3)\ \underline{e}_x\right]} \tag{2.16}$$

mit

$$\boxed{R_{\mathrm{W.x}} = -\rho A_2 (l_1 + l_3) \frac{\mathrm{dv}_2}{\mathrm{d}t}} \tag{2.17}$$

und

$$\boxed{\mathrm{R}_{\mathrm{W.z}} = -\rho A_2 \left(\mathrm{v}_2^{\,2} + h \frac{\mathrm{dv}_2}{\mathrm{d}t}\right)}. \tag{2.18}$$

Man vergleiche hierzu Gln.(2.17) und (2.18) mit Gln.(2.4) und (2.5).

So ergibt sich nach dem **quadratischen Schließgesetz** Gl. (2.1), bzw. Gln. (2.6) und (2.7):

$$\boxed{R_{\mathrm{W.x}}(t) = +\rho A_2 (l_1 + l_3) \frac{2\sqrt{2gh}}{\Delta t} \cdot \frac{t - t_0}{\Delta t}} \tag{2.19}$$

und

$$\boxed{R_{\mathrm{W.z}}(t) = -\rho A_2 \left\{ 2gh\left[1 - \left(\frac{t - t_0}{\Delta t}\right)^2\right]^2 - \frac{2h\sqrt{2gh}}{\Delta t} \cdot \frac{t - t_0}{\Delta t} \right\}}. \tag{2.20}$$

Auch hier ist ein Vergleich der Gln.(2.19) und (2.20) mit den Gln.(2.8) und (2.9) lohnenswert.

Zahlenmäßig folgt mit $\mathrm{l} = \mathrm{l}_1 + \mathrm{l}_3$:

$$R_{\mathrm{W.x}}(t = t_0) = 0\ N\,,$$

$$R_{W.x}(t=t_0+\Delta t)=+\rho A_2\frac{l\sqrt{2gh}}{\Delta t}=286\,N,$$

$$R_{W.z}(t=t_0)=-\rho\,A_2 2gh=30\,902\,N\text{ und}$$

$$R_{W.z}(t=t_0+\Delta t)=+\rho A_2\frac{2h\sqrt{2gh}}{\Delta t}=2\,467\,N.$$

Legt man nun das **lineare Schließgesetz** Gl.(2.10) bzw. Gln.(2.11) und (2.12) für das Ausflussrohr in Hakenform zugrunde, so ergeben sich folgende Reaktionswandkräfte in x- und z-Richtung:

$$\boxed{R_{W.x}=+\rho\,A_2\,l\frac{\sqrt{2gh}}{\Delta t}} \tag{2.21}$$

und

$$\boxed{R_{W.z}(t)=-\rho\,A_2\left\{2gh\left[1-\left(\frac{t-t_0}{\Delta t}\right)^2\right]-h\frac{\sqrt{2gh}}{\Delta t}\right\}}. \tag{2.22}$$

Zahlenmäßig folgen:

$$R_{W.x}=+\rho\,A_2\,l\frac{\sqrt{2gh}}{\Delta t}=1\,233\,N\text{ (zeitunabhängig)},$$

$$R_{W.z}(t=t_0)=-\rho\,A_2\left\{2gh-h\frac{\sqrt{2gh}}{\Delta t}\right\}=-29\,668\,N\text{ und}$$

$$R_{W.z}(t=t_0+\Delta t)=+\rho\,A_2\,h\frac{\sqrt{2gh}}{\Delta t}=1\,233\,N.$$

Die graphische Darstellung der Gln. (2.19) ... (2.22) liefert **Bild 2.4**.

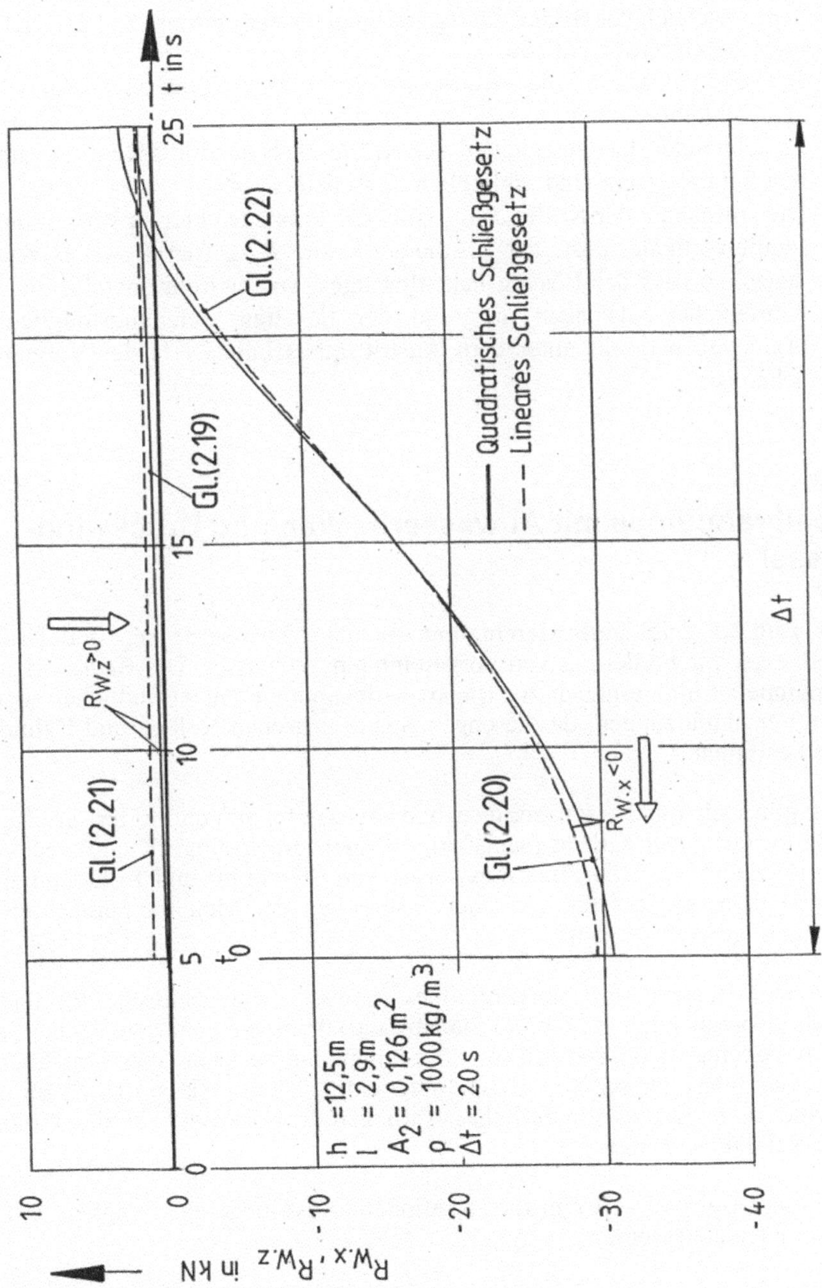

Bild 2.4. Reaktionswandkraftkomponenten $R_{W.x}$ und $R_{W.z}$ während der Schließzeit Δt für ein hakenförmiges Ausflussrohr nach Bild 2.3

Bei dem Vergleich der **Bilder 2.2** (geradliniges Ausflussrohr) und **2.4** (hakenförmiges Ausflussrohr) fällt auf:

- Die Größenordnung der Kräfte (in der Vertauschung von $R_{W.x}$ und $R_{W.z}$) bleibt erhalten,
- Es schwindet der Unterschied der Kräfte nach quadratischem und linearem Schließgesetz, und schließlich ist zu bemerken:
- Die Aufnahme der Kräfte $R_{W.z}$ ist in der Praxis leichter zu verwirklichen (durch vertikales Festlager) als die der Kräfte $R_{W.x}$ (durch axiales Widerlager), so dass der Lösung hakenförmiges Ausflussrohr sowohl von den Kräften her, als auch aufgrund der besseren Beladungsmöglichkeit (Tankwagen direkt unter dem Austrittsquerschnitt A_2) der Vorzug zu geben ist.

2.2. Membranpumpe mit Abwasserbecken und Druckwindkessel

Das **Bild 2.5** zeigt eine Membranpumpe mit Abwasserbecken und Druckwindkessel zur Förderung von vorgereinigtem Abwasser. Die Bauart Membranpumpe ist im Vergleich zur Bauart Kolbenpumpe unempfindlicher gegenüber Verschmutzungen, da die engen Spalte zwischen Kolben und Zylinderwand entfallen.

Dies gilt auch für die saugseitigen und druckseitigen Ventile, die in diesem Falle in Form von Kugeln (saugseitige Kugel, druckseitige Kugel) realisiert sind. Dennoch sind die Funktionsweisen von Membran- und Kolbenpumpen sehr ähnlich, so dass die typischen Baugrößen der Membranpumpe mit K (Kolben) indiziert werden.

Aus dem Becken wird vorgereinigtes Abwasser (mechanische Reinigung durch Siebrechen mit ca. 40 mm Stababstand) über eine genormte Einlaufdüse durch die Saug- und Druckwirkung der Pumpe hubweise in einen Druckwindkessel gefördert. Dieser Kessel steht unter einem Überdruck von 1...10 bar und bewirkt ein nahezu kontinuierliches Abfließen des Abwassers in eine biologische Reinigungsanlage.

In diesem Beispiel soll nun die instationäre Austrittsgeschwindigkeit $v_2(t)$ näher untersucht werden.

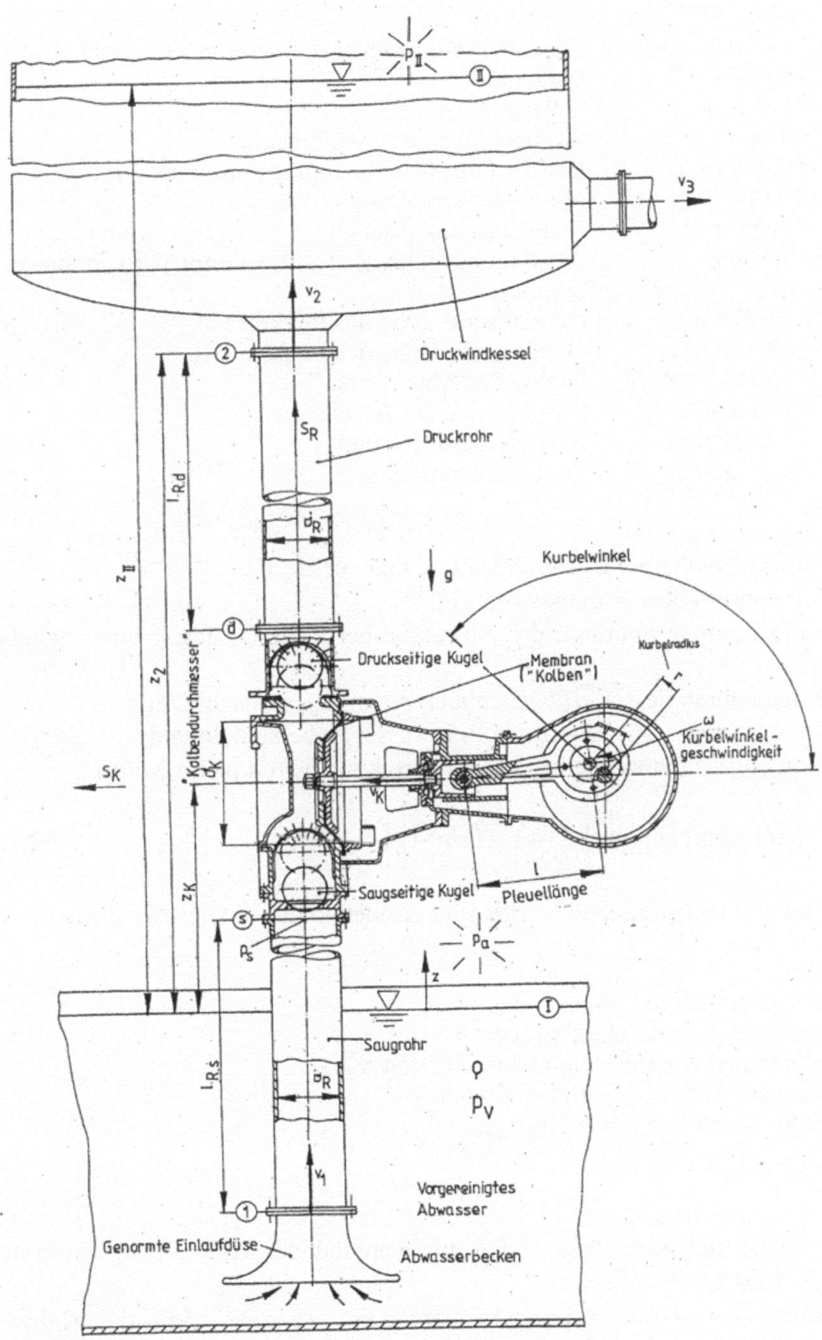

Bild 2.5 Membranpumpe zur Förderung von vorgereinigtem Abwasser, Abwasserbecken und Druckwindkessel

Gegeben:

d_k = 0,570 m	Kolbendurchmesser (Membrandurchmesser),
l = 1,000 m	Pleuellänge,
r = 0,083 m	Kurbelradius,
ω = 8,00 s^{-1}	Kurbelwinkelgeschwindigkeit,
d_R = 0,290 m	Lichter Druck- und Saugrohrdurchmesser,
$l_{R.d}$ = 7,000 m	Länge des Druckrohrs,
$l_{R.s}$ = 4,000 m	Länge des Saugrohrs,
z_K = 1,500 m	Aufstellungshöhe der Kolbenpumpe (Membranpumpe),
z_2 = 11,270 m	Geodätische Höhe des Punktes (2),
z_{II} = 17,100 m	Geodätische Höhe des Punktes (II),
ρ = 1000 kg/m³	Dichte des Abwassers,
p_V = 23 mbar	Dampfdruck des Abwassers,
p_a = 1 013 mbar	Umgebungsdruck und
g = 9,81 m/s²	Fallbeschleunigung.

Vorausgesetzt:

- Stromfadentheorie (Stromfadendurchmesser d_R),
- Inkompressibles, reibungsfreies Fluid,
- Kolbenpumpe oberhalb der Abwasseroberfläche (I) angeordnet, Saugbetrieb,
- Kolbendurchmesser d_K gegenüber z_2 und z_{II} vernachlässigbar
- Vorgereinigtes Abwasser wie Reinwasser zu behandeln und
- Kolbengeschwindigkeit (Membrangeschwindigkeit in der Mitte)

$$\mathrm{v}_K(t) = r\omega\left[\sin(\omega t) + \frac{r}{2l}\sin(2\omega t)\right], \tag{2.23}$$

Bild 2.6 gibt den zeitlichen Verlauf der Größen in dieser Gleichung wieder.

Gesucht:

1. Austrittsgeschwindigkeit v_2 (t),
2. Eintrittsgeschwindigkeit v_1 (t),
3. Maßnahmen zur Vergleichmäßigung von v_2 (t),
4. Druck $p_s(t)$ am Saugstutzen (s) und
5. Größte Aufstellungshöhe $z_{K.max}$.

Lösung:

Zu 1.:

Man mache sich klar, dass $\mathrm{v}_2(t)$ nur während des Hubvorgangs auftreten kann, s. **Bild 2.7**. Es gilt also:

Die Kurbelwinkel $0 < \omega t < \pi$, $2\pi < \omega t < 3\pi$, $4\pi < \omega t < 5\pi$, etc. (Hubvorgänge) ergeben positive Strömungsgeschwindigkeiten $\mathrm{v}_2(t)$,

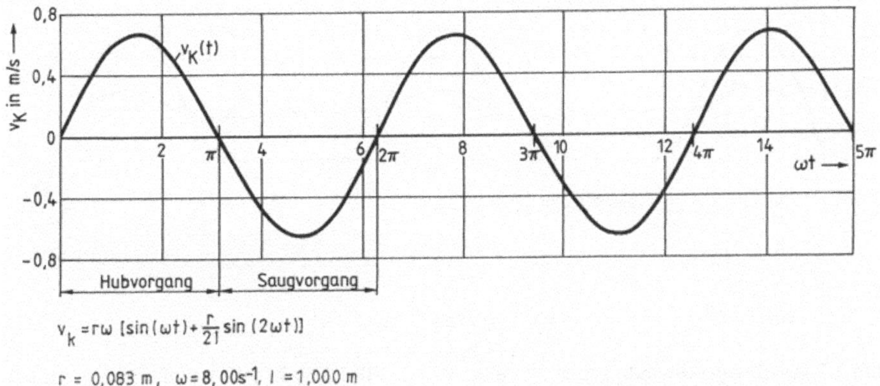

Bild 2.6 „Kolbengeschwindigkeit" v_K (Membrangeschwindigkeit) in Abhängigkeit vom Kurbelwinkel ωt bzw. von der Zeit t

Die Kurbelwinkel $\pi \leq \omega t \leq 2\pi$, $3\pi \leq \omega t \leq 4\pi$, etc. (Saugvorgänge) erfordern $v_2 = 0$ m/s.

Die Kontinuitätsgleichung bedingt, dass die Verdrängung der Membran der Verdrängung im Saugrohr (während des Saugvorgangs) bzw. der Verdrängung im Druckrohr (während des Hubvorgangs) entspricht, d.h.:

$$\frac{\pi d_K^2}{4} ds_K = \frac{\pi d_R^2}{4} ds_R . \tag{2.24}$$

Gleichung (2.24), durch dt dividiert, liefert mit $ds_K / dt = v_K$ und $ds_R / dt = v_2$:

$$\boxed{v_2 = \left(\frac{d_K}{d_R}\right)^2 v_K} . \tag{2.25}$$

Setzt man $v_K(t)$ aus Gl.(2.23) in Gl.(2.25) ein, so erhält man:

$$\boxed{v_2(t) = \left(\frac{d_K}{d_R}\right)^2 r\omega \left[\sin(\omega t) + \frac{r}{2l}\sin(2\omega t)\right]} . \tag{2.26}$$

Diese Gleichung ist in **Bild 2.7** mit $v_2 = 0\ m/s$ in den Intervallen (Saugvorgängen) $\pi \leq \omega t \leq 2\pi$ und $3\pi \leq \omega t \leq 4\pi$,etc. dargestellt.

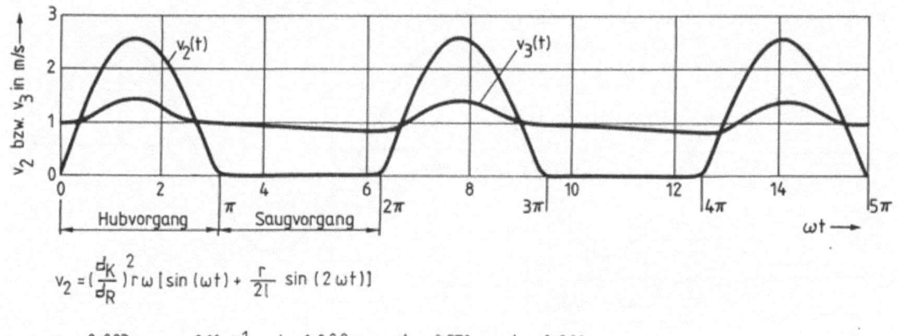

Bild 2.7 Ausflussgeschwindigkeiten v_2 und v_3 (s. **Bild 2.5**) in Abhängigkeit vom Kurbelwinkel ωt bzw. von der Zeit t

Zu 2.:
Für die Eintrittsgeschwindigkeit $v_1(t)$ gilt während des Hubvorgangs: $v_1 = 0\ m/s$. Während des Saugvorgangs ist s_K negativ, so dass Gl. (2.24) entsprechend lautet:

$$\frac{\pi\, d_K{}^2}{4}\left(-\,\mathrm{d}s_K\right) = \frac{\pi\, d_R{}^2}{4}\,\mathrm{d}s_R\,. \tag{2.27}$$

Hieraus lässt sich wieder entsprechend Gln. (2.249 und (2.25) ableiten:

$$\boxed{v_1 = -\left(\frac{d_K}{d_R}\right)^2 v_K}\,. \tag{2.28}$$

Mit Einsetzen von $v_k(t)$ aus Gl.(2.23) in Gl.(2.28)folgt:

$$\boxed{v_1(t) = -\left(\frac{d_K}{d_R}\right)^2 r\omega\left[\sin(\omega t) + \frac{r}{2l}\sin(2\omega t)\right]}\,. \tag{2.29}$$

In **Bild 2.8** ist Gl. (2.29) dargestellt, wobei wiederum zu beachten ist, dass $v_1 = 0\ m/s$ während der Hubvorgänge $0 < \omega t < \pi$, $2\pi < \omega t < 3\pi$, $4\pi < \omega t < 5\pi$, etc. gilt.

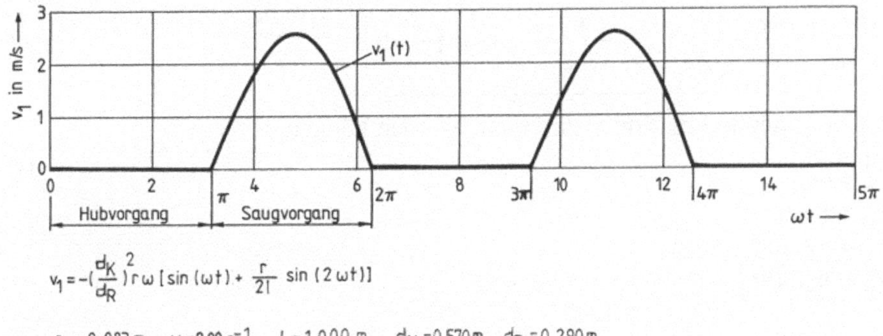

Bild 2.8 Eintrittsgeschwindigkeit v_1 in Abhängigkeit vom Kurbelwinkel ωt bzw. von der Zeit t

Zu 3.:
Die zeitlichen Schwankungen der Austrittsgeschwindigkeit $v_2(t)$ sind, soweit sie sich auf nachfolgende Leitungen direkt übertragen, schädlich, z.B. wegen der Anregung zu Bauteilschwingungen. Um dies zu verhindern, wird in der Praxis sehr häufig ein **Druckwindkessel** zwischengeschaltet. So zeigt **Bild 2.7** die Anwendung eines Druckwindkessels mit dem Ergebnis einer stark gedämpften Schwankung der Ausflussgeschwindigkeit $v_3(t)$. Das Bild gibt neben der relativ stark pulsierenden Austrittsgeschwindigkeit $v_2(t)$ direkt hinter dem Druckrohr auch die gedämpft pulsierende Ausflussgeschwindigkeit $v_3(t)$ direkt hinter dem Druckwindkessel qualitativ wieder. Die Dämpfung wird im Wesentlichen durch das über dem Spiegel (II), s. Bild 2.5, befindliche Luftpolster hervorgerufen. Der Betrag der Ausflussgeschwindigkeit v_3 hängt sowohl von dem Durchmesser der Ausflussleitung als auch von dem geregelten Druckniveau im Druckwindkessel ab.

Eine andere Möglichkeit der Dämpfung der Geschwindigkeitspulsation $v_2(t)$ besteht darin, statt der einfach wirkenden Kolben- bzw. Membran-Wasserpumpe eine **doppelt wirkende Kolbenpumpe** zusätzlich zum Druckwindkessel einzusetzen.

Zu 4.:
Die BERNOULLI-Gl.(I-3.3) zwischen den im **Bild 2.5** angegebenen Punkten (I) und (s) liefert:

$$\frac{v_I^2}{2} + \frac{p_I}{\rho} + g z_I = \frac{v_s^2}{2} + \frac{p_s}{\rho} + g z_s + \int_I^s \frac{\partial v}{\partial t} \, ds \tag{2.30}$$

und damit

$$\boxed{\frac{p_s}{\rho} = \frac{p_I}{\rho} + \frac{v_I^2}{2} + g z_I - \frac{v_s^2}{2} - g z_s - \int_I^s \frac{\partial v}{\partial t} ds}, \tag{2.31}$$

wobei folgende Relationen eingesetzt werden können:
$p_I = p_a$,
$v_I = 0\, m/s$,
$z_I = 0\, m$,
$z_s \approx z_k$ und
$v_s = v_1$.

Somit folgt:

$$\frac{p_s}{\rho} = \frac{p_a}{\rho} - \frac{v_1^2}{2} - g z_k - \int_I^s \frac{\partial v}{\partial t} ds .$$

Das in Gl. (2.31) auftretende Integral kann wie folgt weiterbehandelt werden:

$$\int_1^s \frac{\partial v}{\partial t} ds = \int_1^s \frac{\partial v_1}{\partial t} ds = \frac{\partial v_1}{\partial t} \int_1^s ds = \frac{\partial v_1}{\partial t} l_{R.s} .$$

Hierbei ist von der Vereinfachung Gebrauch gemacht worden, dass sich keine Geschwindigkeitsschwankungen im Abwasserbecken auf dem Wege von (I) nach (1) auswirken können. Eingesetzt in Gl. (2.31) ergibt sich:

$$\boxed{p_s(t) = p_a - \frac{\rho}{2} v_1^2 - \rho g z_k - \rho l_{R.s} \frac{\partial v_1}{\partial t}}. \tag{2.32}$$

Setzt man nun für v_1 Gl.(2.29) und ihre Ableitung nach der Zeit ein, so ergibt sich für den zeitlich abhängigen Druck $p_s(t)$ am Saugstutzen (s), wie in **Bild 2.9** dargestellt:

$$\boxed{\begin{aligned} p_s(t) = p_a - \rho g z_k - \frac{\rho}{2} \left(\frac{d_K}{d_R}\right)^4 (r\omega)^2 \left[\sin(\omega t) + \frac{r}{2l} \sin(2\omega t)\right]^2 \\ + \rho l_{R.s} \left(\frac{d_K}{d_R}\right)^2 r\omega^2 \left[\cos(\omega t) + \frac{r}{l} \cos(2\omega t)\right]. \end{aligned}} \tag{2.33}$$

Hierbei ist zu bemerken, dass während der Hubvorgänge $0 < \omega t < \pi$, $2\pi < \omega t < 3\pi$, $4\pi < \omega t < 5\pi$, etc. die saugseitige Kugel das Saugrohr abschließt und sich die nach Gl.(I-1.1) zu berechnende hydrostatische Druckver-

teilung („hängende Wassersäule“) einstellt. Der Gültigkeitsbereich der Gl. (2.33) beträgt also $\pi < \omega\, t < 2\pi$, $3\pi < \omega\, t < 4\pi$, etc.
Man beachte, dass Gl.(2.33) nur während der Saugvorgänge gültig, d.h. für folgende Kurbelwinkel:

$$\pi < \omega t < 2\pi, 3\pi < \omega t < 4\pi, 5\pi < \omega t < 6\pi, \text{etc}$$

oder allgemein für $(2N-1)\pi < \omega t < 2N\pi$ mit $N = 1,2,3....$

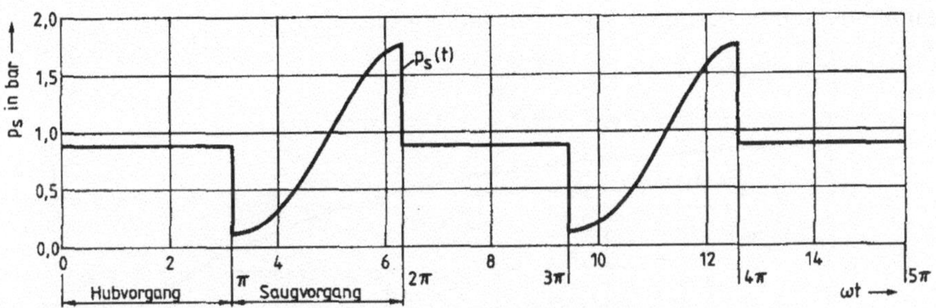

Bild 2.9 Saugdruck p_S in Abhängigkeit vom Kurbelwinkel $\omega\, t$ bzw. von der Zeit t

Zu 5.:
Die größte Aufstellungshöhe $z_{K.max}$ ist dann erreicht, wenn der Saugdruck p_s Gl.(2.33) den Dampfdruck p_v erreicht. Dies kann nur bei den Kurbelwinkeln $\omega\, t = \pi, 3\pi, 5\pi$ etc. eintreten. In diesem Falle wird an der Stelle (s) (**Bild 2.5**) Kavitation (s. I-Kap. 3.7) eintreten. Für diese Kurbelwinkel ergibt sich:

$$p_v = p_{s.min} = p_a - \rho g z_{K.max} + \rho l_{R.s} \left(\frac{d_K}{d_R}\right)^2 r\omega^2 \left(\frac{r}{l} - 1\right). \tag{2.34}$$

Diese Gleichung gilt für den ersten Wassertropfen zu Beginn des Saugvorgangs. Löst man Gl. (2.34) nach $z_{K.max}$ auf, so folgt:

$$z_{K.max} = \frac{p_a - p_v}{\rho\, g} + \frac{1}{g} l_{R.s} \left(\frac{d_K}{d_R}\right)^2 r\omega^2 \left(\frac{r}{l} - 1\right). \tag{2.35}$$

Man erkennt, dass die durch Kavitation bedingte größte Aufstellungshöhe $z_{K.max}$ u.a. von der Saugrohrlänge $l_{R.s}$, der Kurbelwinkelgeschwindigkeit ω und auch von physikalischen Daten des kavitierenden Fluids (ρ, p_V) abhängt. Das **Bild 2.10** zeigt diese Abhängigkeiten. Man erkennt, dass die **Wassertemperatur** T einen entscheidenden Einfluss auf die zulässige Aufstellungshöhe ausübt. Dies hängt damit zusammen, dass der Dampfdruck p_V von der Temperatur T und damit auch von der Dichte ρ(T) abhängt, s. dazu Tabelle I-6.1.

In der Praxis ist es sinnvoll, die Aufstellungshöhe nicht maximal zu bemessen, sondern ca. 1 m Sicherheit im Sinne einer geringeren Aufstellungshöhe und damit auch einer geringen Kavitationsgefahr einzubauen.

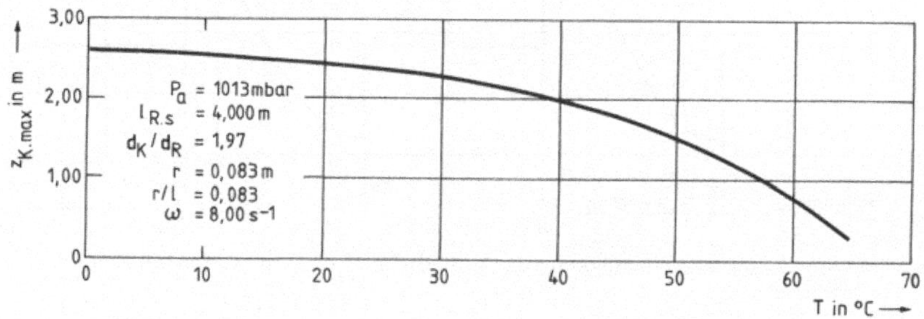

Bild 2.10 Maximale Aufstellungshöhe $z_{K.max}$ in Abhängigkeit von der Wassertemperatur T

Die bei T = 20°C angegebene Aufstellungshöhe z_K = 1,500 m ist also sicher gegen Kavitation, im Extremfall könnte die Membranpumpe 2,430 m, also 0,930 m höher, aufgestellt werden.

Die Kavitationsgefahr ist für die Membranpumpe auch dann gegeben, wenn die Maschine bei z_K = 1,500 m **schneller** dreht als mit $\omega = 8{,}00\ s^{-1}$. In diesem Falle ist Gl. (2.34) nach ω aufzulösen:

$$\boxed{\omega_{max} = \sqrt{\frac{p_V - p_a + \rho\, g\, z_K}{\rho\, l_{R.s} (d_K / d_R)^2 r (r / l - 1)}}} \,. \qquad (2.36)$$

Dieser Zusammenhang ist in **Bild 2.11** dargestellt. Bei 20°C Abwassertemperatur könnte die Kurbelwinkelgeschwindigkeit maximal $8{,}47\ s^{-1}$ betragen, bevor die Saugrohrströmung in (s) kavitiert. Die vorgegebene Kurbelwinkelgeschwindigkeit $\omega = 8{,}00\ s^{-1}$ ist also sicher gegen Kavitation. Kurbelwinkelgeschwindigkeiten in dieser Größenordnung können wirtschaftlich nur durch Getriebemotoren verwirklicht werden. Festzustellen ist, dass das Eintreten von Kavitation sensibel auf Aufstellungshöhe, Kurbelwinkelgeschwindigkeit und Wassertemperatur reagiert.

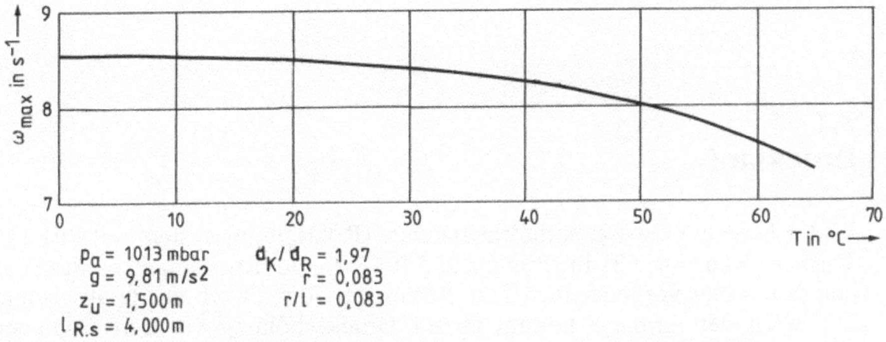

Bild 2.11 Maximale Kurbelwinkelgeschwindigkeit ω_{max} in Abhängigkeit von der Wassertemperatur T

Übungsaufgaben zu diesem Kapitel finden sich unter:
www.tu-berlin.de/~fsd

3 Stromfadentheorie reibungsfreier Fluide

3.1 Druckstoß

Bild 3.1 zeigt eine Wasserturbinenanlage (Rohrleitungssystem mit PELTON-Turbine, Kap. I-4.5.2) im Prinzip und im Zustand des Schließens des Schiebers S in einer vorgegebenen Zeit Δt von ca. 50 s. Durch das relativ schnelle Schließen der Armatur kommt es zur Druckerhöhung vor dem Schieber S aufgrund der „Abbremsung" des Stromfadens. Zu dessen Berechnung zieht man die Kontinuitätsgleichung (I-3.9) heran.

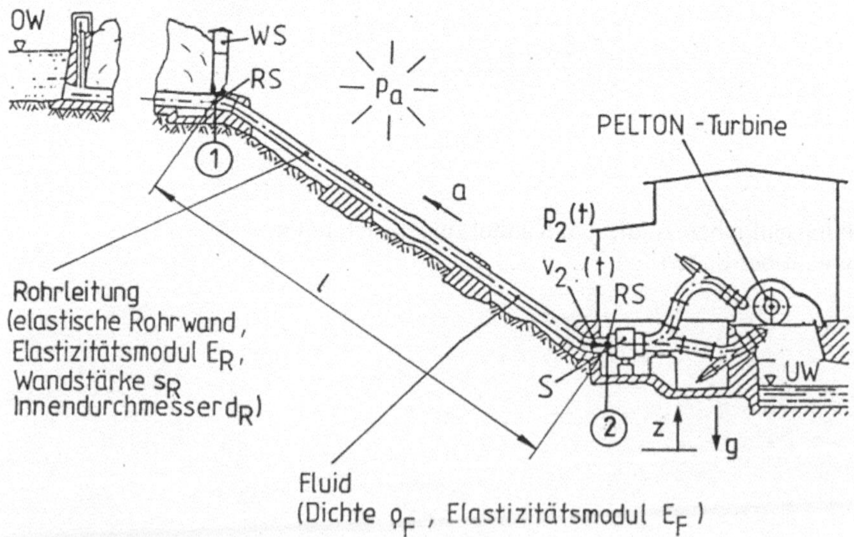

Bild 3.1. Zur Erklärung des Druckstoßes bei einer schließenden PELTON-Turbinenanlage

Unter den Bedingungen, dass es sich um eine nahezu starre Rohrleitung und ein inkompressibles Fluid handelt, geht Gl. (I-3.9) über in

$$\boxed{A_1 v_1(t) = A_2 v_2(t)} \,. \tag{3.1}$$

Hierbei ist die Stelle (2) unmittelbar vor dem Schieber S und die Stelle (1) an einer beliebigen Stelle davor definiert. Schieber S schließt nach einem bestimmten Schließgesetz, nach dem die Strömungsgeschwindigkeit v_2 in Abhängigkeit von der Zeit t bis zum „letzten durchfließenden Tropfen" auf Null absinkt. Am Ende des Schließvorgangs tritt der höchste Überdruck $(p_2 - p_a)_{max}$ auf. Dieser Maximalwert heißt **Druckstoß**.

Wird dieser Druckstoß in derart kurzer Zeit erreicht, dass aufgrund der Elastizität sowohl des Rohrwerkstoffs als auch der Flüssigkeit **Druckwellen** im Rohrsystem entstehen, so baut sich eine für die Festigkeit ungünstige Überlagerung von Drücken auf. Die Berechnung des momentanen Druckes an der gefährdeten Stelle (2) unmittelbar vor dem Schieber wird durch die **Superposition** mit reflektierten Druckwellen, die unbedingt vermieden werden müssen, sehr kompliziert. Man spricht hier von dem sog. JOUKOWSKY[2]-Stoß. Über derartige Druckstoßvorgänge in Wasserturbinenanlagen geben PARMAKIAN[3] und TÖLKE[4] schon um die Mitte des letzten Jahrhunderts Auskunft. Um das Problem des Druckstoßes einer Lösung zuzuführen, ist die Fortpflanzungsgeschwindigkeit a derartiger Druckwellen in elastischen Rohren und elastischen Flüssigkeiten zu bestimmen. Nach der in den Fußnoten 3 und 4 angegebenen Literatur ist die Fortpflanzungsgeschwindigkeit a der Druckwellen in diesem Fall:

$$\boxed{a = \frac{1}{\sqrt{\rho_F \left(\frac{1}{E_F} + \frac{d_R}{s} \cdot \frac{1}{E_R} \right)}}} \tag{3.2}$$

mit
- ρ_F Dichte der Flüssigkeit, z.B. für Wasser 1000 kg/m³,
- d_R Innendurchmesser des Rohres, z.B. 1,500 m,
- s Rohrwandstärke, z.B. 0,015 m,
- E_F Elastizitätsmodul der Flüssigkeit, z.B. für Wasser: 2000 N/mm^2 und
- E_R Elastizitätsmodul des Rohrwerkstoffs, z.B. für St37: 210 000 N/mm^2 und GG: 100 000 N/mm^2.

Hiermit folgt z.B. für eine wasserführende Stahlrohrleitung mit $d_R/s = 100$: a = 1000 m/s gegenüber 1400 m/s in einem Stausee, d.h. ca. 30% langsamer als im Kontinuum : a = 1000 m/s.

---

[2] JOUKOWSKY s. Fußnote I-35

[3] PARMAKIAN, J.:Water Hammer Analysis. New York: Prentice Hall Inc. 1955

[4] TÖLKE, F.: Veröffentlichungen zur Erforschung der Druckstoßprobleme, Hefte 1 und 2, Berlin, Heidelberg, SPRINGER 1956

Es muss nun verhindert werden, dass die mit der Geschwindigkeit a eilende Druckwelle an einer Reflexionsstelle RS umkehrt und am Schieber S eine weitere Druckerhöhung zu der schon aufgrund der Abbremsung des Fluids (BERNOULLI-Gleichung) bestehenden hervorruft. Um diesen zusätzlichen Effekt zu verhindern gibt es zwei Wege: 1. Installation eines Wasserschlosses WS, in dem sich die ankommende Druckwelle „totläuft“ (Energiedissipation durch Anheben des Wasserspiegels in WS). 2. Schließzeitvergrößerung in dem Maße, dass gilt:

$$\boxed{\Delta t >> \frac{2l}{a}}\,.$$

Hierbei ist **2*l*/a die Laufzeit**, die eine Druckwelle vom Schieber S bis zur Reflexionsstelle RS und zurück benötigt. Ist diese Zeit genügend klein gegenüber der Schließzeit, so sind die zusätzlichen Druckerhöhungen erfahrungsgemäß vernachlässigbar klein. Bei Auslegung wird darauf geachtet, dass die **Schließzeit mindestens zehnfach länger ist, als die Laufzeit der Druckwelle.**

Im Folgenden sollen zwei praktische Anwendungsfälle behandelt werden, bei denen die Schließzeit mindestens zehnmal länger ist als die Laufzeit der Druckwelle, also die BERNOULLI-Gleichung (I-3.3) für instationäre Strömung allein wirksam wird.

3.2 Beispiele

3.2.1 Fallrohr konstanten Querschnitts mit Schieber

Bild 3.2 zeigt ein Fallrohr unter einem Hochbehälter mit konstantem Zufluss, so dass der Wasserstand h_1 konstant bleibt (vgl. Bild I-3.12). Am Ende des Fallrohrs befindet sich ein **Schieber** mit der Schließzeit Δt. Diese Schließzeit ist wesentlich länger als die Laufzeit einer Druckwelle zwischen Schieber, Mündungsstelle (h) und Schieber, d.h. $\Delta t >> 2h_2/a$. Die Fortpflanzungsgeschwindigkeit a geht aus Gl.(3.2) hervor. Das Schließgesetz des Schiebers ist im **Bild 3.3** dargestellt. Es handelt sich um ein lineares Schließgesetz, da die Geschwindigkeit v_2 (volumetrischer Mittelwert der Geschwindigkeit im Querschnitt (2), **Bild 3.2**) sich linear mit der Zeit auf Null verringert. Der Schließvorgang wird bei t_0 eingeleitet und bei $t_0 + \Delta t$ beendet. Führt man die dimensionslose Zeit $\tau = (t - t_0)/\Delta t$ ein, so ist bei $\tau = 0$ der Beginn und bei $\tau = 1$ das Ende des Schließvorgangs. Bei $t = 0\,s$ bzw. bei $\tau = 0$ herrscht die stationäre Geschwindigkeit $v_{2.\text{stationär}}$ vor.

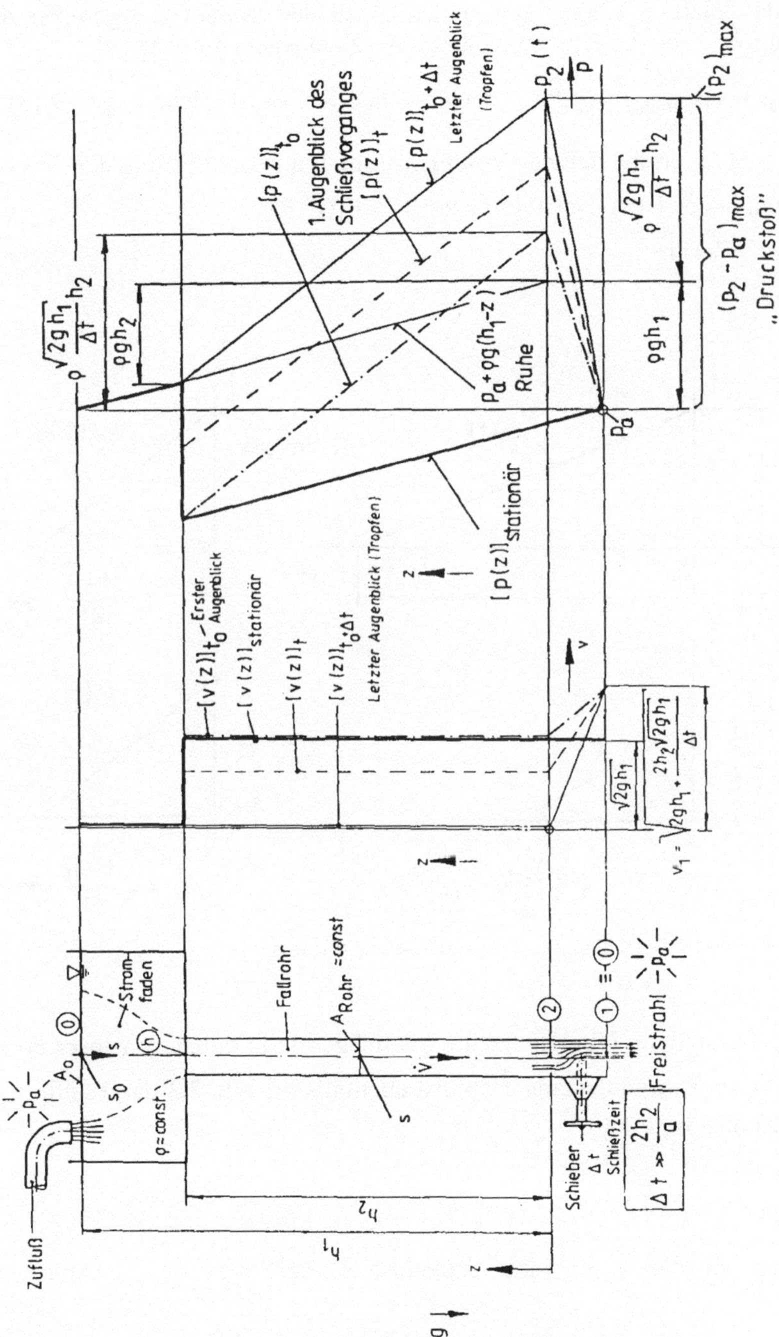

Bild 3.2. Fallrohr mit Geschwindigkeitsverteilung v(z) und Druckverteilung p(z)

Wegen der relativ kleinen Längsabmessungen des Schiebers gegenüber der Rohrlänge h_2 kann die Geschwindigkeit in (2) angegeben werden als:

$v_{2.\text{stationär}} \approx v_{1.\text{stationär}} = \sqrt{2gh_1}$ nach der TORRICELLI-Gleichung (I-3.13).

Mit $\dot{V} = v_2 A_{\text{Rohr}}$ ergibt sich der Volumenstrom $\dot{V}$ aus Betrachtung der Proportionalitäten in der $\dot{V}(\tau)$-Darstellung zu: $\dot{V} = \dot{V}_0(1-\tau)$
oder $\varphi = \dot{V}/\dot{V}_0 = 1-\tau$.

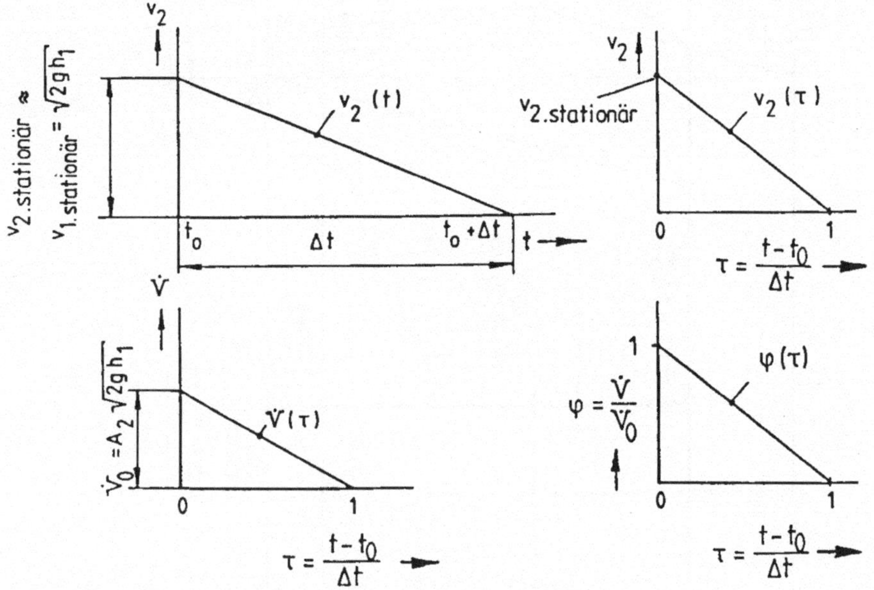

Bild 3.3 Verschiedene Darstellungen des linearen Schließgesetzes

Die $\dot{V}(\tau)$-Darstellung gibt das lineare Schließgesetz in dimensionsloser Form wieder. Dieser Zusammenhang $\dot{V}(\tau)$ ist ebenfalls im **Bild 3.3** dargestellt, mit der dimensionslosen Zeit

$$\tau = \frac{t - t_0}{\Delta t}. \tag{3.3}$$

Schließlich ist die völlig dimensionslose Darstellung $\varphi(\tau)$ gewählt mit $\varphi = \dot{V}/\dot{V}_0$.

Es soll nun folgende Aufgabe gelöst werden:

Gegeben:
Dichte ρ, Fallbeschleunigung g, Spiegelhöhe h_1, Fallrohrlänge h_2, Umgebungsdruck p_a und Schließzeit Δt.

Vorausgesetzt:
- $v_0 = 0\,m/s$,
- Reibungsfreies Fluid,
- ρ = const (inkompressibles Fluid),
- h_1 = const (keine Spiegelabsenkung),
- $A_{Rohr} = A_2 = \text{const}$,
- $z_1 \approx z_2 = 0$,
- $\Delta t >> 2h_2 / a$ (kein Druckwelleneinfluss) und
- Lineares Schließgesetz:

$$\boxed{v_2 = \sqrt{2gh_1}\,(1-\tau)} \tag{3.4}$$

mit $\tau = (t - t_0)/\Delta t$.

Gesucht:

1. Zeitlicher Verlauf des Druckgliedes $\frac{p_2(t) - p_a}{\rho}$, wobei $(p_2 - p_a)_{max}$ den Druckstoß darstellt, und

2. Zeitlicher Verlauf der Geschwindigkeit $v_1(t)$.

Lösung:
Zu 1.:
Die BERNOULLI-Gl. (I-3.3) lautet für die Strömung zwischen den Punkten (0) und (2):

$$\frac{v_0^2}{2} + \frac{p_a}{\rho} + gz_0 = \frac{v_2^2}{2} + \frac{p_2}{\rho} + gz_2 + \int_{s_0}^{s_2} \frac{\partial v}{\partial t}\,ds\,,$$

woraus mit $v_0 = 0\,m/s$, $z_0 = h_1$ und $z_2 = 0$ m folgt:

$$\frac{p_2(t) - p_a}{\rho} = gh_1 - \frac{v_2(t)^2}{2} - \int_{s_0}^{s_2} \frac{\partial v}{\partial t}\,ds\,. \tag{3.5}$$

Das Glied $v_2(t)^2 / 2$ lässt sich wie folgt lösen:
Das v_2-Schließgesetz liefert (s. **Bild 3.3** oben links):

$$v_2 = \sqrt{2gh_1}\left(1 - \frac{t - t_0}{\Delta t}\right) \text{ bzw. } \frac{v_2^{\,2}}{2} = gh_1\left(1 - \frac{t - t_0}{\Delta t}\right)^2 = gh_1(1-\tau)^2 .$$

Hierbei läuft τ von 0 bis 1.

Das Glied $\int_{s_0}^{s_2} \frac{\partial v}{\partial t} \mathrm{d}s$ liefert mit $\mathrm{d}s = -\mathrm{d}z$:

$$\int_{s_0}^{s_2} \frac{\partial v}{\partial t} \mathrm{d}s = - \int_{z=h_1}^{z=0} \frac{\partial v}{\partial t} \mathrm{d}z = + \int_0^{h_1} \frac{\partial v}{\partial t} \mathrm{d}z = \int_0^{h_2} \frac{\partial v}{\partial t} \mathrm{d}z .$$

Die letzte Operation erklärt sich damit, dass von den Stellen (0) bis (h) v = m/s und damit auch $\partial v / \partial t = 0$ m / s² ist.

Wendet man nun die Kontinuitätsgleichung (I-3.9) auf eine beliebige Stelle (s) im Stromfaden und auf die Stelle (2) (s. **Bild 3.2**) an, so folgt:

$$\rho A_{\text{Rohr}} v_s = \rho A_2 v_2 + \int_s^{s_2} \frac{\partial(\rho A)}{\partial t} \mathrm{d}s . \tag{3.6}$$

Das Integral in Gl.(3.6) wird Null, da $\rho(t) = \text{const}$ und $A(t)$=const ist.

Hiermit wird $\int_0^{h_2} \frac{\partial v}{\partial t} \mathrm{d}z = \int_0^{h_2} \frac{\partial v_2}{\partial t} \mathrm{d}z = -\frac{\sqrt{2gh_1}}{\Delta t} \int_0^{h_2} \mathrm{d}z = -\frac{\sqrt{2gh_1}}{\Delta t} h_2 .$

Eine kürzere Herleitung ist gegeben durch:

$$\boxed{\int_0^{s_2} \frac{\partial v}{\partial t} \mathrm{d}s = \int_0^{h_1} \frac{\partial v}{\partial t} \mathrm{d}z = \int_0^{h_2} \frac{\partial v}{\partial t} \mathrm{d}z + \int_{h_2}^{h_1} \frac{\partial v}{\partial t} \mathrm{d}z = -\frac{\sqrt{2gh_1}}{\Delta t} \int_0^{h_2} \mathrm{d}z = -\frac{\sqrt{2gh_1}}{\Delta t} h_2} .$$

Man beachte, dass die Steigung $\partial v / \partial t$ der gegebenen Funktion $v_2(t)$ durch $-\sqrt{2gh_2} / \Delta t$ wiedergegeben und das Integral $\int_{h_2}^{h_1} \frac{\partial v}{\partial t} \mathrm{d}z = 0$ wegen v = 0 m/s ist.

Mit diesen beiden Umformungen folgt:

$$\frac{p_2(t) - p_a}{\rho} = gh_1 - gh_1\left[1 - \frac{t - t_0}{\Delta t}\right]^2 + \frac{\sqrt{2gh_1}}{\Delta t} h_2 \text{ oder}$$

$$\frac{\mathrm{p}_2(t)-p_\mathrm{a}}{\rho}=gh_1\left[1-\left(1-\frac{t-t_0}{\Delta t}\right)^2\right]+\frac{\sqrt{2gh_1}}{\Delta t}h_2 \,. \tag{3.7}$$

Der Maximalwert der in Gl. (3.7) angegebenen Größe $\mathrm{p}_2 - p_\mathrm{a}$ trägt den Namen „Druckstoß“. Er tritt am Ende des Schließvorgangs auf, also bei $t = t_0 + \Delta\mathrm{t}$

Der **Druckstoß** lautet also formelmäßig für ein Fallrohr konstanten Querschnitts mit Schieber:

$$\left(\mathrm{p}_2-p_\mathrm{a}\right)_\mathrm{max}=\rho\left(gh_1+\frac{\sqrt{2gh_1}}{\Delta t}h_2\right) . \tag{3.8}$$

Dieser Druck tritt unmittelbar vor dem Schieber auf und wird umso größer, je
- größer ρ (Dichte),
- länger h_1 (geodätische Fallhöhe),
- länger h_2 (Rohrlänge) und
- kürzer Δt (Schließzeit)

sind.

Zu 2.:
Die BERNOULLI-Gl. (I-3.3), angewendet zwischen den Punkten (2) und (1), lautet:

$$\frac{\mathrm{v}_2^{\,2}}{2}+\frac{p_2}{\rho}+gz_2=\frac{\mathrm{v}_1^{\,2}}{2}+\frac{p_\mathrm{a}}{\rho}+gz_1+\int_{s_2}^{s_1}\frac{\partial \mathrm{v}}{\partial t}\,\mathrm{d}s \,.$$

Mit $z_1 \approx z_2$ und $\int_{s_2}^{s_1}\frac{\partial \mathrm{v}}{\partial t}\mathrm{d}s \approx 0$ wegen $s_1 \approx s_2$ [5] folgt:

$$\frac{\mathrm{v}_1^{\,2}}{2}=gh_1+\frac{\sqrt{2gh_1}}{\Delta\mathrm{t}}h_2 \text{ bzw.}$$

$$\mathrm{v}_1=\sqrt{2gh_1+2\frac{\sqrt{2gh_1}}{\Delta\mathrm{t}}h_2} \,. \tag{3.9}$$

Dies ist die zeitlich konstante Ausflussgeschwindigkeit während des Schließvorgangs; es gibt also keinen Maximalwert wie beim Druckstoß. Die Gl.(3.9)

[5] Man mache sich klar, dass bei einer Rohrlänge von ca. 10 m die Schieberlänge nur ca. 0,1 m ausmacht.

zeigt für $\Delta t \to \infty$ (kein Schließvorgang) den typischen TORRICELLI-Wert nach Gl. I-3.13. Man beachte auch, dass Gl.(3.9) nur für konstante Verzögerung gültig und größer ist als im stationären Fall $\Delta t \to \infty$. Die Ausflussgeschwindigkeit ist umso größer, je

- länger h_1 (geodätische Fallhöhe),
- länger h_2 (Rohrlänge) und
- kürzer Δt (Schließzeit)

sind.

3.2.2 Horizontale abgestufte Ausflussrohrleitung

In der Technik existieren Ausflussvorgänge nicht nur über Falleitungen sondern auch über horizontale Ausflussleitungen, die auch abgestuft sein können. **Bild 3.4** zeigt eine derartige Leitung mit Schieber am Ende.

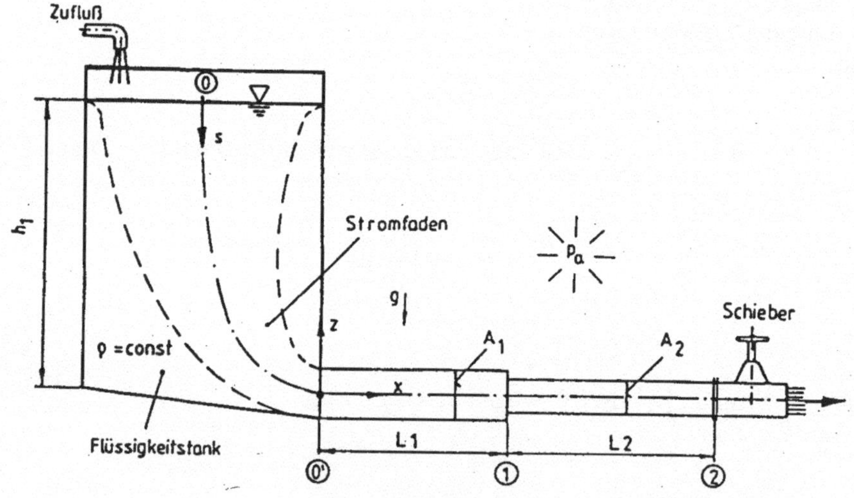

Bild 3.4 Horizontalleitung mit nicht-konstantem Querschnitt

Gegeben:
Dichte ρ, Fallbeschleunigung *g*, Spiegelhöhe h_1, Rohrlänge l_1 des ersten Abschnitts, Rohrlänge l_2 des zweiten Abschnitts, Rohrquerschnitt A_1, Rohrquerschnitt A_2, Umgebungsdruck p_a und Schließzeit Δt.

Vorausgesetzt:
- $v_0 = 0$ m/s,
- Reibungsfreies Fluid,

- $\rho = \text{const}$ (inkompressibles Fluid),
- $h_1 = \text{const}$ (keine Spiegelabsenkung),
- $A_0 >> A_1$, $A_0 >> A_2$,
- Kein Druckwelleneinfluss und
- Lineares Schließgesetz $\dot{V}(\tau)$ bzw. $v_2(\tau)$ (s. **Bild 3.3**):

$$v_2 = \sqrt{2gh_1}(1-\tau) \text{ mit } \tau = \frac{t - t_0}{\Delta t} .$$

Gesucht:
Druckstoß $(p_2 - p_a)_{max}$

Lösung:
Die BERNOULLI-Gl. (I-3.3), angewendet zwischen den Punkten (0) und (2), ergibt:

$$\boxed{\frac{p_2 - p_a}{\rho} = gh_1 - \frac{v_2^{\ 2}}{2} - \int_{s_0}^{s_2} \frac{\partial v}{\partial t} \mathrm{d}s} \tag{3.10}$$

Der Term $v_2^{\ 2}/2$ ist nach dem linearen Schließgesetz (s. **Bild 3.3**) zu behandeln. Gl.(3.4) liefert

$$v_2^{\ 2} = 2gh_1(1-\tau)^2 = 2gh_1\left(1 - \frac{t - t_0}{\Delta t}\right)^2 . \tag{3.11}$$

Der Term $\int_{s_0}^{s_2} \frac{\partial v}{\partial t} \mathrm{d}s$ kann wie folgt unter Einbeziehung der Stelle (0′), s. **Bild 3.4**, umgeformt werden:

$$\int_{(0)}^{(2)} \frac{\partial v}{\partial t} \mathrm{d}s = \int_{(0)}^{(0')} \frac{\partial v}{\partial t} \mathrm{d}s + \int_{x=0}^{l_1} \frac{\partial v}{\partial t} \mathrm{d}x + \int_{x=l_1}^{l_1+l_2} \frac{\partial v}{\partial t} \mathrm{d}x .$$

wobei $\int_{(0)}^{(0')} \frac{\partial v}{\partial t} \mathrm{d}s = 0$ ist, da innerhalb des Flüssigkeitstanks $v_0 = 0$ m/s ist.

Die verbleibenden Integrale lassen sich mit $A_1 v_1 = A_2 v_2$ wie folgt umformen:

$$\int_{x=0}^{l_1} \frac{\partial v_1}{\partial t} \mathrm{d}s = \frac{A_2}{A_1} \int_{x=0}^{l_1} \frac{\partial v_2}{\partial t} \mathrm{d}x \text{ und}$$

$$\int_{x=l_1}^{l_1+l_2} \frac{\partial \mathrm{v}}{\partial t}\mathrm{d}x = \int_{x=l_1}^{l_1+l_2} \frac{\partial \mathrm{v}_2}{\partial t}\mathrm{d}x \ .$$

Man beachte weiterhin, dass sich aus dem linearen Schließgesetz, Gl.(3.4), ergibt:

$$\frac{\partial \mathrm{v}_2}{\partial t} = -\frac{\sqrt{2gh_1}}{\Delta t} \ .$$

So erhält man schließlich durch Einsetzen den Ausdruck:

$$\boxed{\int_{(0)}^{(2)} \frac{\partial \mathrm{v}}{\partial t}\mathrm{d}s = -\frac{\sqrt{2gh_1}}{\Delta t}\left(\frac{A_2}{A_1}l_1 + l_2\right)} \ .$$

Der Klammerausdruck trägt den Namen „reduzierte Rohrlänge" l_{red} . Ist im allgemeinen Fall die Rohrleitung i-fach abgesetzt, so ist die reduzierte Rohrlänge:

$$\boxed{L_{\text{red}} = \frac{A_i}{A_1}l_1 + \frac{A_i}{A_2}l_2 + \frac{A_i}{A_3}l_3 + \ldots + \underbrace{\frac{A_i}{A_i}}_{1}l_i} \ . \qquad (3.12)$$

Somit wird

$$\boxed{\int_{(0)}^{(2)} \frac{\partial \mathrm{v}}{\partial t}\mathrm{d}s = -\frac{\sqrt{2gh_1}}{\Delta t}l_{\text{red}}} \ . \qquad (3.13)$$

Setzt man Gln.(3.11) und (3.13) in Gl.(3.10) ein, so erhält man

$$\boxed{\frac{p_2 - p_a}{\rho} = gh_1 - 2gh_1\left(1 - \frac{t - t_0}{\Delta t}\right)^2 + \frac{\sqrt{2gh_1}}{\Delta t}l_{\text{red}}} \ . \qquad (3.14)$$

Der Wert ist zeitabhängig und wird am Ende des Schließvorgangs bei $t - t_0 / \Delta t = 1$ maximal, d.h.:

$$\left(\frac{p_2 - p_a}{\rho}\right)_{\max} = gh_1 + \frac{\sqrt{2gh_1}}{\Delta t}l_{\text{red}} \ .$$

Damit lautet der Druckstoß für die horizontale abgestufte Ausflussrohrleitung:

$$\boxed{(p_2 - p_a)_{\max} = \rho\left(gh_1 + \frac{\sqrt{2gh_1}}{\Delta t}l_{\text{red}}\right)} \ . \qquad (3.15)$$

Die Gln. (3.14) und (3.15) sind in **Bild 3.5** dargestellt.

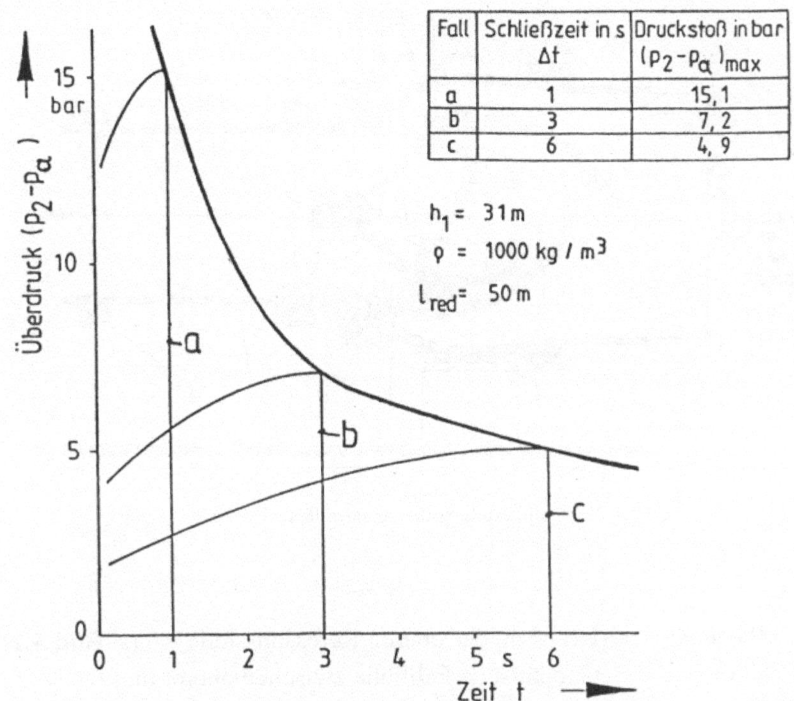

Bild 3.5. Druckstoß in horizontaler abgestufter Ausflussrohrleitung bei unterschiedlichen Schließzeiten Δt

Aus Gl.(3.15) und aus **Bild 3.5** ist ersichtlich, dass der Druckstoß $(p_2 - p_a)_{max}$ umso größer wird, je

- kürzer Δt (Schließzeit),
- länger l_{red} (reduzierte Rohrlänge), s. Gl.(3.12),
- höher h_1 (Spiegelhöhe) und
- größer ρ (Dichte)

sind.

3.2.3 Schließvorgang bei einer Wasserturbinenanlage

Im Folgenden soll der Schließvorgang einer Wasserturbinenanlage, hier einer PELTON-Turbinenanlage, wie in **Bild 3.1** dargestellt, behandelt werden. Der in diesem Bild dargestellte Schieber S hat in der Praxis die in **Bild 3.6** dargestellte Form eines Glockenringschiebers. Diese Bauart zeichnet sich dadurch aus, dass bei Ausfall des Betriebsöldruckes das vorhandene Betriebswasser den automatischen Schluss der Armatur bewerkstelligt (Selbstschließvorgang).

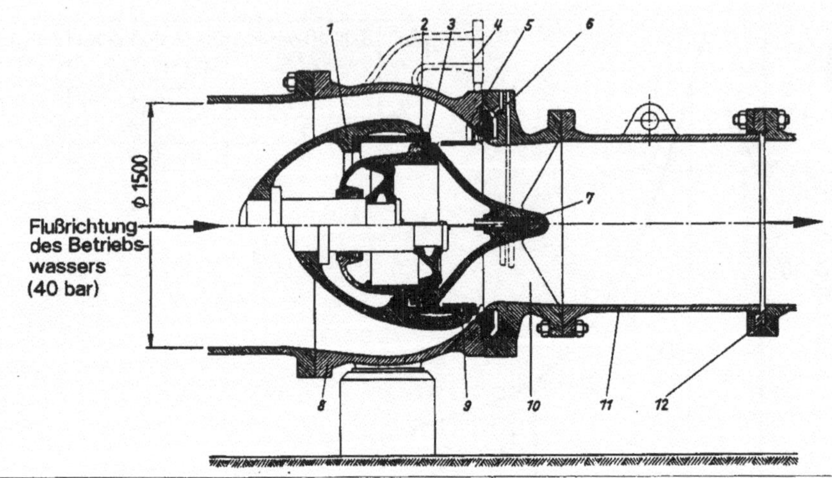

Bild 3.6 Glockenringschieber, Werkbild Ateliers des Charmilles

Gegeben:

p_1	= 3,0 bar	Druck an der oberen Refexionsstelle RS (s. **Bild 3.1**),
H_{geo}	= 750 m	Geodätische Fallhöhe zwischen oberer und unterer Reflexionsstelle RS,
l	= 1700 m	Fallrohr-Leitungslänge,
d_R	= 1,800 m	Innendurchmesser des Fallrohres,
s	= 0,015 m	Wandstärke des Fallrohres,
ρ_F	= 1000 kg/m³	Fluiddichte,
E_F	= 1864 N/mm²	Elastizitätsmodul des Fluids ,
E_R	= 210000 N/mm²	Elastizitätsmodul des Fallrohrs und
g	= 9,81 m/s²	Fallbeschleunigung.

Vorausgesetzt:

- Reibungsfreies Fluid,
- Gleichmäßiger Fallrohrquerschnitt,
- Quadratisches Schließgesetz (s. **Bild 2.1**) und
- Schließzeit Δt >> Fortpflanzungsgeschwindigkeit a der Druckwellen.

Gesucht:

1. Fortpflanzungsgeschwindigkeit a der Druckwellen und
2. Maximaldruck Δp_{max} (gegen Umgebungsdruck p_a = 1013 mbar) vor dem Schieber S am Ende der Schließzeit Δt .

Lösung:
Zu 1.:
Gleichung (3.2) liefert **a = 950 m/s**.

Man beachte, dass diese Geschwindigkeit u.a. wegen der Elastizität des Rohres wesentlich geringer als die Schallgeschwindigkeit in Wasser (1400 m/s) ist. Aus dem Wert a = 950 m/s errechnet sich die Laufzeit, die eine Druckwelle vom Schieber S bis zur oberen Reflexionsstelle RS und zurück benötigt zu: $2l/a = 3{,}58$ s. Die Schließzeit Δt muss wesentlich größer sein, z.B. Δt **= 50 s**

Zu 2.:
Man setzt die BERNOULLI-Gl. (I-3.3) für instationäre Strömung an und erhält mit gleicher Strömungsgeschwindigkeit $v_{vol} = 4\dot{V} / \pi\, d_R^{\;2}$ bei oberer und unterer Reflexionsstelle RS (s. **Bild 3.1**):

$$\frac{\Delta p}{\rho_F} = g\, H_{geo} - \frac{4}{\pi\, d_R^{\;2}} \int_{s_1}^{s_2} \frac{\partial \dot{V}}{\partial t} ds\,. \tag{3.16}$$

Zur Lösung dieser Gleichung ist das quadratische Schließgesetz, s. Gl. (2.1), nach der Zeit abzuleiten:

$$\frac{\partial \dot{V}}{\partial t} = -2\, \dot{V}_{st}\, \frac{t - t_0}{(\Delta t)^2}\,. \tag{3.17}$$

Das Integral in Gl. (3.16) lautet also:

$$\int_{s_1}^{s_2} \frac{\partial \dot{V}}{\partial t} ds = -2\, \dot{V}_{st}\, \frac{t - t_0}{(\Delta t)^2} \int_{s_1}^{s_2} ds = -2\dot{V}_{st}\, \frac{t \quad t_0}{(\Delta t)^2}\, l\,.$$

Damit folgt aus Gl. (3.16):

$$\Delta p = \rho_F\, g\, H_{geo} + \frac{8 \rho_F \dot{V}_{st} l}{\pi\, d_R^{\;2}}\, \frac{t - t_0}{(\Delta t)^2}\,. \tag{3.18}$$

Diese Gleichung ist definiert für $t_0 \le t \le t_0 + \Delta t$.

Der Maximaldruck Δp_{max} tritt beim Passieren des letzten Tropfens auf, d.h. bei $t = t_0 + \Delta t$. So folgt:

$$\boxed{\Delta p_{max} = \rho_F g\, H_{geo} + \underbrace{\frac{8 \rho_F \dot{V}_{st} l}{\pi\, d_R^{\;2} \Delta t}}_{\text{Druckstoß}}}\,. \tag{3.19}$$

Gleichung (3.19) ist in **Bild 3.7** dargestellt.

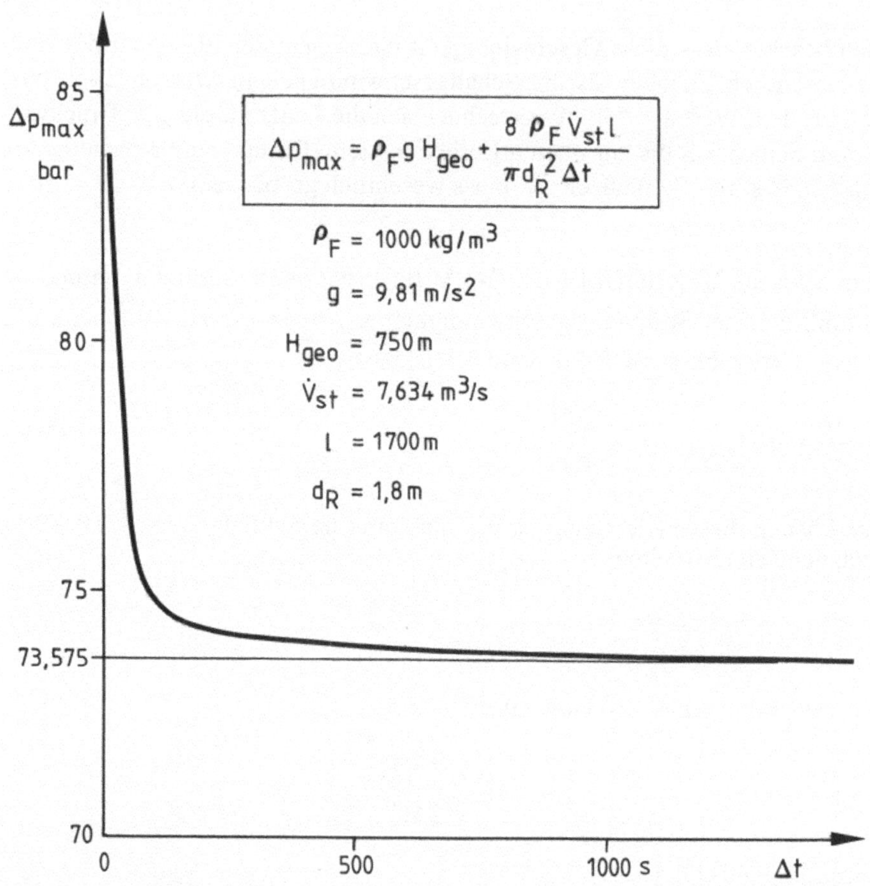

Bild 3.7 Maximaldruck Δp_{max} beim Schließvorgang einer PELTON-Turbinenanlage in Abhängigkeit von der Schließzeit Δt .

Übungsaufgaben zu diesem Kapitel finden sich unter:
www.tu-berlin.de/~fsd

4 Anwendungen des Impulssatzes

4.1 Rohrbogen

Im Rohrleitungsbau sind 90°-Rohrbögen in Gusskonstruktion mit Normflansch sehr häufig anzutreffen. Hierbei wird neben der Strömungsumlenkung oft auch eine Flächenvariation von A_1 nach A_2 durchgeführt, wenn es sich z.B. darum handelt, einen Rohrabschnitt mit einem Normdurchmesser mit einem Rohrabschnitt eines anderen Normdurchmessers rechtwinklig zu verbinden (s. **Bild 4.1**). Es sind auch Fälle bekannt, in denen z.B. ein Betonkanal mit nahezu rechteckigem Strömungsquerschnitt A_1 rechtwinklig an eine Stahlrohrleitung mit kreisrundem Strömungsquerschnitt A_2 anschließt, wobei $A_1 \neq A_2$ sein kann. In der folgenden Aufgabe wird das Flächenverhältnis A_1 / A_2 mit k bezeichnet, wobei $k > 1$ einen Beschleunigungskrümmer und $k < 1$ einen Verzögerungskrümmer charakterisiert, s. **Bild 4.1**.

Gegeben:

- $k = A_1 / A_2$ Flächenverhältnis des 90°-Rohrbogens mit $0{,}6 \leq k \leq 3{,}0$.

Vorausgesetzt:

- Verlustfreie, stationäre Strömung von (1) nach (2),
- Kein Überdruck im Austrittsquerschnitt : $p_{Ü.2} = p_2 - p_a = 0$ bar ,
- Stromfadengewichtskraft vernachlässigbar: $F_G << R_W$ und
- Horizontale Lage des Rohrbogens.

Gesucht:

Richtungswinkel α der Reaktionswandkraft $\underline{R}_W$ in Abhängigkeit vom Flächenverhältnis $k = A_1 / A_2$, s **Bild 4.1**.

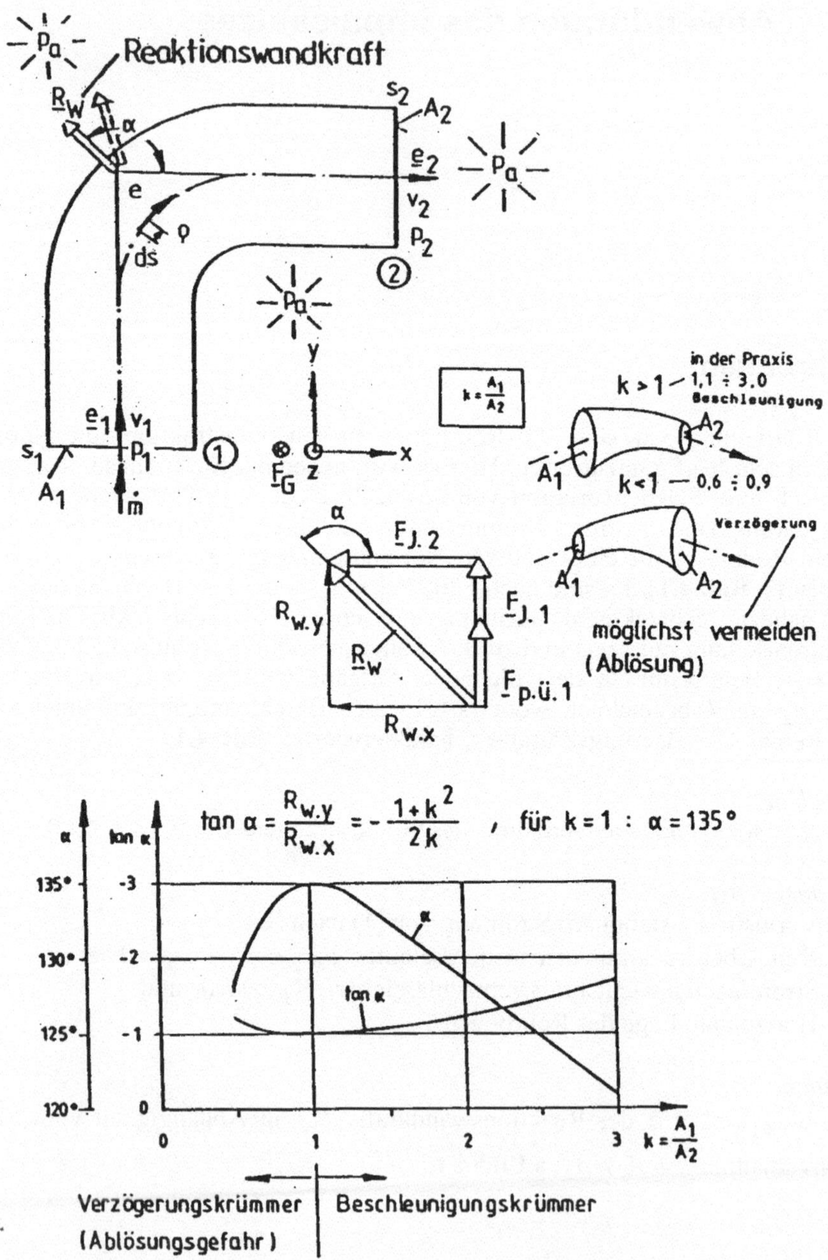

Bild 4.1 Rohrbogen mit unterschiedlichen Richtungen der Reaktionswandkraft

Lösung:
Mit Anwendung der Gl.(I-4.24) für die **Reaktionswandkraft** ergibt sich, bezogen auf dieses Problem:

$$\boxed{\underline{R}_{W} = [\dot{m}v_1 + (p_1 - p_a)A_1]\underline{e}_1 - [\dot{m}v_2]\underline{e}_2}, \tag{4.1}$$

$$\underline{e}_1 = \underline{e}_y = (0,1,0),\ \underline{e}_2 = \underline{e}_x = (1,0,0),$$

$$\dot{m}v_1 = \rho A_1 v_1^2 \text{ und } \dot{m}v_2 = \rho A_2 v_2^2 .$$

Aus der Kontinuitätsgleichung (I-3.10) folgt v_2 zu:

$$\boxed{v_2 = k\, v_1}. \tag{4.2}$$

Mit der BERNOULLI-Gl. (I-3.3) ergibt sich für stationäre horizontale Strömung mit $p_2 = p_a$:

$$\boxed{p_1 - p_a = \frac{\rho}{2}\left(k^2 v_1^2 - v_1^2\right) = \frac{\rho}{2} v_1^2\left(k^2 - 1\right)}. \tag{4.3}$$

Diese Gleichung wird in (4.1) eingesetzt und liefert:

$$\boxed{\underline{R}_{W} = \left[\rho A_1 v_1^2 + \frac{\rho}{2} v_1^2\left(k^2 - 1\right)A_1\right]\underline{e}_y - \left[\rho k A_1 v_1^2\right]\underline{e}_x}. \tag{4.4}$$

Hieraus folgt:

$$\boxed{R_{W.x} = -\rho\, k A_1 v_1^2} \tag{4.5}$$

und

$$\boxed{R_{W.y} = +\rho\, A_1 v_1^2\left(1 + \frac{k^2 - 1}{2}\right) = \rho\, A_1 v_1^2\, \frac{1 + k^2}{2}}. \tag{4.6}$$

Schließlich findet man den **Richtungswinkel** α aus:

$$\tan\alpha = \frac{R_{W.y}}{R_{W.x}} = -\frac{\rho\, A_1 v_1^2\left(1 + k^2\right)}{2\rho\, k A_1 v_1^2} = -\frac{1 + k^2}{2k}.$$

Dieser funktionale Zusammenhang ist in **Bild 4.1** dargestellt. Anschaulicher ist der in demselben Bild gezeigte Verlauf als Funktion:

$$\boxed{\alpha = \arctan\left(-\frac{1 + k^2}{2k}\right)}.$$

Tabelle 4.1 gibt die k, α und $R_{W.y} / R_{W.x}$ -Werte wieder:

Tabelle 4.1 Richtungswinkel α in Abhängigkeit vom Flächenverhältnis k

$k = A_1 / A_2$	$R_{W.y} / R_{W.x}$	α in Grad
0,3	-1,82	118,8
0,4	-1,45	124,6
0,5	-1,25	128,7
0,7	-1,06	133,2
1,0	**-1,00**	**135,0**
1,5	-1,08	132,7
2,0	-1,25	128,7
2,5	-1,45	124,6
3,0	-1,67	121,0

Auffallend ist die Tatsache, dass der Richtungswinkel α für alle Flächenverhältnisse k den Wert 135° nicht überschreitet. Für alle $k \neq 1$ zeigt die Reaktionswandkraft mehr oder weniger in die Zuströmrichtung.

4.2 Schub eines Flüssigkeitsstrahls

Bei diesem Anwendungsbeispiel soll die Schubwirkung eines freien Flüssigkeitsstrahls studiert werden. **Bild 4.2** zeigt einen Schienen-Schubwagen, der aufgrund der Schubwirkung eines horizontal austretenden Flüssigkeitsstrahls mit den Puffern unter Zwischenschaltung einer Schubkraftmessdose gegen ein Widerlager gedrückt wird. Dieses Beispiel hat prinzipiellen Charakter, kann aber als Hintergrund für das Studium der Strahlantriebe dienen. Bekannt sind auch Schubantriebe von Schnellbooten mit einem Freistrahl **über** Wasser.

Gegeben:

$\rho = 1000 \text{ kg/m}^3$	Dichte der Flüssigkeit (Wasser),
$A_2 = 0{,}050 \text{ m}^2$	Strahlaustrittsfläche, entspricht $d_2 = 0{,}250 \text{ m}$,
$g = 9{,}81 \text{ m}/s^2$	Fallbeschleunigung und
$h = 2{,}500 \text{ m}$	Geodätische Höhe des Flüssigkeitsspiegels A_1 über der Flüssigkeitsstrahlachse.

Vorausgesetzt:

- Konstante Spiegelhöhe: $h = \text{const}$,
- Verlustfreie, stationäre Strömung von (1) nach (2),
- Kein Überdruck im Ein- und Austrittsquerschnitt: $p_1 = p_2 = p_a$,
- Horizontale Lage des Flüssigkeitsstrahls,

- Strahlgeschwindigkeit v_2 in positiver x-Richtung:
  $\underline{v}_2 = v_2 \underline{e}_x$ mit $\underline{e}_2 = \underline{e}_x$ und
- Strömungsgeschwindigkeit v_1 im Flüssigkeitsspiegel A_1 vernachlässigbar klein.

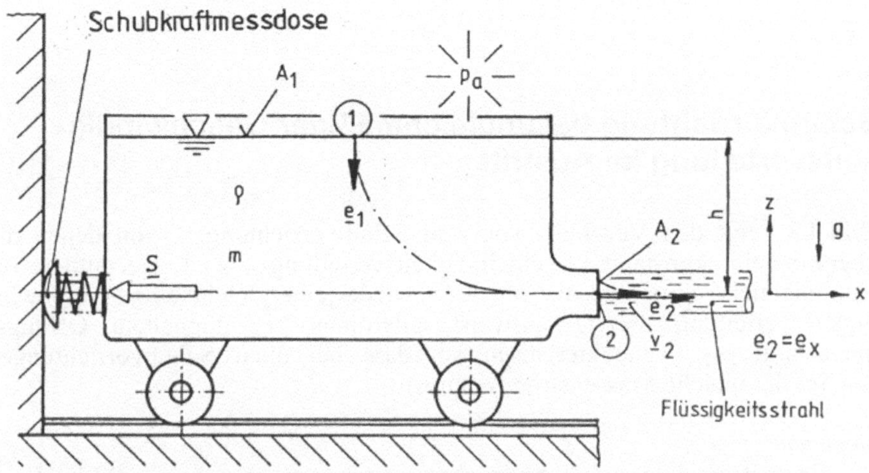

Bild 4.2. Schienen-Schubwagen mit freiem Flüssigkeitsstrahl (Strahlschub)

Gesucht:
Schub S des Flüssigkeitsstrahls.

Lösung:
Anwendung von Gl.(I-4.24) für die Reaktionswandkraft, zugeschnitten auf dieses Problem, ergibt:

$$\boxed{\underline{S} = -[\dot{m} v_2]\underline{e}_x} . \tag{4.7}$$

Mit $\dot{m} = \rho A_2 v_2$ und $v_2 = \sqrt{2gh}$, Gl. (I-3.13), TORRICELLI-Gl., folgt:

$$\boxed{S = -\rho A_2 v_2^{\,2} = -2\rho g h A_2} \tag{4.8}$$

und zahlenmäßig:

$$S = -2\,453\ N .$$

Es ergibt sich, gemessen am technischen Aufwand, ein relativ geringer Schub. Auch die Austrittsgeschwindigkeit $v_2 = 7{,}0\ m/s$ ist verhältnismäßig klein. Der Schub S ist im vorliegenden Beispiel von der Fahrzeuggeschwindigkeit unabhängig. Das Fahrzeug wird, falls das Widerlager nicht existiert, durch den

Schub S solange beschleunigt, bis die sog. **Schubleistung = Schub × Fahrzeuggeschwindigkeit** der Verlustleistung durch Luftwiderstand und Radverluste bei der erreichten Fahrzeuggeschwindigkeit entspricht. Hier aber bleibt das Fahrzeug vor dem Widerlager. Man nennt derartige Versuche auch „Standschub-Versuche" oder „Pfahlzugprobe". Letztgenannter Ausdruck stammt aus der Schiffstechnik.

4.3 Schubvorrichtung bei ungleichmäßiger Geschwindigkeitsverteilung im Austritt

Bild 4.3 zeigt den Vergleich von drei Schubvorrichtungen, von denen die obere (a) eine konstante Geschwindigkeitsverteilung $v_2(r)$, die mittlere (b) eine ungleichmäßige und die untere (c) wieder eine gleichmäßige Geschwindigkeitsverteilung $v_2(r)$ aufweist, allerdings bei doppeltem Öffnungsquerschnitt A_2. Charakteristisch ist, dass bei allen Schubvorrichtungen (a)...(c) der gleiche Massenstrom $\dot{m}$ auftritt.

Gegeben:
- Geometrie von drei Schubvorrichtungsvarianten (a)...(c) nach **Bild 4.3**.

Vorausgesetzt:
- Schubvorrichtungen in Ruhe (Standschübe),
- Stationäre Strömung,
- Inkompressibles Fluid,
- $p_2 = p_a$,
- Horizontale Strömung,
- $\dot{m} = \text{const}$ für (a), (b), (c),
- $A_{2.(a)} = A_{2.(b)}$,
- $A_{2.(c)} = 2A_{2.(b)} = 2A_{2.(a)}$ und
- $v_{2.(b)}(r)$ ungleichmäßig verteilt.

Gesucht:
1. Schübe $R_{W.(a)}, R_{W.(b)}, R_{W.(c)}$ und
2. Größenvergleich der Standschübe.

Lösung:
Zu 1.:
Gleichung (I-4.24) für die Reaktionswandkraft liefert, angewendet auf dieses Problem:

(a) $\underline{R}_{W\,(a)} = -\left(\dot{m}v_{2(a)}\right)\underline{e}_2$,

$$\boxed{R_{\mathrm{W(a)}} = -\dot{m}\mathrm{v}_{2(\mathrm{a})} = -\rho A_{2(\mathrm{a})}\mathrm{v}_{2(\mathrm{a})}{}^2}, \tag{4.9}$$

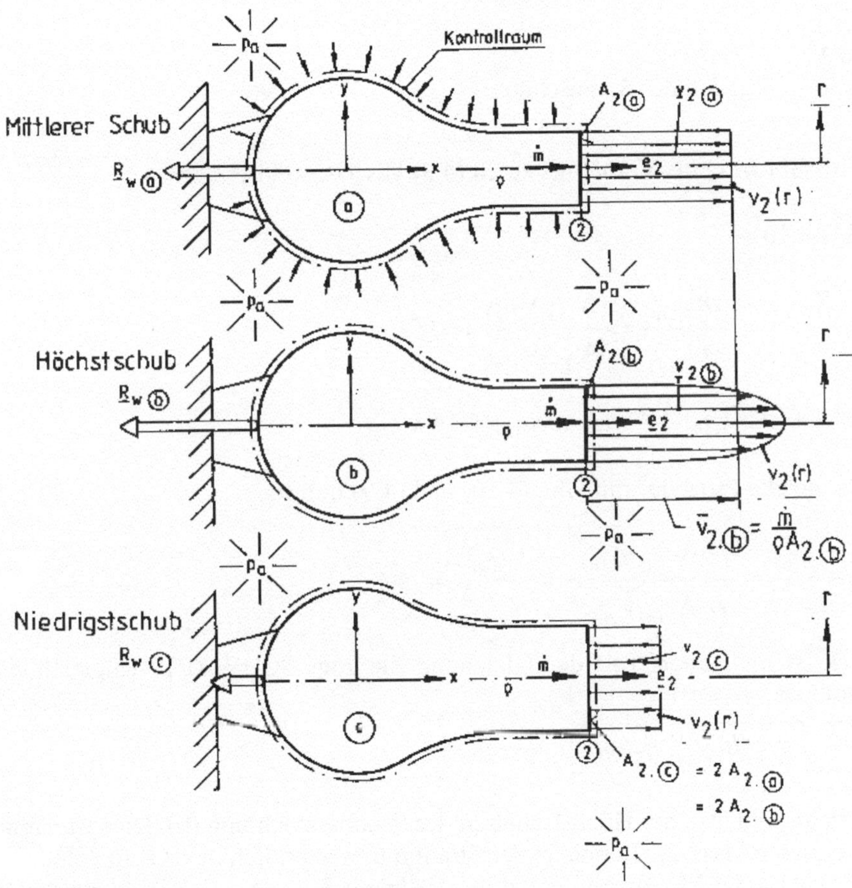

Bild 4.3 Schubvorrichtungen bei unterschiedlicher Geschwindigkeitsverteilung $\mathrm{v}_2(r)$ und gleichem Massenstrom $\dot{m}$

$$\text{(b)}\ \underline{R}_{\mathrm{W(b)}} = -\left(\int_{\dot{m}} \mathrm{v}_{2(\mathrm{b})}\mathrm{d}\dot{m}\right)\underline{e}_2,$$

$$\boxed{R_{\mathrm{W(b)}} = -\int_{\dot{m}} \mathrm{v}_{2(\mathrm{b})}\mathrm{d}\dot{m} = -\rho \int_{\mathrm{A}_{2(\mathrm{b})}} \mathrm{v}_{2(\mathrm{b})}{}^2\mathrm{dA}_{2(\mathrm{b})}}, \tag{4.10}$$

(c) $\underline{R}_{W(c)} = -\left(\dot{m}v_{2(c)}\right)\underline{e}_2$ und

$$\boxed{R_{W(c)} = -\dot{m}v_{2(c)} = -\rho A_{2(c)}v_{2(c)}^2} \,. \tag{4.11}$$

Zu 2.:
Größenvergleich der Standschübe:

Wird Gl.(4.11) ins Verhältnis zu Gl.(4.9) gesetzt, so gilt mit $v_{2(c)} = \dfrac{v_{2(a)}A_{2(a)}}{A_{2(c)}}$, Gl.(I-3.10):

$$\frac{R_{W(c)}}{R_{W(a)}} = \frac{\dot{m}v_{2(c)}}{\dot{m}v_{2(a)}} = \frac{A_{2(a)}v_{2(a)}}{A_{2(c)}v_{2(a)}} = 0{,}5 \,.$$

Es ist also $R_{W(a)} > R_{W(c)}$, $R_{W(a)} = 2R_{W(c)}$.

Die gleiche Prozedur mit Gln. (4.10) und (4.9) liefert:

$$\frac{R_{W(b)}}{R_{W(a)}} = \frac{\rho\, \overline{A_{2(b)}v_{2(b)}^2}}{\rho\, A_{2(a)}v_{2(a)}^2} = \frac{\overline{v_{2(b)}^2}}{v_{2(a)}^2} = \frac{\overline{v_2^2}}{\overline{v}_2^2} > 1 \,.$$

Dies ist im letzten Teil der Gleichung die sog. SCHWARZ[6]-Ungleichung. Somit ist

$$\boxed{R_{W(b)} > R_{W(a)} > R_{W(c)}} \,.$$

Es zeigt sich also der Höchstschub in der Schubvorrichtung (b). Dies ist damit zu erklären, dass der Impuls in der Strahlmitte wesentlich mehr zum Schub beiträgt als der Mittelwert der Geschwindigkeit $\overline{v}_{2.(b)}$ dieser Schubvorrichtung. Bei konstantem Massenstrom $\dot{m}$ kommt es also bei Maximierung des Schubes darauf an, den **Austrittsquerschnitt** A_2 **möglichst klein** bei einer Geschwindigkeitsspitze in Strahlmitte zu gestalten.

[6] SCHWARZ, Hermann Amadeus, geb. 1843 in Waldenburg (Schlesien), gest. 1921 in Berlin, Professor für Mathematik (Zürich, Göttingen, Berlin), Begründer der zweidimensionalen Variationsrechnung, Beiträge zur statistischen Mathematik.

4.4 Schräger Freistrahl auf vertikale Platte

Bild 4.4 zeigt einen horizontal angeordneten schrägen Flachstrahl („eckiger Freistrahl"), der in der Technik häufig zur Oberflächenbehandlung von Platten, z.B. Sandstrahlen, Trocknen, Lackieren, eingesetzt wird. Bei diesem Strömungsvorgang tritt der unerwünschte Effekt des „Backflow" ein, der den Bearbeitungsprozess empfindlich stören kann. Hierbei wird ein sog. Massenrückstromkoeffizient

$$\varepsilon = \frac{\dot{m}_2}{\dot{m}_1} \tag{4.12}$$

definiert, wobei $\dot{m}_2$ den „Backflow" und $\dot{m}_1$ den Zustrom aus der Flachstrahldüse darstellt. Im Folgenden soll dieser Massenrückstromkoeffizient in Abhängigkeit vom Neigungswinkel α ermittelt werden.

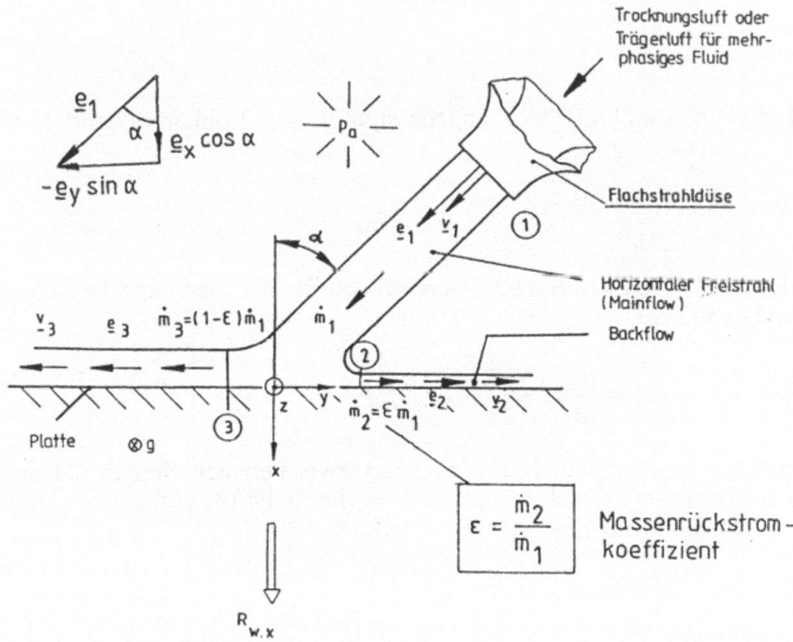

Bild 4.4 Horizontaler schräger Freistrahl z.B. zum Trocknen oder Entrosten (Sandstrahlen) einer Platte

Gegeben:

v_1 Volumetrischer Mittelwert der Geschwindigkeit in der Austrittsebene (1) der Flachstrahldüse,

$\dot{m}_1$ Massenstrom aus der Flachstrahldüse und

α Neigungswinkel der Flachstrahldüse gegen die Flächennormale der Platte.

Vorausgesetzt:

- Reibungsfreies Fluid,
- Vernachlässigbar kleine Schubspannungen an der Platte, d.h. $R_{W.y} \to 0$,
- Stationäre Strömung,
- Ebene Strömung in der x- y-Ebene,
- Horizontale Strömung $z_1 = z_2 = z_3$ und
- Freistrahlströmung, d.h. $p_1 = p_2 = p_3 = p_a$.

Gesucht:

1. $R_{W.x}$ Reaktionswandkraft in x-Richtung und
2. ε Massenrückstromkoeffizient.

Lösung:

Zu 1.:

Die Reaktionswandkraft $\underline{R}_W$, angepasst an dieses Problem (s. **Bild 4.4**), lautet nach Gl. (I-4.25):

$$\underline{R}_W = \dot{m}_1 v_1 \underline{e}_1 - \dot{m}_2 v_2 \underline{e}_2 - \dot{m}_3 v_3 \underline{e}_3 .$$

Mit der BERNOULLI-Gl. (I-3.3) ergibt sich für die Strömung zwischen den Stellen (1) und (2):

$$\frac{p_1}{\rho} + \frac{v_1^2}{2} + g z_1 = \frac{p_2}{\rho} + \frac{v_2^2}{2} + g z_2$$

und mit $p_1 = p_2 = p_a$ und $z_1 = z_2$ folgt zwischen den Stellen (1) und (2) $v_1 = v_2$. Dieselbe Prozedur kann auch für die Stelle (3) vollzogen werden, so dass sich insgesamt ergibt: $v_1 = v_2 = v_3 = v$.

Die Erhaltung der Masse fordert:

$$\dot{m}_1 = \dot{m}_2 + \dot{m}_3$$

mit $\dot{m}_2 = \varepsilon \, \dot{m}_1$ und $\dot{m}_3 = (1-\varepsilon)\, \dot{m}_1$.

Die Reaktionswandkraft $\underline{R}_W$ ergibt sich nach Gl.(I-4.25):

$$\boxed{\underline{R}_W = \dot{m}_1 v \underline{e}_1 - \varepsilon \, \dot{m}_1 v \underline{e}_2 - (1-\varepsilon) \dot{m}_1 v \underline{e}_3} . \qquad (4.13)$$

Die Lage der Einheitsvektoren ist:

$\underline{e}_1 = \cos\alpha\ \underline{e}_x - \sin\alpha\ \underline{e}_y$, $\underline{e}_2 = \underline{e}_y$ und $\underline{e}_3 = -\underline{e}_y$.

So folgt aus Gl. (4.13):

$$\underline{R}_W = \dot{m}_1 v \cos\alpha\ \underline{e}_x - \dot{m}_1 v \sin\alpha\ \underline{e}_y - \varepsilon\,\dot{m}_1 v\,\underline{e}_y + (1-\varepsilon)\,\dot{m}_1 v \underline{e}_y$$

$$= \dot{m}_1 v \cos\alpha\,\underline{e}_x + \left[(1-\varepsilon)\,\dot{m}_1 v - \dot{m}_1 v \sin\alpha - \varepsilon\,\dot{m}_1 v\right]\underline{e}_y \text{ und}$$

$$\boxed{R_{W.x} = \dot{m}_1 v \cos\alpha}\ .$$

Da es sich voraussetzungsgemäß um ein reibungsfreies Fluid handelt, also keine Wandschubspannungen auftreten können, so können sich nur die Normalspannungen auswirken, die zur Druckkraft $R_{W.x}$ führen. Durch das alleinige Auftreten des Druckes und nicht der Wandschubspannungen ist also

$$\boxed{R_{W.y} = 0}\ .$$

Hiermit ergibt sich ε aus:

$(1-\varepsilon)\,\dot{m}_1 v - \dot{m}_1 v \sin\alpha - \varepsilon\,\dot{m}_1 v = 0$, u. zw.:

$$\boxed{\varepsilon = \frac{1-\sin\alpha}{2}}\ . \tag{4.14}$$

4.5 Reaktionswandkraft eines Duschkopfes

In **Bild 4.5** ist ein Duschkopf (Vielstrahldüse) abgebildet. Es handelt sich hierbei um eine vielfach verzweigte Strömung mit $i = 1$ Eintrittsquerschnitt und k Austrittsquerschnitten. Das Problem kann entsprechend Gl.(I-4.25) nur für stationäre Strömungen behandelt werden.

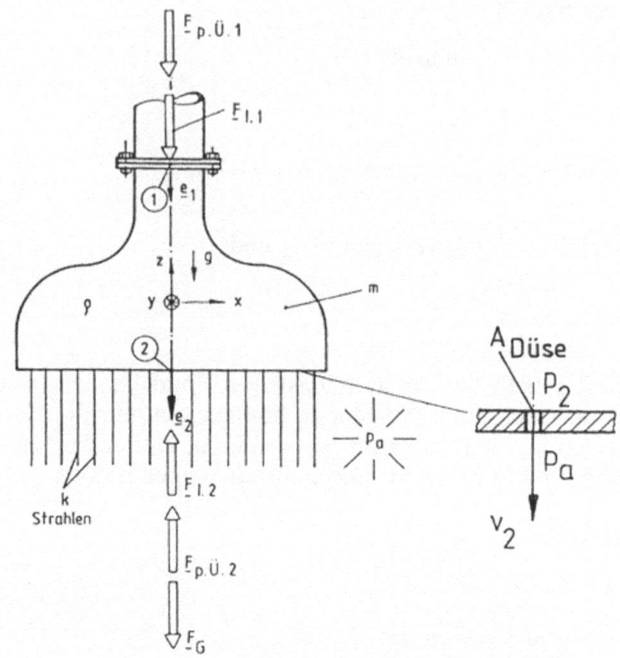

Bild 4.5 Zur Anwendung des Impulssatzes auf einen Duschkopf

Gegeben:

ρ	$= 1000\ \text{kg/m}^3$	Dichte der Flüssigkeit,
A_1	$= 284 \cdot 10^{-6}\, m^2$	Eintrittsfläche, entspricht $d_1 = 19$ mm,
A_2	$= 10 \cdot A_1$	Fläche des Duschkopfbodens,
$A_{\text{Düse}}$	$= 0{,}785 \cdot 10^{-6}\, m^2$	Einzelne Austrittsfläche, entspricht $d_2 = 1{,}0$ mm,
k	$= 120$	Anzahl der Austrittsflächen,
$p_{\text{Ü}.1}$	$= 0{,}4\ bar$	Überdruck $p_1 - p_a$ im Eintritt,
$p_{\text{Ü}.2}$	$= 0{,}4\ bar$	Überdruck $p_2 - p_a$ im Austritt,
$\dot{m}$	$= 0{,}4\ kg/s$	Massenstrom durch Duschkopf,
m	$= 0{,}25\ kg$	Fluidmasse im Duschkopf und
g	$= 9{,}81\ m/s^2$	Fallbeschleunigung.

Vorausgesetzt:
- Stationäre Verzweigungsströmung,
- Reibungsfreies Fluid,
- Inkompressibles Fluid,
- Dünnwandige Konstruktion,
- Höhenunterschied vernachlässigbar und
- Kräfte nur in *z*-Richtung.

Gesucht:
Reaktionswandkraft $R_{W.z}$ in Abhängigkeit von *k*.

Lösung:
Es wird Gl.(I-4.25) für die Reaktionswandkraft verzweigter Rohrleitungen mit stationärer Strömung angewendet. Diese Gleichung lautet, zugeschnitten auf dieses Problem:

$$\underline{R}_W = \underline{F}_G + \left(\dot{m}_1 \, v_1 + p_{Ü.1} A_1\right)\underline{e}_1 - \sum_k \left[\left(\dot{m}_2 \, v_2 + p_{Ü.2} A_2\right)\underline{e}_2\right]_k .$$

Mit $\underline{F}_G = -mg\underline{e}_z$, $\underline{e}_1 = -\underline{e}_z$, $\underline{e}_2 = -\underline{e}_z$, $\dot{m} = \dot{m}_1 = k\,\dot{m}_2$ folgt:

$$R_{W.z} = -m\,g - \left(\dot{m}_1 \, v_1 + p_{Ü.1} A_1\right) + \left(k\,\dot{m}_2 \, v_2 + p_{Ü.2} A_2\right). \tag{4.15}$$

Hier erkennt man wieder die wichtige Aussage zum speziellen Impulssatz der Strömungstechnik:

Die Impuls- und Druckkräfte sind auf das im Kontrollraum (Innenraum des Duschkopfes) eingeschlossene Fluid gerichtet.

Hier sind die Impulskräfte $-\dot{m}_1 \, v_1$ sowie $+k\dot{m}_2 \, v_2$ und
Druckkräfte $-p_{Ü.1} A_1$ sowie $+p_{Ü.2} A_2$.

Mit dem eintretenden Massenstrom $\dot{m}$ ergibt sich die Eintrittsgeschwindigkeit v_1 zu:

$$v_1 = \frac{\dot{m}}{\rho\,A_1} \text{ und zahlenmäßig } v_1 = \frac{0{,}4}{1000 \cdot 284 \cdot 10^{-6}} = 1{,}41\,\frac{m}{s}.$$

Mit der Kontinuitätsgleichung (I-3.10) folgt die Austrittsgeschwindigkeit v_2 aus jeder der k Düsen zu:

$$v_2 = \frac{A_1}{k\,A_{Düse}}\,v_1 \text{ und zahlenmäßig } v_2 = \frac{284 \cdot 1{,}41}{120 \cdot 0{,}785} = 4{,}25\,\frac{m}{s}.$$

Setzt man v_1 und v_2 in Gl.(4.15) ein, so erhält man:

$$R_{W.z} = -mg - \frac{\dot{m}^2}{\rho A_1} - p_{Ü.1} A_1 + \frac{\dot{m}^2}{\rho k A_{Düse}} + p_{Ü.2} A_2$$

und mit $p_{Ü.1} = p_{Ü.2}$:

$$\boxed{R_{W.z} = -mg - \frac{\dot{m}^2}{\rho A_1}\left(\frac{A_1}{k A_{Düse}} - 1\right) + p_{Ü.1}\left(A_2 - A_1\right)}. \tag{4.16}$$

Die Reaktionswandkraft $R_{\mathrm{W.z}}$ (Rückstoßkraft) setzt sich aus drei Anteilen zusammen, s. **Bild 4.5:**

1. Schwerkraft

$$F_{\mathrm{G}} = -mg \qquad = 0{,}25 \cdot 9{,}81\,\mathrm{N} \qquad = -2{,}5\,\mathrm{N},$$

2. Impulskraft

$$F_{\mathrm{I}} = -F_{I.2} - F_{I.1} = \frac{\dot{m}^2}{\rho A_1}\left(\frac{A_1}{kA_{Düse}} - 1\right) = +\frac{0{,}4^2}{10^3 \cdot 284\,10^{-6}}\left(\frac{284}{120\,0{,}785} - 1\right)\mathrm{N} = +1{,}1\mathrm{N}$$

und

3. Druckkraft

$$F_{p.Ü} = F_{p.Ü.2} - F_{p.Ü.1} = p_{Ü.1}(A_2 - A_1) = 0{,}4 \cdot 10^5 \cdot 9 \cdot 284 \cdot 10^{-6}\,\mathrm{N} \qquad = +102{,}2\,\mathrm{N}.$$

Somit ergibt sich: $R_{\mathrm{W.z}} = +100{,}8\mathrm{N}$.

Es fällt auf, dass die Druckkraft $F_{p.Ü}$ die Reaktionswandkraft $R_{\mathrm{W.z}}$ dominierend beeinflusst. Das ändert sich auch nicht, wenn die Anzahl k der Austrittsflächen $A_{\mathrm{Düse}}$ erheblich verringert wird:

k	F_{I}	$F_{\mathrm{p.Ü}}$	$R_{\mathrm{W.z}}$
k = 120,	F_{I} = +1,1 N	$F_{\mathrm{p.Ü}}$ = +102,2 N	$R_{\mathrm{W.z}}$ = +100,8 N
60	+2,8 N	+102,2 N	+102,5 N
12	+16,4 N	+102,2 N	+116,1 N

Im Falle k=60 würde sich eine Austrittsgeschwindigkeit v_2=8,5 m/s einstellen und bei k=12 sogar 42,5 m/s (ein wahrscheinlich schmerzhaftes Duschvergnügen).

4.6 Schiffspropeller

Bild 4.6 zeigt die Prinzipskizze zur Anwendung des Impulssatzes auf einen Schiffspropeller. Es ist zu beachten, dass beim Durchgang der Strömung durch den Schiffspropeller eine Strahlkontraktion und die repräsentative Energiezufuhr in dieser Modellvorstellung im sog. „Propeller Disk" stattfinden, einer Scheibe, die von den beiden Ebenen D_1 und D_2, die man sich unendlich nah zusammengerückt denken muss, eingerahmt wird. Vor dem Propeller, d.h. in der Ebene D_1, ergibt sich ein Unterdruck, hinter dem Propeller in der Ebene D_2 ein Überdruck. In der Scheibe „Propeller Disk" nimmt die Geschwindigkeit den arithmetischen Mittelwert aus An- und Abströmgeschwindigkeit an, wie im nachfolgenden Beispiel u.a. bewiesen.

Gegeben:

- Schiffsgeschwindigkeit v_1,
- Axialkomponente $v_{2.x}$ der Austrittsgeschwindigkeit,

- Propellerdurchmesser D und
- Fluiddichte ρ.

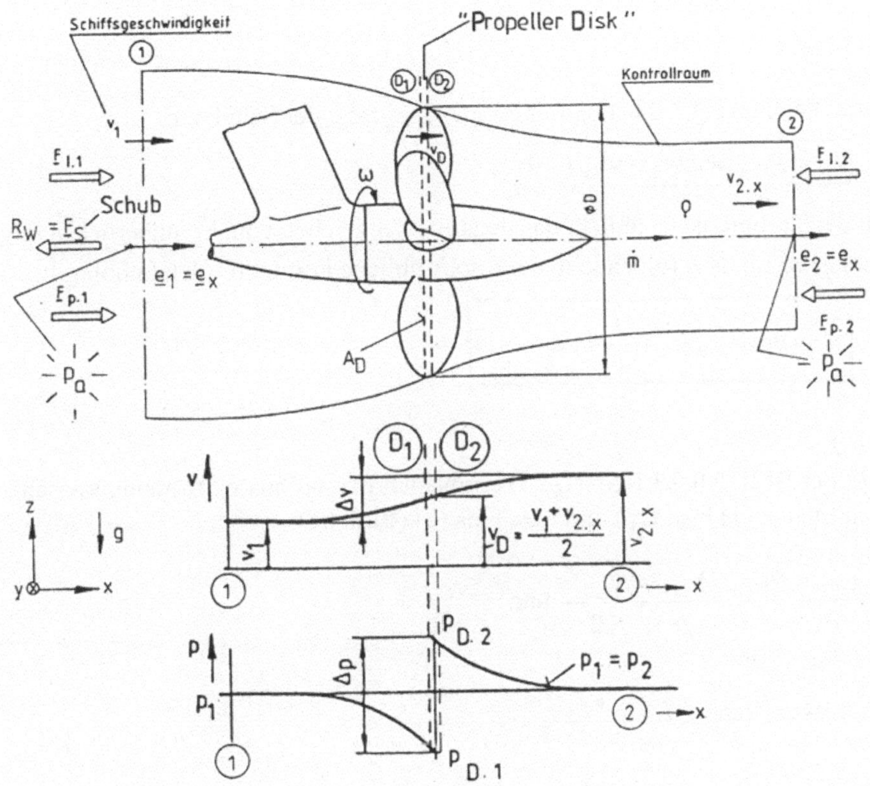

Bild 4.6 Anwendung des Impulssatzes auf einen Schiffspropeller

Vorausgesetzt:

- Stationäre Strömung,
- Achsparallele, gleichmäßige An- und Abströmung,
- Inkompressibles Fluid,
- Reibungsfreies Fluid,
- Vernachlässigbarer Einfluss des Schiffskörpers auf die Propellerdurchströmung und
- Eintrittsdruck p_1 = Austrittsdruck p_2.

Gesucht:

1. $F_s = R_{W.x}$ Schub,

2. v_D Geschwindigkeit in der Ebene „Propeller Disk“ und

3. $\zeta_s = \dfrac{F_s}{\dfrac{\rho}{2} v_1^2 A_D}$ Schubbelastungsgrad mit $A_D = \pi D^2 / 4$.

Lösung:

Zu 1.:

Mit Gleichung (I-4.24) und mit $\underline{e}_x=\underline{e}_1$, $\underline{e}_x=\underline{e}_2$ folgt der Schub zu:

$$\boxed{F_s = R_{W.x} = \dot{m}(v_1 - v_{2.x}) < 0}\,. \tag{4.16}$$

In der Technik ist es üblich, das negative Vorzeichen von F_s unberücksichtigt zu lassen, so dass folgende in der Praxis übliche Formel für den Schub gilt:

$$\boxed{F_s = \dot{m}\Delta v = \rho v_D \frac{\pi D^2}{4}(v_{2.x} - v_1)}\,. \tag{4.17}$$

Zu 2.:

Mit der BERNOULLI-Gl. (I-3.3) ergibt sich für stationäre Strömung zwischen den Stellen (1) bis (D_1) und (D_2) bis (2) (**Bild 4.6**):

$$\frac{p_1}{\rho} + \frac{v_1^2}{2} = \frac{p_{D.1}}{\rho} + \frac{v_{D.1}^2}{2} \quad \text{und}$$

$$\frac{p_{D.2}}{\rho} + \frac{v_{D.2}^2}{2} = \frac{p_2}{\rho} + \frac{v_{2.x}^2}{2}\,.$$

Zieht man diese Gleichungen voneinander ab, so folgt mit $p_1 = p_2$ und $v_{D.1} = v_{D.2} = v_D$:

$$p_{D.2} - p_{D.1} = \frac{\rho}{2}\left(v_{2.x}^2 - v_1^2\right).$$

So ergibt sich für den Schub mit Gl. (4.18):

$$F_s = \frac{\pi D^2}{4}(p_{D.2} - p_{D.1}) = \frac{\pi D^2}{4}\frac{\rho}{2}\left(v_{2.x}^2 - v_1^2\right) = \rho\, v_D \frac{\pi D^2}{4}(v_{2.x} - v_1). \tag{4.18}$$

Aus Gl.(4.19) folgt mit $\left(v_{2.x}^2 - v_1^2\right) = (v_{2.x} + v_1)(v_{2.x} - v_1)$:

$$\boxed{v_D = \frac{v_1 + v_{2.x}}{2}}\,. \tag{4.19}$$

Die Strömungsgeschwindigkeit v_D in der Ebene„Propeller Disk" ist also der arithmetische Mittelwert aus axialer An- und Abströmgeschwindigkeit.

Zu 3.:
Der Schubbelastungsgrad ζ_s ist wie folgt definiert:

$$\boxed{\zeta_s = \frac{F_s}{\frac{\rho}{2} v_1^2 \frac{\pi D^2}{4}}} \,. \tag{4.20}$$

Wird F_s nach Gl.(4.19) ersetzt, so ergibt sich:

$$\boxed{\zeta_s = \frac{\frac{\pi D^2}{4} \frac{\rho}{2}\left(v_{2.x}^2 - v_1^2\right)}{\frac{\rho}{2} v_1^2 \frac{\pi D^2}{4}} = \frac{v_{2.x}^2}{v_1^2} - 1} \,. \tag{4.21}$$

Tabelle 4.2 gibt verschiedene Zahlenwerte für ζ_s und $v_{2.x}^2 / v_1^2$ aus der Praxis wieder:

Tabelle 4.2 Zahlenwerte ζ_s und $v_{2.x} / v_1$ für Propeller verschiedener Schiffsbauarten

Schiffsbauart	$v_{2.x} / v_1$	ζ_s
Seegängiges Handelsschiff	1,2...1,5	0,4...1,2
Binnenschiff	1,5...2,0	1,2...3,0
Schlepper	2,0...4,0	3,0...15,0

4.7 Windturbinen

Bild 4.7 zeigt die Prinzipskizze zur Anwendung des Impulssatzes auf eine Windturbine. Es handelt sich hier um einen sog. Horizontalachser, wobei der Rotor vor dem Turm angeordnet ist (Luvläufer). Der vertikale Turm kann aus Stahlbetonrohren, Stahlrohren mit und ohne Drahtabspannung oder aus Stahlgittern bestehen. Im Gegensatz zum Schiffspropeller findet beim Durchgang der Strömung durch die Windturbine eine Strahldilatation (Strahlaufweitung) statt. Hier findet die repräsentative Energieabfuhr in einer Scheibe zwischen den Ebenen D_1 und D_2 (s. **Bild 4.7**) statt, die dem „Propeller Disk" entspricht. Vor dem Windturbinenlaufrad, d.h. in der Ebene D_1 ergibt sich ein Überdruck, hinter dem Windturbinenlaufrad in der Ebene D_2 ein Unterdruck.

In der Scheibe zwischen D_1 und D_2 nimmt wie bei dem Schiffspropeller die Geschwindigkeit den arithmetischen Mittelwert aus An- und Abströmgeschwindigkeit an, d.h., $v_D = (v_1 + v_{2.x})/2$.

Gegeben:
- Windgeschwindigkeit v_1,
- Axialkomponente $v_{2.x}$ der Austrittsgeschwindigkeit,
- Windturbinendurchmesser D und
- Fluiddichte ρ.

Vorausgesetzt:
- Stationäre Strömung,
- Achsparallele, gleichmäßige An- und Abströmung,
- Inkompressibles Fluid,
- Reibungsfreies Fluid,
- Vernachlässigbarer Einfluss des Turms auf die Windturbinendurchströmung und
- Eintrittsdruck p_1 = Austrittsdruck p_2,

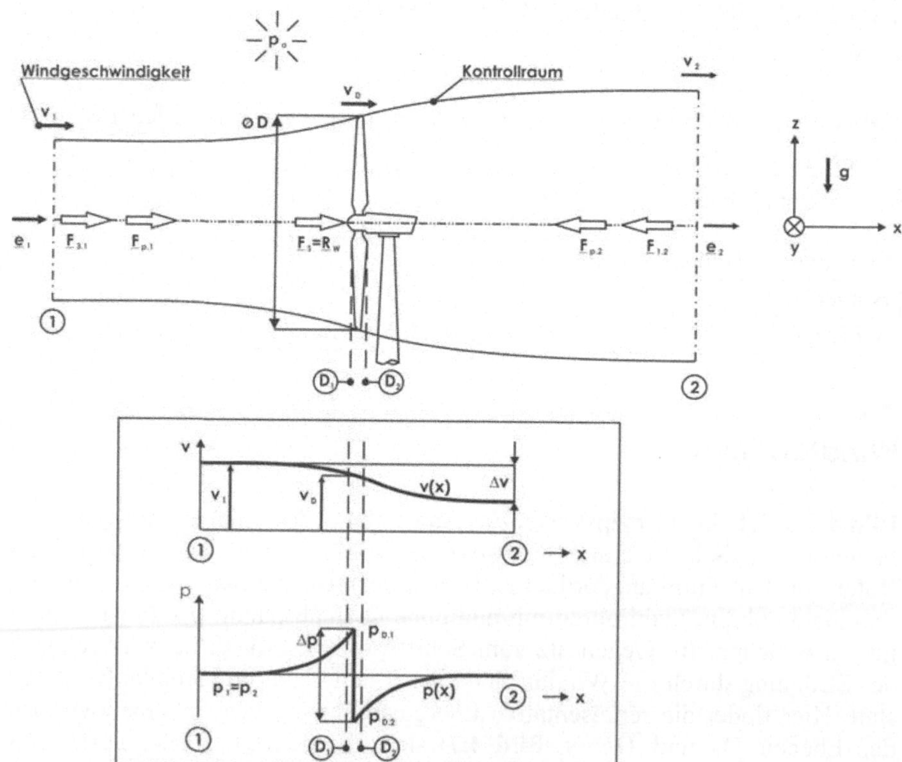

Bild 4.7 Anwendung des Impulssatzes auf eine Windturbine

Gesucht:

1. Allgemeine Windturbinenleistung $P = P(\rho, D, v_1, v_{2.x})$ und
2. Maximale Windturbinenleistung $P_{max} = P_{max}(\rho, D, v_1)$.

Lösung:

Zu 1.:

Mit Gl.(I-4.24) und

$\underline{e}_x = \underline{e}_1 = \underline{e}_2$ folgt der Schub zu:

$$F_s = R_{W.x} = \dot{m}(v_1 - v_{2.x}) > 0 \text{ (in } x\text{-Richtung, da } v_1 > v_{2.x}\text{)}.$$

Die allgemeine Windturbinenleistung ergibt sich hiermit zu:

$$P = F_s v_D = \dot{m}(v_1 - v_{2.x})\left(\frac{v_1 + v_{2.x}}{2}\right).$$

Mit $\dot{m} = \rho\, v_D \dfrac{\pi D^2}{4}$ folgt:

$$P = \rho \frac{\pi D^2}{4}\left(\frac{v_1 + v_{2.x}}{2}\right)^2 (v_1 - v_{2.x}),$$

$$P = \rho \frac{\pi D^2}{4}\left(v_1 \frac{1 + \frac{v_{2.x}}{v_1}}{2}\right)^2 \left[v_1\left(1 - \frac{v_{2.x}}{v_1}\right)\right] \text{ und schließlich}$$

$$\boxed{P = \rho \frac{\pi D^2}{4}\frac{v_1^3}{4}\left(1 + \frac{v_{2.x}}{v_1}\right)^2\left(1 - \frac{v_{2.x}}{v_1}\right)} \qquad (4.22)$$

In **Bild 4.8** ist diese Funktion für konstante Werte ρ, D und v_1 in Abhängigkeit von $v_{2.x}/v_1$ dargestellt. Es fällt auf, dass P bei $v_{2.x}/v_1 = 1/3$ ein Maximum aufweist und bei $v_{2.x}/v_1 = 1$, d.h. bei der zylindrischen Durchströmung ohne Strahlaufweitung, keine Leistung übertragen wird.

Zu 2.:

Die maximale Windturbinenleistung wird durch folgenden Ansatz gefunden:

$$\frac{\partial P}{\partial \frac{v_{2.x}}{v_1}} = 0 = 2\left(1 + \frac{v_{2.x}}{v_1}\right)\left(1 - \frac{v_{2.x}}{v_1}\right) - \left(1 + \frac{v_{2.x}}{v_1}\right)^2.$$

Hieraus folgt:

$$2\left(1 - \frac{v_{2.x}}{v_1}\right) = \left(1 + \frac{v_{2.x}}{v_1}\right) \text{ und damit:}$$

$$\boxed{\frac{v_{2.x}}{v_1} = \frac{1}{3}} \ . \tag{4.23}$$

Wenn also die maximale Leistung dem Wind entnommen werden soll, so bremst die Windturbine die Nachstromgeschwindigkeit auf ein Drittel der Anströmgeschwindigkeit (Windgeschwindigkeit) ab. Hiermit ergibt sich:

$$\boxed{P_{\max} = \frac{\rho}{2} \frac{\pi D^2}{4} v_1^{\ 3} \frac{16}{27}} \ . \tag{4.24}$$

Man erkennt, dass bei feststehendem ρ und D die maximale Windturbinenleistung mit der dritten Potenz der Windgeschwindigkeit einhergeht. Eine Verdoppelung der Windgeschwindigkeit zieht eine achtfach höhere Windturbinenleistung nach sich.

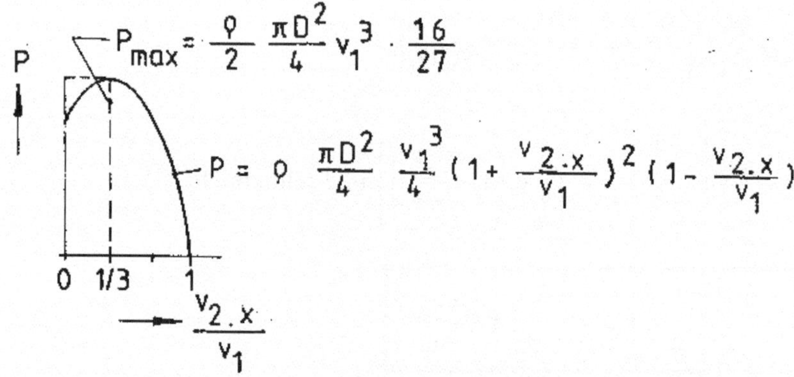

Bild 4.8 Windturbinenleistung P in Abhängigkeit vom Geschwindigkeitsverhältnis $v_{2.x} / v_1$

Die heute üblichen Werte für $P_{\max}$ je Fläche $\pi D^2 / 4$ liegen bei 400...500 W/m² und mehr.

Dem Faktor 16/27 in Gl.(4.25) kommt eine besondere Bedeutung zu, nämlich die des maximal erreichbaren Wirkungsgrads. Dies geht aus folgender Betrachtung hervor; der Wirkungsgrad ist in der Technik als Nutzleistung pro aufgewendeter Leistung definiert. Als Nutzleistung fungiert hier $P_{\max}$, als aufgewendete Leistung die Windleistung P_{Wind} mit:

$$\boxed{P_{\text{Wind}} = \frac{\dot{m}_{\text{Wind}}}{2} v_1^{\ 2} = \frac{\rho}{2} \frac{\pi D^2}{4} v_1^{\ 3}} \ . \tag{4.25}$$

Hiermit ergibt sich der maximale Wirkungsgrad zu:

$$\boxed{\eta_{\max} = \frac{P_{\max}}{P_{\text{Wind}}} = \frac{16}{27} = 59{,}3\%} \,. \tag{4.26}$$

Während die meisten Maschinen im Idealfall den Wirkungsgrad $\eta_{\text{id}} = 100\,\%$ erreichen würden, so kann die Windturbine in diesem Fall maximal nur $\eta_{\text{id}} \approx 60\,\%$ erzielen. In praxi werden aber nur 50 % und weniger erreicht. In der Windturbinenpraxis wird der Wirkungsgrad als Leistungsbeiwert c_{P} bezeichnet. Die Begrenzung auf 60% hängt damit zusammen, dass bei der Durchströmung energiebeladene Luft nutzlos abgeführt werden muss.

4.8 Strahlablenker einer PELTON-Wasserturbine

Der Strahlablenker einer PELTON-Wasserturbine wurde bereits in Kap. I-4.5.2 gezeigt. Der Strahlablenker tritt in Funktion, wenn der Wasserstrahl innerhalb einer relativ kurzen Zeit von der PELTON-Wasserturbine getrennt werden soll, ohne einen Druckstoß (s. Kap. 3.1) zu erzeugen. Dies tritt z.B. am Ende der Spitzenstromerzeugung auf. **Bild 4.9** zeigt eine PELTON-Turbinendüse mit Strahlablenker a) in Ablenkungsposition und b) in Normalposition bei Spitzenstromerzeugung.

Gegeben:

- Strahlgeschwindigkeit $\underline{v}_1$,
- Massenstrom $\dot{m}$,
- Ablenkungswinkel α und
- Momentenhebellänge h.

Vorausgesetzt:

- Stationäre ebene Strömung,
- Inkompressibles Fluid,
- Reibungsfreies Fluid,
- Konstante Freistrahlgeschwindigkeit $v_1 = v_2$,
- Eintrittsdruck p_1 = Austrittsdruck p_2 und
- Vernachlässigbarer Einfluss der Schwerkraft auf die Strömungsverhältnisse.

Gesucht:

Haltemoment $M = R_{\text{W}} \cdot h$.

Lösung:

Mit Gl.(I-4.24) und mit

$\underline{e}_1 = (1{,}0)$ und $\underline{e}_2 = (+\cos\alpha, -\sin\alpha)$ folgt:

$$\underline{R}_W = \dot{m}_1 v_1 \underline{e}_1 - \dot{m}_2 v_2 \underline{e}_2 = [\dot{m}_1(1,0) - \dot{m}_2(\cos\alpha, -\sin\alpha)] \cdot v_1,$$

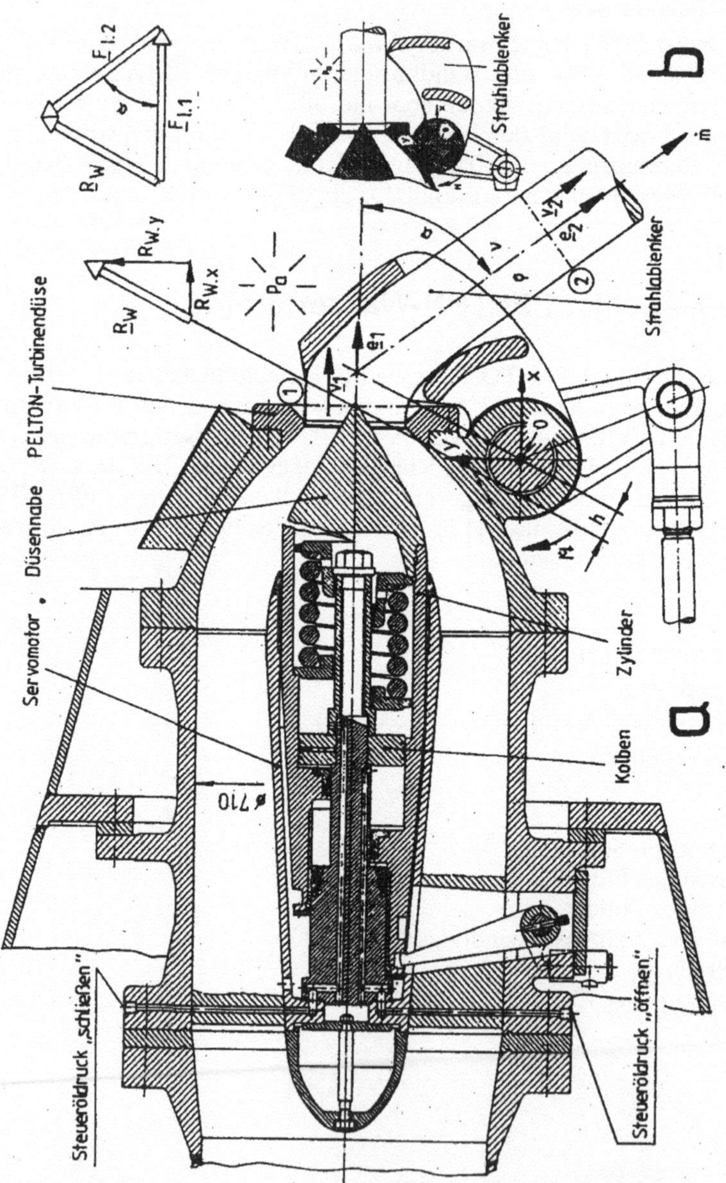

Bild 4.9 PELTON-Turbinendüse mit Servomotor (Kolben fest, Zylinder verschiebbar) und Strahlablenker. a) Strahlablenker im Eingriff, b) Strahlablenker in Normalposition (nach Werkbild VOITH)

mit $\underline{F}_{I.1} = \dot{m}v_1\underline{e}_1$ und $\underline{F}_{I.2} = -\dot{m}v_2\underline{e}_2$ (s. **Bild 4.9**). Nach Komponenten aufgeteilt ergibt sich:

$$R_{W.x} = \dot{m}v_1 - \dot{m}v_2\cos\alpha = \dot{m}v_1(1-\cos\alpha) \text{ und}$$

$$R_{W.y} = \dot{m}v_2\sin\alpha = \dot{m}v_1\sin\alpha .$$

Die gesamte Reaktionswandkraft beträgt:

$$R_W = \sqrt{R_{W.x}{}^2 + R_{W.y}{}^2} = \dot{m}v_1\sqrt{(1-\cos\alpha)^2 + \sin^2\alpha} = \dot{m}v_1\sqrt{2(1-\cos\alpha)} .$$

Schließlich erhält man das Haltemoment zu:

$$\boxed{M = \dot{m}v_1 h\sqrt{2(1-\cos\alpha)}} . \qquad (4.27)$$

Bild 4.10 zeigt die Abhängigkeit des Haltemoments M vom Strahlablenkungswinkel α für konstante Werte $\dot{m}, v_1$ und h. Auffällig ist der nahezu lineare Verlauf. In praxi ist eine relativ leichte Abhängigkeit der Momentenhebellänge h vom Strahlablenkungswinkel α feststellbar, ohne den linearen Charakter des Kurvenverlaufs wesentlich zu stören.

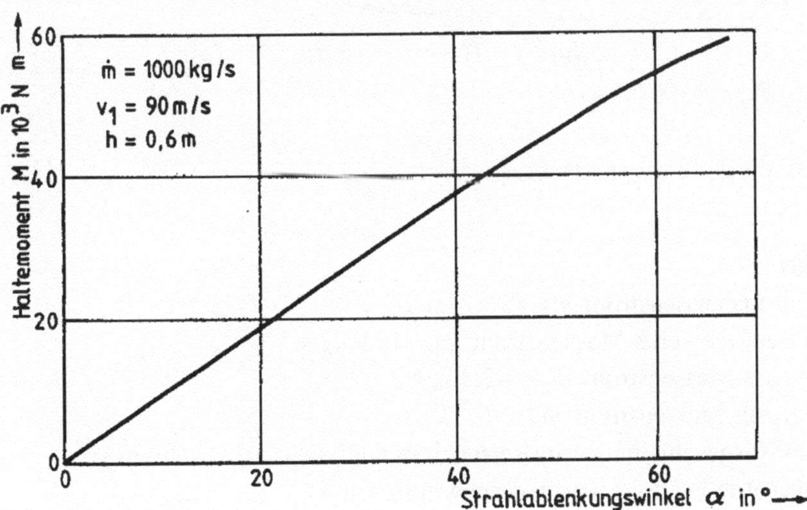

Bild 4.10 Haltemoment M in Abhängigkeit vom Strahlablenkungswinkel α bei konstanten Werten $\dot{m}, v_1$ und h.

4.9 Bypass-Luftstrahltriebwerk

Bild 4.11 zeigt die Anordnung eines Bypass-Luftstrahltriebwerks unter dem Tragflügel eines Flugzeugs. Der mit der Geschwindigkeit v_E eintretende Luftmassenstrom $\dot{m}_E$ wird in zwei Teilströme: Düsentriebwerks-Massenstrom $\dot{m}_D$ und Bypass-Massenstrom $\dot{m}_B$ aufgeteilt. Im Austritt des Luftstrahltriebwerks sind zwei unterschiedliche Geschwindigkeiten feststellbar: die Düsentriebwerks-Austrittsgeschwindigkeit v_D und die Bypass-Austrittsgeschwindigkeit v_B.

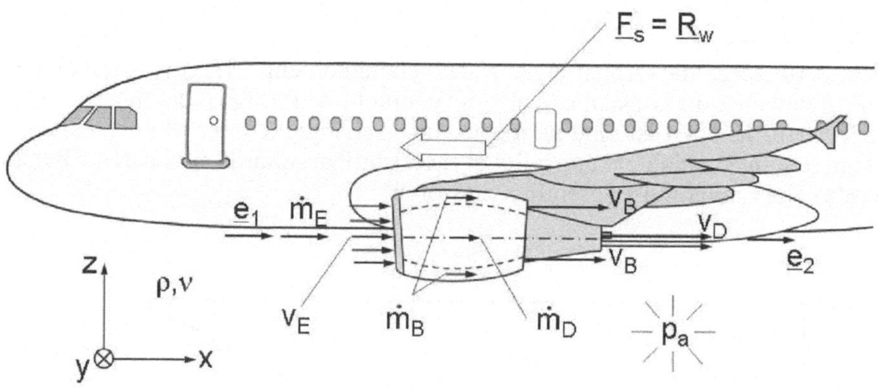

Bild 4.11. Bypass-Luftstrahltriebwerk an einem Flugzeug

Gegeben:

- **Eintrittsmassenstrom** $\dot{m}_E = 98{,}7$ kg/s,
- **Düsentriebwerks-Massenstrom** $\dot{m}_D = 15{,}9$ kg/s,
- **Bypass-Massenstrom** $\dot{m}_B = 82{,}7$ kg/s,
- **Kerosin-Massenstrom** $\dot{m}_K = 0{,}1$ kg/s,
- **Eintrittsgeschwindigkeit (Reisegeschwindigkeit)** $v_E = 203{,}0$ m/s,
- **Düsentriebwerks-Austrittsgeschwindigkeit** $v_D = 490{,}5$ m/s und
- **Bypass-Austrittsgeschwindigkeit** v_B.

Vorausgesetzt:

- $\partial v/\partial t = 0$,
- $p_1 = p_2 = p_a$ und
- $\dot{m}_K \ll \dot{m}_E$.

Gesucht:
Schub $F_S = R_{W.x}$.

Lösung:
Mit Gl.(I-4.25) und
$\underline{e}_x = \underline{e}_1 = (1{,}0{,}0)$, $\underline{e}_x = \underline{e}_2 = (1{,}0{,}0)$ und i = 1, k = 2 folgt:

$$\underline{R}_W = F_S = (\dot{m}_E v_E)\underline{e}_1 - (\dot{m}_B v_B + \dot{m}_D v_D)\underline{e}_2.$$

So ergibt sich der Schub betragsmäßig zu:

$$\boxed{R_{W.x} = F_S = (\dot{m}_B v_B + \dot{m}_D v_D) - (\dot{m}_E v_E)}. \qquad (4.28)$$

und zahlenmäßig zu:

$$F_S = (26\,091{,}9\,N + 7\,799{,}0\,N) - (20\,036{,}1\,N)$$

$$F_S = 13\,854{,}8\,N.$$

Die Richtung des Schubes F_S ist entgegen der x-Achse. Gl.(4.29) enthält ein den Schub verminderndes Glied, den sog. „Inlet Drag“ $\dot{m}_E v_E$, der hier mit 20036,1 N bremsend wirkt. Der sog. „Nutzschub“ beträgt hier:

$\dot{m}_B v_B + \dot{m}_D v_D = 33\,890{,}9\,N$, an dem der Bypass mit ca. 77% beteiligt ist.

Man mache sich klar, dass bei einem Bypass-Luftstrahltriebwerk der Großteil (hier rund 84%) der eintretenden Luftmasse $\dot{m}_E$ im Bypass am Triebwerk vorbeigeführt wird. Entsprechend groß ist das sog. Bypassverhältnis $\dot{m}_B / \dot{m}_D$, hier 5,2, in praxi 4...10 und mehr. Die gegenüber der Eintrittsgeschwindigkeit v_E erhöhte Austrittsgeschwindigkeit v_B des Bypass-Massenstroms wird durch einen sog. „Eintritts-Fan“ bewerkstelligt, der wiederum wie der Kompressor des Luftstrahltriebwerks von der Gasturbine angetrieben wird.

Übungsaufgaben zu diesem Kapitel finden sich unter:
www.tu-berlin.de/~fsd

5 Bewegung kompressibler Fluide

5.1 Strömung aus Pressluftbehälter

Bild 5.1 stellt einen auf Eisenbahnschienen fahrbaren Pressluftbehälter dar, der für Schubversuche geeignet ist. Im Bild ist die Stellung „Standschub" dargestellt. Hierbei werden die Puffer mit Kraftmessdosen ausgerüstet. Um das Ausflussverhalten der Pressluft zu studieren, ist die BERNOULLI-Gleichung der Gasdynamik (I-5.13) anzuwenden. Für diesen Fall lautet diese Gleichung zwischen den Stellen (0) und (2):

$$\frac{\kappa}{\kappa-1}\frac{p_0}{\rho_0}+\frac{v_0^2}{2}=\frac{\kappa}{\kappa-1}\frac{p_2}{\rho_2}+\frac{v_2^2}{2}\ .$$

Mit $v_0 = 0$ m/s, $p_2 = p_a$ und $\rho_2 = \rho_a$ (Freistrahl) lautet diese Gl.:

$$\frac{\kappa}{\kappa-1}\frac{p_0}{\rho_0}=\frac{\kappa}{\kappa-1}\frac{p_a}{\rho_a}+\frac{v_{2.oR}^2}{2}\ .$$

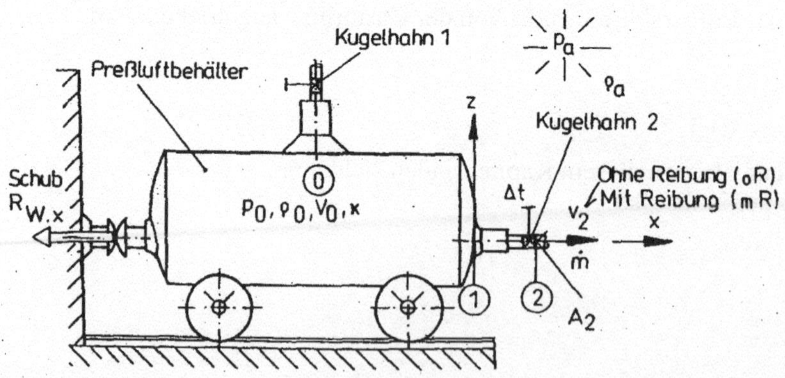

Bild 5.1. Instationäre Strömung beim Ausströmen aus einem Pressluftbehälter für Schubversuche

Der Index oR deutet auf die BERNOULLI-Gl. der Gasdynamik hin, die nur für den reibungsfreien (ohne Reibung, o.R.) Fall gilt. Nach der Ausflussgeschwindigkeit aufgelöst ergibt sich, vgl. Abschnitt I-5.6:

$$v_{2.oR} = \sqrt{\frac{2\kappa}{\kappa-1}\left(\frac{p_0}{\rho_0} - \frac{p_a}{\rho_a}\right)} = \sqrt{\frac{2\kappa}{\kappa-1}\frac{p_0}{\rho_0}\left(1 - \frac{p_a}{p_0}\frac{\rho_0}{\rho_a}\right)}$$

und unter Verwendung der Isentropengl. $p/\rho^\kappa = \text{const}$ (I-5.6):

$$v_{2.oR} = \sqrt{\frac{2\kappa}{\kappa-1}\frac{p_0}{\rho_0}\left[1-\left(\frac{p_a}{p_0}\right)^{\frac{\kappa-1}{\kappa}}\right]} \,. \tag{5.1}$$

Diese Gleichung heißt auch Ausflussformel von de SAINT-VENANT und WANTZEL und lässt sich überführen in:

$$v_{2.oR} = \frac{\sqrt{2\rho_0 p_0}}{\rho_a}\sqrt{\frac{\kappa}{\kappa-1}\left[\left(\frac{p_a}{p_0}\right)^{\frac{2}{\kappa}} - \left(\frac{p_a}{p_0}\right)^{\frac{\kappa+1}{\kappa}}\right]} \,. \tag{5.2}$$

Der zweite Wurzelausdruck trägt den Namen **Ausflussfunktion Ψ**. Es ist also:

$$\Psi = \sqrt{\frac{\kappa}{\kappa-1}\left[\left(\frac{p_a}{p_0}\right)^{\frac{2}{\kappa}} - \left(\frac{p_a}{p_0}\right)^{\frac{\kappa+1}{\kappa}}\right]} \,. \tag{5.3}$$

Somit lautet die Ausflussgeschwindigkeit: $v_{2.oR} = \Psi\frac{\sqrt{2\rho_0 p_0}}{\rho_a}$

und nach Erweiterung mit ρ_0/ρ_0 und mit $a_0 = \sqrt{\kappa\frac{p_0}{\rho_0}}$, Gl. (I-5.7):

$$v_{2.oR} = \Psi\frac{\rho_0}{\rho_a}\sqrt{2\frac{p_0}{\rho_0}} = \Psi\frac{\rho_0}{\rho_a}a_0\sqrt{\frac{2}{\kappa}} \,. \tag{5.4}$$

Im Folgenden soll die Ausflussfunktion Ψ diskutiert werden. **Bild 5.2** zeigt die Funktion Ψ in Abhängigkeit vom Druckverhältnis p_a/p_0 für den Isentropenkoeffizienten κ = 1,4 (Luft). Die Kurve besitzt ein von p_a/p_0 abhängiges Maximum.

Dieses wird gefunden, in dem man das sog. kritische Druckverhältnis, Gl.(I-5.23) in Gl. (5.3) einsetzt. Man vergegenwärtige sich, dass bei Erreichen dieses Druckverhältnisses Schallgeschwindigkeit im engsten Querschnitt (hier Austrittsquerschnitt 2) auftritt. Die Schallgeschwindigkeit beträgt in diesem Falle nach Gl.(I-5.7) mit $p_2 = p_a$ und $\rho_2 = \rho_a$ (Freistrahl):

$$\boxed{a_2 = \sqrt{\kappa \frac{p_2}{\rho_2}} = \sqrt{\kappa \frac{p_a}{\rho_a}}} \,. \tag{5.5}$$

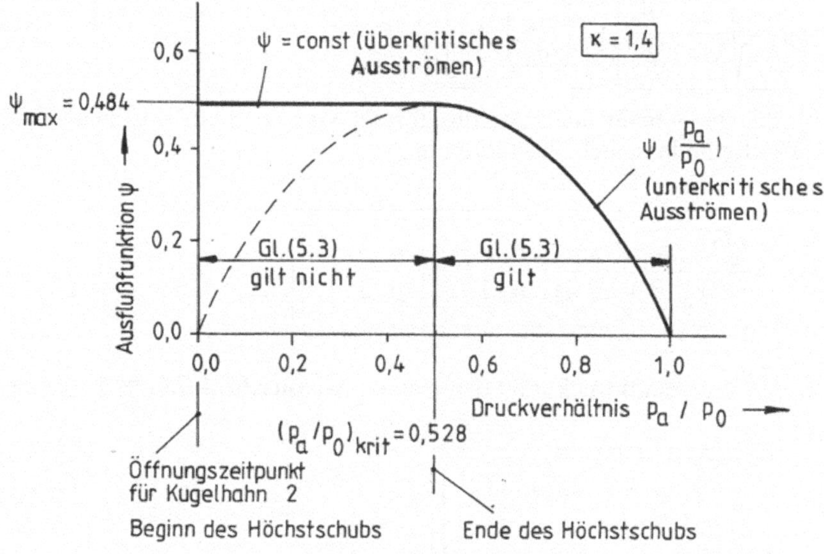

Bild 5.2. Ausflussfunktion ψ in Abhängigkeit vom Druckverhältnis $p_a \,/\, p_0$ (Luft)

So ergibt sich z.B. für κ = 1,4 (Luft), $p_2 = p_a = 101\,325\ N/m^2$ (Normatmosphäre) und $\rho_2 = \rho_a = 1{,}225\ kg/m^3$ (Luft bei Normatmosphäre und 20°C) $a_2 = 340{,}3\ m/s$.

Die Schallgeschwindigkeit tritt in (2), **Bild 5.1**, auf, wenn nach Gln.(I-5.22) und (I-5.23) folgende Relationen gelten (überkritisches Ausströmen):

$$\boxed{\frac{p_a}{p_0} < \left(\frac{p_a}{p_0}\right)_{krit} = \left(\frac{2}{\kappa+1}\right)^{\frac{\kappa}{\kappa-1}} = 0{,}528} \text{ und } \boxed{\frac{\rho_a}{\rho_0} < \left(\frac{\rho_a}{\rho_0}\right)_{krit} = \left(\frac{2}{\kappa+1}\right)^{\frac{1}{\kappa-1}} = 0{,}634} \,.$$

Der ausströmende Massenstrom $\dot{m}_{th}$ beträgt:

$$\boxed{\dot{m}_{th} = \rho_2\, A_2\, v_{2.oR}} \,. \tag{5.6}$$

Der Index th erklärt sich aus dem Fehlen der Reibung. Es ist üblich, den Einfluss von **Reibung und Strahlkontraktion** auf den Massenstrom wie folgt zu berücksichtigen:

$$\boxed{\dot{m} = \mu\, \dot{m}_{\text{th}} = \mu\, \rho_a\, A_2\, \text{v}_{2.\text{oR}}}\ . \tag{5.7}$$

mit μ Ausflusszahl.

Die **Ausflusszahl** berücksichtigt sowohl die Reibung als auch die Strahleinschnürung. So beträgt z.B. mit

$$\mu = \varphi\, \alpha \tag{5.8}$$

die Reibungszahl $\varphi = 0{,}96$ (abgerundete glatte Kurzdüse) und die Kontraktionszahl $\alpha = 0{,}99$ (zylindrisches Mündungsstück), so dass sich insgesamt eine Ausflusszahl $\mu = 0{,}95$ ergibt.
Setzt man Gl.(5.4) in Gl.(5.7) ein, so folgt:

$$\boxed{\dot{m} = \mu\, \psi\, A_2\, \sqrt{2\, \rho_0\, p_0}}\ . \tag{5.9}$$

Der reale Massenstrom nach Gl.(5.9) wird maximal, wenn das kritische Druckverhältnis p_a / p_0 unterschritten, bzw. erreicht wird. Das kritische Druckverhältnis beträgt nach Gl.(I-5.23):

$$\left(\frac{p_a}{p_0}\right)_{\text{krit}} = \left(\frac{2}{\kappa+1}\right)^{\frac{\kappa}{\kappa-1}}\ . \tag{5.10}$$

Hierbei ist von der Tatsache Gebrauch gemacht, dass im Austrittsquerschnitt A_2 (engster Querschnitt) der Umgebungsdruck p_a herrscht (Freistrahl). Zahlenmäßig ergibt sich für Luft mit $\kappa = 1{,}4$: $(p_a / p_0)_{\text{krit}} = 0{,}528$, d.h. für alle Druckverhältnisse $(p_a / p_0) \leq 0{,}528$ ist der Massenstrom maximal. Für das kritische Druckverhältnis Gl.(5.10) wird nach Gl.(5.3) auch die Ausflussfunktion ψ maximal, so dass gilt:

$$\boxed{\dot{m}_{\max} = \mu\, \psi_{\max}\, A_2\, \sqrt{2\, \rho_0\, p_0}}\ . \tag{5.11}$$

Bild 5.2 zeigt den Wert $\psi_{\max}$ für $\kappa = 1{,}4$, analytisch berechnet durch Einsetzen des kritischen Druckverhältnisses in Gl.(5.3) für überkritisches Ausströmen:

$$\boxed{\Psi_{\max} = \left(\frac{2}{\kappa+1}\right)^{\frac{1}{\kappa-1}} \sqrt{\frac{\kappa}{\kappa+1}} = 0{,}484}\ . \tag{5.12}$$

Gleichung (5.7) lässt sich auch als:

$$\dot{m} = \rho_a\, A_2\, \text{v}_{2.\text{mR}} \tag{5.13}$$

schreiben, so dass mit Gl.(5.4) und Gl.(I-5.7) für die Schallgeschwindigkeit a_0 im Kessel die Geschwindigkeit v_{mR} **mit Reibungseinfluss** lautet:

$$\boxed{v_{2.mR} = \mu\, v_{2.oR} = \mu\, \Psi \frac{\rho_0}{\rho_a}\sqrt{\frac{2p_0}{\rho_0}} = \mu\, \Psi \frac{\rho_0}{\rho_a} a_0 \sqrt{\frac{2}{\kappa}}} . \qquad (5.14)$$

Wendet man sich nun dem Schub $R_{W.x}$, wie in **Bild 5.1** dargestellt, zu, so erhält man nach Gl.(I-4.24) für den Kontrollzwischenraum (0) und (2):

$$\boxed{R_{W.x} = -\dot{m}\, v_{2.mR}} \qquad (5.15)$$

und durch Einsetzen von Gln.(5.9) und (5.14):

$$\boxed{R_{W.x} = -2(\mu\Psi)^2 \frac{\rho_0}{\rho_a} p_0 A_2} . \qquad (5.16)$$

Der Höchstschub wird bei $\Psi = \Psi_{max}$ erreicht, sie **Bild 5.2**. Hierbei ist für Ψ Gl.(5.12) und für ρ_a die kritische Größe, Gl.(I-5.22), einzusetzen. So erhält man:

$$\boxed{R_{W.x.max} = -2(\mu\Psi_{max})^2 \cdot \frac{p_0 A_2}{(\rho_a/\rho_0)_{krit}}} . \qquad (5.17)$$

Ein Zahlenbeispiel für überkritisches Ausströmen soll diesen Zusammenhang verdeutlichen.

Gegeben: p_0 = 30 bar, p_a = 1,0 bar, Ψ_{max} = 0,484 (**Bild 5.2**), $\mu = 0{,}95$, $(\rho_a/\rho_0)_{krit} = 0{,}634$, $A_2 = 0{,}071$ m² ($d_2 = 0{,}300$ m).
Vorausgesetzt: Standschub nach **Bild 5.1** .
Gesucht: Maximalschub $R_{W.x.max}$.
Lösung: Anwendung Gl.(5.17) liefert:

$$R_{W.x.max} = -142\ kN .$$

Man vergleiche hiermit den **Nenn-Standschub** von rund 200 kN eines Triebwerks des Flugzeugs Airbus A340. Der **Reiseschub** des gleichen Triebwerks in 11 km Höhe beläuft sich auf 50 kN bei einer Geschwindigkeit von 850 km/h. Bei dieser Geschwindigkeit und Höhe halten sich der Reiseschub der Triebwerke und der Widerstand des Flugzeugs das Gleichgewicht.

Zahlenbeispiel für unterkritisches Ausströmen:

Gegeben: p_0 = 1,8 bar, ρ_0 =2,14 kg/m³, p_a = 1,0 bar, ρ_a = 1,19 kg/m³, κ =1,4, μ und A_2 wie oben.
Lösung: Gl.(5.3) und Gl.(5.16) liefern:

$$\Psi = 0{,}481 \text{ und } R_{W.x.max} = -9{,}6\ kN .$$

5.2 Instationäre Pressluftströmung

In diesem Kapitel sollen die instationären Strömungsverhältnisse nach Öffnen des Kugelhahns 2 (s. **Bild 5.1**) betrachtet werden. Der Luftmassenstrom ist nach Gl.(5.9) zu bestimmen. Hieraus lässt sich auch die Frage beantworten, welche Masse dm in der Zeit dt ausströmt:

$$\mathrm{d}m = \dot{m}\,\mathrm{d}t = \mu \Psi A_2 \sqrt{2 \rho_0 p_0}\,\mathrm{d}t \;. \tag{5.18}$$

Die Luftmasse m_0 des Tankinhalts während des Ausströmens beträgt:

$$m_0 = \rho_0 V_0 \tag{5.19}$$

mit ρ_0 Variable Dichte des Tankinhalts und
V_0 Konstantes Tankvolumen.

Auf der gesamten Strecke von (0) bis (2) ist $\mathrm{d}m \equiv \mathrm{dm}_0$.
Setzt man isotherme Expansion eines thermisch idealen Gases voraus, so gilt nach der thermischen Zustandsgleichung (I-5.1):

$$\frac{p_0}{\rho_0} = R\,T_0 = \text{const} \;.$$

Dividiert man nun Gl.(5.18) durch Gl.(5.19) so folgt:

$$\frac{\mathrm{d}m_0}{m_0} = \frac{\mu \Psi A_2 \sqrt{2 \rho_0 p_0}}{\rho_0 V_0}\mathrm{d}t = \frac{\mu \Psi A_2 \sqrt{2 p_0 / \rho_0}}{V_0}\mathrm{d}t = \frac{\mu \Psi A_2 \sqrt{2R\,T_0}}{V_0}\mathrm{d}t \quad \text{und}$$

$$\frac{\mathrm{d}m_0}{m_0} = K \Psi \mathrm{d}t$$

mit der zeitlich unabhängigen Konstanten

$$K = \frac{\mu A_2 \sqrt{2R\,T_0}}{V_0} \;.$$

Definiert man nach **Bild 5.2** den Öffnungszeitpunkt für den Kugelhahn 2, d.h. den Beginn des Höchstschubs mit $\Psi_{max} = 0{,}484$, mit Zeitpunkt t_1 und das Ende des Höchstschubs bei Erreichen des kritischen Druckverhältnisses mit Zeitpunkt t_2, so lässt sich eine Zeitspanne $\Delta t = t_2 - t_1$ zur Ausnutzung des Höchstschubs berechnen.

(5.20)

Die Integration zwischen den beiden Zeitpunkten t_1 und t_2 liefert:

$$\int_{t_1}^{t_2} \frac{\mathrm{d}m_0}{m_0} = ln\, m_0\Big|_{t_1}^{t_2} = ln\,\frac{m_0(t_2)}{m_0(t_1)} = K\Psi_{max}\Delta t$$

und schließlich

$$\boxed{\Delta t = \frac{ln\,\dfrac{m_0(t_2)}{m_0(t_1)}}{K\Psi_{max}}}\,. \tag{5.21}$$

Dies ist also die Entleerungszeit des Druckbehälters zu Höchstschubbedingungen. Gl.(5.21) lässt sich umformen in:

$$\Delta t = V_0 \frac{ln\left[\dfrac{p_0(t_2)}{p_0(t_1)}\right]}{\mu A_2 \sqrt{2RT_0}\left(\dfrac{2}{\kappa+1}\right)^{\frac{1}{\kappa-1}}\sqrt{\dfrac{\kappa}{\kappa+1}}}\,. \tag{5.22}$$

Hierzu soll ein Zahlenbeispiel gegeben werden.

Gegeben: V_0=100 m³, $p_0(t_1)$= 30 bar, $p_0(t_2)$= 1,9 bar (kritisch), A_2= 0,071 m², μ = 0,95, R = 287 m²/(s²K), T_0=293 K und $\kappa = \kappa_{\text{Luft}} = 1{,}4$.
Vorausgesetzt: Standschub nach **Bild 5.1.**
Gesucht: Zeitspanne Δt mit Höchstschub.
Lösung: Anwendung Gl.(5.22) liefert:

$$\Delta t = 20{,}6\text{ s}\,.$$

Der oben angegebene Standschub-Versuchstand (s. **Bild 5.1**) kann also 20,6 s unter Höchstschub $R_{\text{W.x.max}}$ betrieben werden. Danach fällt der Schub ab, d.h. ab diesem Zeitpunkt beginnt die Pressluftströmung instationär zu werden (monoton abfallend), u. zw. nach dem folgenden Gesetz, s. Gln.(5.16) und (5.3):

$$R_{\text{W.x}}(t) = -2[\mu\Psi(t)]^2 \frac{\rho_0(t)}{\rho_a} p_0(t) A_2\,. \tag{5.23}$$

Übungsaufgaben zu diesem Kapitel finden sich unter:
www.tu-berlin.de/~fsd

6 Anwendungen der NAVIER-STOKES-Bewegungsgleichung

6.1 Sonderfälle der NAVIER-STOKES-Bewegungsgleichung

6.1.1 Ruhendes Fluid

Mit $\underline{v} = \underline{0}$ m/s erhalten wir aus Gl.(I-6.17):

$$\underline{0} = \underline{f} - \frac{1}{\rho}\underline{\nabla p} \quad \text{und somit}$$

$$\boxed{\underline{f} = \frac{1}{\rho}\underline{\nabla p}} \text{ ,wie Gl.(I-1.2).}$$

In **Bild 6.1** ist der Fall $f_x = 0\,\text{m/s}^2$, $f_y = 0\,\text{m/s}^2$, $f_z - g = 9{,}81\,\text{m/s}^2$ dargestellt. Daraus ergibt sich wieder die bekannte Formel p(z)

$$\boxed{p(z) = p_a + \rho\, gz} \text{ , wie Gl.(I-1.1).}$$

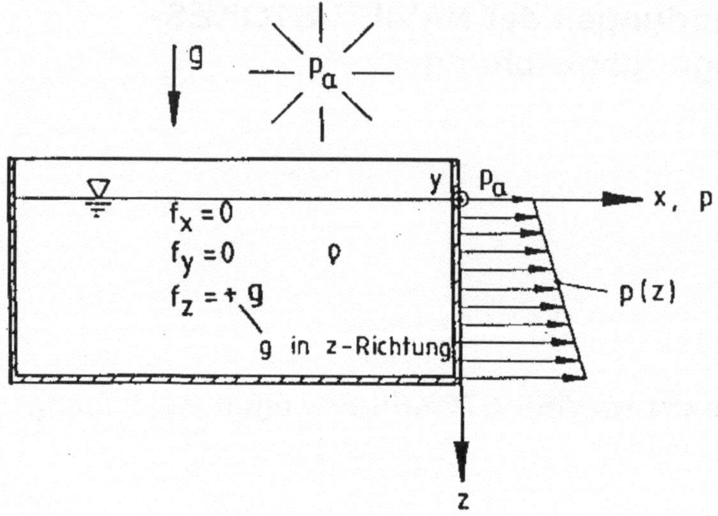

Bild 6.1. Druckverteilung p(z) im ruhenden Fluid

6.1.2 Drehungsfreie Strömung

Bild 6.2 zeigt eine drehungsfreie Strömung. Die drehungsfreie Strömung, auch Potentialströmung genannt, wird bekanntlich definiert durch $rot\,\underline{v} = \underline{0}$. Es werden zwei Potentialfunktionen Φ und U eingeführt.

1. Φ sei die Potentialfunktion des Geschwindigkeitsfeldes mit

$$\underline{v} = \underline{\nabla}\Phi = \frac{\partial \Phi}{\partial x}\underline{e}_x + \frac{\partial \Phi}{\partial y}\underline{e}_y + \frac{\partial \Phi}{\partial z}\underline{e}_z$$

mit

$$v_x = \frac{\partial \Phi}{\partial x}, \; v_y = \frac{\partial \Phi}{\partial y} \text{ und } v_z = \frac{\partial \Phi}{\partial' z}.$$

2. U sei die Potentialfunktion des Kraftfeldes mit

$$\underline{f} = -\underline{\nabla}U = -\left(\frac{\partial U}{\partial x}\underline{e}_x + \frac{\partial U}{\partial y}\underline{e}_y + \frac{\partial U}{\partial z}\underline{e}_z\right).$$

So ist die Potentialfunktion des Erdschwerefeldes wie folgt definiert:

$$U = gz + \text{const}$$

mit

$$f_x = 0\ m/s^2, f_y = 0\ m/s^2 \text{ und } f_z = -g = -9{,}81\ m/s^2.$$

Das Minuszeichen erklärt sich daraus, dass die Richtung der Koordinate z und die Richtung von g entgegengesetzt sind, s. **Bild 6.2**.

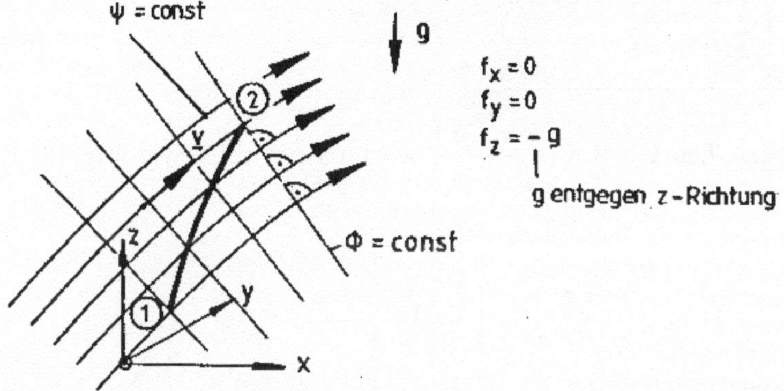

Bild 6.2. Äquipotentiallinien Φ = const und Stromlinien Ψ = const in drehungsfreier Strömung; (1)-(2) beliebiger Weg im Strömungsfeld

Drehungsfreiheit heißt bekanntlich (s. I-7.1):

$$\text{rot}\ \underline{v} = \begin{vmatrix} \underline{e}_x & \underline{e}_y & \underline{e}_z \\ \dfrac{\partial}{\partial x} & \dfrac{\partial}{\partial y} & \dfrac{\partial}{\partial z} \\ \dfrac{\partial \Phi}{\partial x} & \dfrac{\partial \Phi}{\partial y} & \dfrac{\partial \Phi}{\partial z} \end{vmatrix}$$

$$= \underline{e}_x\left(\frac{\partial^2\Phi}{\partial y\partial z} - \frac{\partial^2\Phi}{\partial z\partial y}\right) - \underline{e}_y\left(\frac{\partial^2\Phi}{\partial x\partial z} - \frac{\partial^2\Phi}{\partial z\partial x}\right) + \underline{e}_z\left(\frac{\partial^2\Phi}{\partial x\partial y} - \frac{\partial^2\Phi}{\partial y\partial x}\right) = \underline{0}$$

für alle Φ. Man beachte, dass $\partial y\partial z = \partial z\partial y$, $\partial x\partial z = \partial z\partial x$ und $\partial x\partial y = \partial y\partial x$ ist. So werden alle Klammerausdrücke zu Null, d.h., alle Potentialfunktionen Φ mit $\underline{\nabla}\Phi = \underline{v}$ erfüllen die Bedingung rot $\underline{v} = \underline{0}$.

Um diese Erkenntnis in die NAVIER-STOKES-Bewegungsgleichung (I-6.18) für Potentialströmungen einzubringen, soll im Folgenden die Umwandlung der Gl.(I-6.18) in Gl.(I-6.19) vollzogen werden.
Es muss also

$$\boxed{\underline{\nabla}\left(\frac{\mathrm{v}^2}{2}+\frac{p}{\rho}\right)-\underline{\mathrm{v}}\times\mathrm{rot}\underline{\mathrm{v}}+\nu\,\mathrm{rot}(\mathrm{rot}\underline{\mathrm{v}})=\underline{f}-\frac{\partial\underline{\mathrm{v}}}{\partial t}} \tag{6.1}$$

in

$$\boxed{(\underline{\mathrm{v}}\cdot\underline{\nabla})\,\underline{\mathrm{v}}+\frac{1}{\rho}\underline{\nabla}p-\nu\,\Delta\underline{\mathrm{v}}=\underline{f}-\frac{\partial\underline{\mathrm{v}}}{\partial t}} \tag{6.2}$$

überführt werden. Das Glied $\underline{\nabla}\left(\frac{\mathrm{v}^2}{2}+\frac{p}{\rho}\right)$ wird mit ρ = const wie folgt umgeformt:

$$\underline{\nabla}\left(\frac{\mathrm{v}^2}{2}+\frac{p}{\rho}\right)=\underline{\nabla}\left(\frac{\mathrm{v}^2}{2}\right)+\underline{\nabla}\left(\frac{p}{\rho}\right)=\underline{\nabla}\left(\frac{\mathrm{v}^2}{2}\right)+\frac{1}{\rho}\underline{\nabla}p\ . \tag{6.3}$$

Es muß also nun

$$\underline{\nabla}\left(\frac{\mathrm{v}^2}{2}\right)-\underline{\mathrm{v}}\times\mathrm{rot}\ \underline{\mathrm{v}}+\nu\,\mathrm{rot}(\mathrm{rot}\underline{\mathrm{v}})=\underline{f}-\frac{\partial\underline{\mathrm{v}}}{\partial t}-\frac{1}{\rho}\underline{\nabla}p \tag{6.4}$$

in

$$(\underline{\mathrm{v}}\cdot\underline{\nabla})\,\underline{\mathrm{v}}-\nu\,\Delta\underline{\mathrm{v}}=\underline{f}-\frac{\partial\underline{\mathrm{v}}}{\partial t}-\frac{1}{\rho}\underline{\nabla}p \tag{6.5}$$

umgeformt werden.

Es gilt nun nach BRONSTEIN-SEMENDJAJEW: Taschenbuch der Mathematik, Kap. 4.2.2 Vektoranalysis:

$$\mathrm{rot}(\mathrm{rot}\underline{\mathrm{v}})=\underline{\nabla}(\mathrm{div}\ \underline{\mathrm{v}})-\Delta\underline{\mathrm{v}}\ . \tag{6.6}$$

Für ρ = const ist nach Gl.(I-2.9) $\mathrm{div}\ \underline{\mathrm{v}}=0$. Damit geht Gl.(6.6) über in :

$$\mathrm{rot}(\mathrm{rot}\underline{\mathrm{v}})=-\Delta\underline{\mathrm{v}}\ . \tag{6.7}$$

Nun muss also

$$\underline{\nabla}\left(\frac{\mathrm{v}^2}{2}\right)-\underline{\mathrm{v}}\times\mathrm{rot}\ \underline{\mathrm{v}}=\underline{f}-\frac{\partial\underline{\mathrm{v}}}{\partial t}-\frac{1}{\rho}\underline{\nabla}p+\nu\,\Delta\underline{\mathrm{v}} \tag{6.8}$$

in

$$(\underline{v}\cdot\underline{\nabla})\,\underline{v} = \underline{f} - \frac{\partial \underline{v}}{\partial t} - \frac{1}{\rho}\underline{\nabla} p + \nu\,\Delta\underline{v} \tag{6.9}$$

überführt werden, d.h. man zeige:

$$(\underline{v}\cdot\underline{\nabla})\,\underline{v} = \underline{\nabla}\left(\frac{v^2}{2}\right) - \underline{v}\times\text{rot}\,\underline{v}\ . \tag{6.10}$$

Diese Gleichung wird umgeformt in:

$$-\underline{v}\times\text{rot}\,\underline{v} = (\underline{v}\cdot\underline{\nabla})\,\underline{v} - \underline{\nabla}\left(\frac{v^2}{2}\right)\ . \tag{6.11}$$

Die linke Seite dieser Gleichung lautet ausführlich geschrieben, siehe auch Gln. (I-7.2...4):

$$-\underline{v}\times\text{rot}\,\underline{v} = -\begin{vmatrix} \underline{e}_x & \underline{e}_y & \underline{e}_z \\ v_x & v_y & v_z \\ \left(\frac{\partial v_z}{\partial y} - \frac{\partial v_y}{\partial z}\right) & \left(\frac{\partial v_x}{\partial z} - \frac{\partial v_z}{\partial x}\right) & \left(\frac{\partial v_y}{\partial x} - \frac{\partial v_x}{\partial y}\right) \end{vmatrix}$$

$$= \left(-v_y\frac{\partial v_y}{\partial x} + v_y\frac{\partial v_x}{\partial y} + v_z\frac{\partial v_x}{\partial z} - v_z\frac{\partial v_z}{\partial x}\right)\underline{e}_x$$

$$+\left(v_x\frac{\partial v_y}{\partial x} - v_x\frac{\partial v_x}{\partial y} - v_z\frac{\partial v_z}{\partial y} + v_z\frac{\partial v_y}{\partial z}\right)\underline{e}_y$$

$$+\left(-v_x\frac{\partial v_x}{\partial z} + v_x\frac{\partial v_z}{\partial x} + v_y\frac{\partial v_z}{\partial y} - v_y\frac{\partial v_y}{\partial z}\right)\underline{e}_z\ . \tag{6.12}$$

Die x- Komponente von Gl. (6.12) lautet also:

$$-\frac{\partial\left(v_y^{\,2}/2\right)}{\partial x} - \frac{\partial\left(v_z^{\,2}/2\right)}{\partial x} + v_y\frac{\partial v_x}{\partial y} + v_z\frac{\partial v_x}{\partial z}$$

$$= -\frac{\partial\left(v_y^{\,2}/2\right)}{\partial x} - \frac{\partial\left(v_z^{\,2}/2\right)}{\partial x} \underbrace{- \frac{\partial\left(v_x^{\,2}/2\right)}{\partial x} + \frac{\partial\left(v_x^{\,2}/2\right)}{\partial x}}_{\text{Erweiterung mit Null}} + v_y\frac{\partial v_x}{\partial y} + v_z\frac{\partial v_x}{\partial z}$$

$$= -\frac{\partial}{\partial x}\underbrace{\left(\frac{v_x{}^2 + v_y{}^2 + v_z{}^2}{2}\right)}_{v^2/2} + \underbrace{v_x \frac{\partial v_x}{\partial x} + v_y \frac{\partial v_x}{\partial y} + v_z \frac{\partial v_x}{\partial z}}_{\underline{v}\cdot\underline{\nabla} v_x}$$

$$= -\frac{\partial}{\partial x}\left(\frac{v^2}{2}\right) + \underline{v}\cdot\underline{\nabla} v_x \ .$$

Das Ergebnis lautet also für die x-, y- und z-Richtung:

$$-(\underline{v}\times \text{rot }\underline{v})_x = -\frac{\partial}{\partial x}\left(\frac{v^2}{2}\right) + \underline{v}\cdot\underline{\nabla} v_x \ , \tag{6.13}$$

$$-(\underline{v}\times \text{rot }\underline{v})_y = -\frac{\partial}{\partial y}\left(\frac{v^2}{2}\right) + \underline{v}\cdot\underline{\nabla} v_y \quad \text{und} \tag{6.14}$$

$$-(\underline{v}\times \text{rot }\underline{v})_z = -\frac{\partial}{\partial z}\left(\frac{v^2}{2}\right) + \underline{v}\cdot\underline{\nabla} v_z \ . \tag{6.15}$$

Also gilt allgemein Gl.(6.11), womit die Gleichwertigkeit der Gln.(6.1) und (6.2) bzw. der Gln.(I-6.18) und (I-6.19) bewiesen ist.

Unter Anwendung der NAVIER-STOKES-Bewegungsgleichung folgt mit $\text{rot }\underline{v} = \underline{0}$ und $\underline{f} = \underline{\nabla} U$ aus Gl.(I-6.19):

$$\frac{\partial \underline{v}}{\partial t} + \underline{\nabla}\left(\frac{v^2}{2} + \frac{p}{\rho}\right) = -\underline{\nabla} U \ ,$$

$$\frac{\partial \underline{v}}{\partial t} + \underline{\nabla}\left(\frac{v^2}{2} + \frac{p}{\rho} + U\right) = \underline{0}$$

und mit:

$$\frac{\partial \underline{v}}{\partial t} = \frac{\partial \underline{\nabla}\Phi}{\partial t} = \underline{\nabla}\frac{\partial \Phi}{\partial t} \quad \text{folgt}$$

$$\underline{\nabla}\left(\frac{\partial \Phi}{\partial t} + \frac{v^2}{2} + \frac{p}{\rho} + U\right) = \underline{0} \ . \tag{6.16}$$

Mit $U = gz + \text{const}$ folgt schließlich aus Gl.(6.16) die

BERNOULLI-Gl für instationäre Potentialströmung:

$$\boxed{\frac{\partial \Phi}{\partial t}+\frac{\mathrm{v}^2}{2}+\frac{p}{\rho}+gz=\mathrm{const}}\,. \tag{6.17}$$

In diesem Zusammenhang ergibt sich ein wichtiger Sonderfall: **stationäre Potentialströmung im Erdschwerefeld** mit U = g z + const. Hierfür ergibt sich:

$$\boxed{\frac{\mathrm{v}^2}{2}+\frac{p}{\rho}+gz=\mathrm{const}}\,. \tag{6.18}$$

Es fällt auf, dass die sog. BERNOULLI-Konstante für alle Stromlinien gilt (isoenergetische Strömungen). In der Literatur findet sich oft der Umkehrschluss:

Isoenergetische, stationäre Strömungen sind wirbelfrei (Potentialströmungen).

6.1.3 Reibungsfreies Fluid

Die Strömung reibungsfreier Fluide ist wie bekannt an die Bedingung kinematische Viskosität $\nu = 0$ m²/s geknüpft. Es soll vorausgesetzt werden, dass die Strömung dem Erdschwerefeld unterliegt:

$$\underline{f} = -\underline{\nabla}U \tag{6.19}$$

mit U = g z + const (Potentialfunktion des Erdschwerefeldes).

Die NAVIER-STOKES-Bewegungsgleichung in der Form Gl.(I-6.19) liefert für diesen Fall $\nu = 0$ m²/s und mit Gl.(6.19):

$$\frac{\partial \underline{\mathrm{v}}}{\partial t}+\underline{\nabla}\left(\frac{\mathrm{v}^2}{2}+\frac{p}{\rho}+U\right)-\left(\underline{\mathrm{v}}\times \mathrm{rot}\,\underline{\mathrm{v}}\right)=\underline{0}\,. \tag{6.20}$$

Diese Gleichung werde mit dem vektoriellen Stromlinien-Wegelement $\mathrm{d}\underline{s}$ skalar multipliziert. In diesem Zusammenhang ergeben sich folgende drei mathematische Vereinfachungen:

1. $\underline{\mathrm{v}}\,\mathrm{d}\underline{s} = \mathrm{v}\,\mathrm{d}s$, weil $\mathrm{d}\underline{s}$ und $\underline{\mathrm{v}}$ in die selbe Richtung zeigen (s. **Bild 6.3**)

Es muss also gelten:

$$\frac{\partial \underline{\mathrm{v}}}{\partial t}\mathrm{d}\underline{s}=\frac{\partial \mathrm{v}}{\partial t}\mathrm{d}s\,.$$

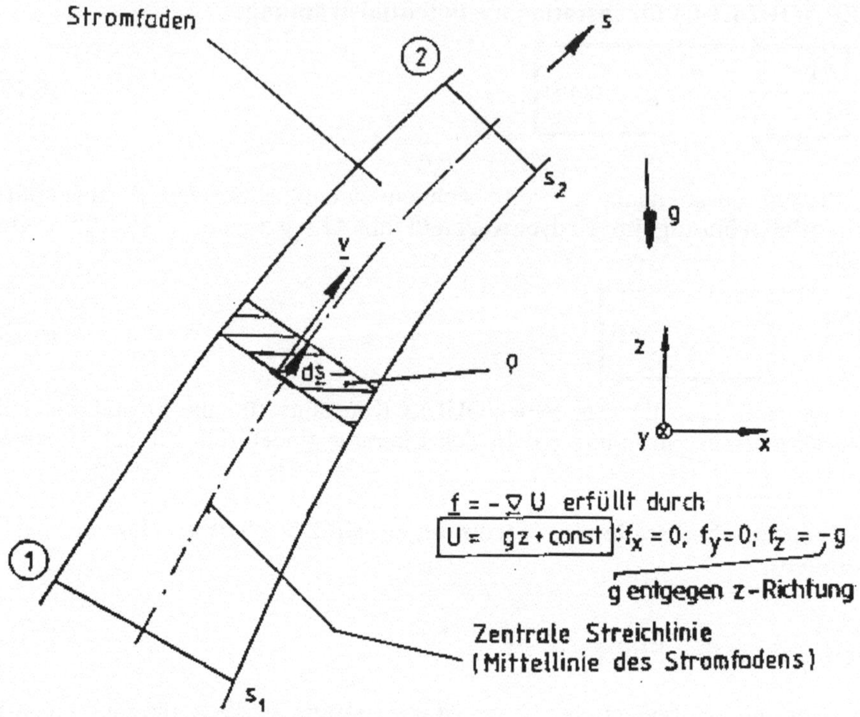

Bild 6.3. Stromfaden in einem reibungsfreien Fluid

2. Mit $\mathrm{d}\underline{s} = \mathrm{d}x, \mathrm{d}y, \mathrm{d}z$ folgt:

$$\underline{\nabla}\left(\frac{\mathrm{v}^2}{2}+\frac{p}{\rho}+U\right)\mathrm{d}\underline{s}$$

$$=\frac{\partial\left(\frac{\mathrm{v}^2}{2}+\frac{p}{\rho}+U\right)}{\partial x}\mathrm{d}x+\frac{\partial\left(\frac{\mathrm{v}^2}{2}+\frac{p}{\rho}+U\right)}{\partial y}\mathrm{d}y+\frac{\partial\left(\frac{\mathrm{v}^2}{2}+\frac{p}{\rho}+U\right)}{\partial z}\mathrm{d}z$$

$$=\frac{\partial\left(\frac{\mathrm{v}^2}{2}+\frac{p}{\rho}+U\right)}{\partial s}\mathrm{d}s\,.$$

3. Es ist $(\underline{v} \times rot\ \underline{v})\,d\underline{s} = 0$, da der Vektor $\underline{v} \times rot\ \underline{v}$ senkrecht auf $\underline{v}$ und damit auch senkrecht auf $d\underline{s}$ steht.

Wird nun Gl.(6.20) mit $d\underline{s}$ skalar multipliziert, so ergibt sich mit den drei mathematischen Vereinfachungen:

$$\frac{\partial v}{\partial t} ds + \frac{\partial\left(\frac{v^2}{2} + \frac{p}{\rho} + gz\right)}{\partial s} ds = 0 . \tag{6.21}$$

Wird diese Gleichung längs des Stromlinienweges s von s_1 nach s_2 integriert (s. **Bild 6.3**), so ergibt sich:

$$\int_{s_1}^{s_2} \frac{\partial v}{\partial t} ds + \left(\frac{v^2}{2} + \frac{p}{\rho} + gz\right)\Bigg|_1^2 = 0 \text{ und}$$

$$\boxed{\frac{v_1^2}{2} + \frac{p_1}{\rho} + gz_1 = \frac{v_2^2}{2} + \frac{p_2}{\rho} + gz_2 + \int_{s_1}^{s_2} \frac{\partial v}{\partial t} ds} . \tag{6.22}$$

Gleichung (6.22) stellt die **BERNOULLI-Gleichung für den Stromfaden bei instationärer Strömung** eines reibungsfreien Fluids dar. Man beachte, dass das instationäre Glied auf der Seite der Größen der Ausströmung steht.

Einen **Sonderfall** der Strömung stellt die **BELTRAMI**[7]**-Strömung** dar. Es handelt sich um die Strömung eines **reibungsfreien** Fluids $(\nu = 0\ \text{m}^2/\text{s})$, jedoch sei das Fluid **wirbelbehaftet** $(\text{rot}\ \underline{v} \neq \underline{0})$ mit der Besonderheit, dass:

$\boxed{(\underline{v} \times \text{rot}\ \underline{v} = \underline{0})}$ ist,

da $\underline{v} \| \text{rot}\ \underline{v}$, wie in **Bild 6.4** angegeben.

Bild 6.4 zeigt die Strömungsverhältnisse hinter einem Tragflügelprofil, wo sich ein System freier Wirbel bildet. Auf der Wirbellinie der freien Wirbel kann in guter Näherung die Parallelität der Abströmgeschwindigkeit $\underline{v}$ und der Wirbelstärke rot $\underline{v}$ angenommen werden. Führt man nun noch die Bedin-

[7] BELTRAMI, Eugenio, geb. 1825 in Cremona, gest. 1900 in Rom. Italienischer Mathematiker, Professor in Bologna, Pisa, Pavia und Rom. In seinen Arbeiten untersuchte er die differentialgeometrischen Eigenschaften von Kurven und Flächen sowie von Räumen. Er stellte die Verbindung zur nichteuklidischen Geometrie von N.I. LOBATSCHEWSKI her: Opere mathematiche (1902-1920, 4 Bände).

gung ein, dass es sich um eine stationäre Strömung im Einflussgebiet des Erdschwerefeldes handelt, so hat man insgesamt fünf Voraussetzungen getroffen:

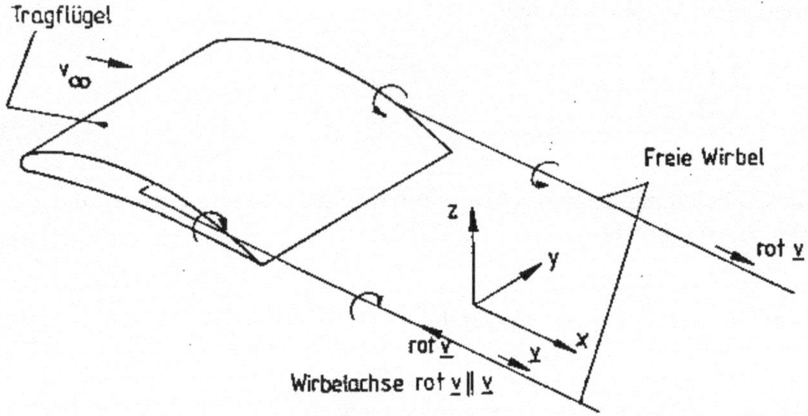

Bild 6.4. Freie Wirbel hinter einem Tragflügel zur Erklärung der BELTRAMI-Strömung

1. $\underline{v} \times \text{rot } \underline{v} = \underline{0}$,
2. $\text{rot } \underline{v} \neq \underline{0}$,
3. $\nu = 0 \text{ m}^2/\text{s}$,
4. $\partial \underline{v} / \partial t = \underline{0}$ und
5. $U = g\, z + \text{const.}$

Damit erhält man aus Gl.(6.1) und mit Gl. (6.19):

$$\underline{\nabla}\left(\frac{v^2}{2} + \frac{p}{\rho} + U\right) = \underline{0}\,.$$

Die skalare Multiplikation dieser Gleichung mit einem **beliebigen** Wegelement $d\underline{s}$ und Integration längs einer **beliebigen** Kurve ergibt:

$$\boxed{\frac{v_1^2}{2} + \frac{p_1}{\rho} + g z_1 = \frac{v_2^2}{2} + \frac{p_2}{\rho} + g z_2}\,. \tag{6.23}$$

Wie bei stationären Potentialströmungen (wirbelfreien Strömungen) fällt auf, dass die sog. BERNOULLI-Konstante im gesamten Strömungsfeld für **alle** Stromlinien gilt.

Isoenergetische, stationäre Strömungen sind also entweder Potentialströmungen oder BELTRAMI-Strömungen. Auch Sekundärströmungen in

Hydraulischen Strömungsmaschinen sind als BELTRAMI-Strömung zu behandeln (s. z.B. Dissertation Kitano MAJIDI: Numerische Berechnung der Sekundärströmung in radialen Kreiselpumpen zur Feststoffförderung, TU Berlin 1997).

6.2 HAGEN-POISEUILLE-Schichtenströmung

Die Beschreibung dieser Strömung geht auf die beiden Forscher HAGEN[8] und POISEUILLE[9] zurück. Betrachtet wird eine ebene Platte (s. **Bild 6.5**), die in einem Abstand h über einer feststehenden ebenen Platte in x-Richtung mit der Geschwindigkeit v_0 verschoben wird. Die Breite b muss genügend groß gewählt werden, damit die Strömung des beliebigen NEWTON-Fluids zwischen den beiden Platten eine ebene Parallelströmung darstellt.

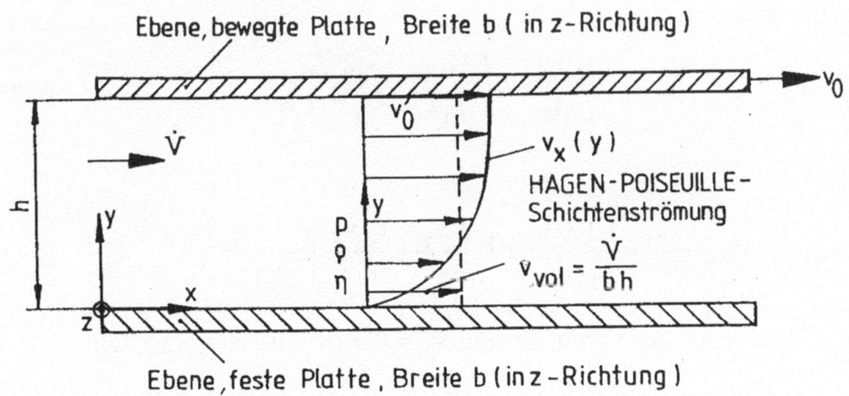

Bild 6.5. Ebene HAGEN-POISEUILLE-Schichtenströmung zwischen bewegter und fester Platte mit der Geschwindigkeitsverteilung $v_x(y)$

Gegeben:

v_0 Verschiebegeschwindigkeit der oberen Platte in *m/s*,
h Plattenabstand in *m*,
η Dynamische Viskosität in *Pa s*,
$\partial p / \partial x$ Druckgradient in x-Richtung in *Pa/m* und
b Breite der Platten in *m*.

---

[8] HAGEN, s. Fußnote I-46 (S.I-201)

[9] POISEUILLE, Jean-Louis Marie, geb. 1797 in Paris, gest. 1869 ebd. Französicher Arzt und Physiologe, erforschte Blutströmung und Wasserströmung in sehr engen Rohrquerschnitten

Vorausgesetzt:
- Stationäre Strömung,
- Ebene Strömung ($v_x = v_x(x,y)$, $v_y = 0\, m/s$, $v_z = 0\, m/s$),
- Kraftfeldfreie Strömung,
- Laminare Strömung und
- Inkompressibles Fluid.

Gesucht:
v_{vol} Volumetrischer Mittelwert.

Lösung:
Die Lösung erfolgt durch Anwendung der Kontinuitätsgleichung, Gl. (I-2.9) und der NAVIER-STOKES-Bewegungsgleichungen, Gln. (I-6.14 und 15). Aus der Kontinuitätsgleichung folgt mit $\partial v_x / \partial x = 0$:

$$\boxed{v_x = v_x(y)}\ . \tag{6.24}$$

Die NAVIER-STOKES-Bewegungsgleichungen liefern unter den gegebenen Voraussetzungen:

$$v_x \frac{\partial v_x}{\partial x} + v_y \frac{\partial v_x}{\partial y} = -\frac{1}{\rho}\frac{\partial p}{\partial x} + \nu\left(\frac{\partial^2 v_x}{\partial x^2} + \frac{\partial^2 v_x}{\partial y^2}\right) \tag{6.25}$$

und

$$v_x \frac{\partial v_y}{\partial x} + v_y \frac{\partial v_y}{\partial y} = -\frac{1}{\rho}\frac{\partial p}{\partial y} + \nu\left(\frac{\partial^2 v_y}{\partial x^2} + \frac{\partial^2 v_y}{\partial y^2}\right). \tag{6.26}$$

Mit Gl.(6.24) und der Voraussetzung $v_y = 0\, m/s$ wird aus Gl.(6.25):

$0 = -\frac{1}{\rho}\frac{\partial p}{\partial x} + \nu \frac{\partial^2 v_x}{\partial y^2}$ und aus Gl.(6.26) $0 = -\frac{1}{\rho}\frac{\partial p}{\partial y}$, d.h.

$$\boxed{p = p(x)}\ . \tag{6.27}$$

Hiermit können $\partial p / \partial x$ als dp/dx und $\partial^2 v_x / \partial y^2$ als $d^2 v_x / dy^2$ geschrieben werden. Somit geht Gl.(6.25) über in:

$$\boxed{0 = -\frac{1}{\rho}\frac{dp}{dx} + \nu \frac{d^2 v_x}{d\, y^2}}\ . \tag{6.28}$$

Da p nur von x und v_x nur von y abhängt, kann Gl.(6.28) nur dann erfüllt sein, wenn dp/dx und $d^2 v_x / d y^2$ weder von x noch von y abhängig sind, d.h. Konstanten darstellen. Diese Konstanten sollen mit K_1 bezeichnet werden:

$$K_1 = \frac{1}{\rho}\frac{dp}{dx} \tag{6.29}$$

und

$$K_1 = \nu \frac{d^2 v_x}{d y^2} . \tag{6.30}$$

Aus Gl.(6.29) folgt ein wichtiges Ergebnis:
Der Druckgradient in x-Richtung ist konstant.
Gleichung (6.30),das zweite Glied in Gl.(6.28), ergibt nach zweimaliger Integration:

$$v_x = \frac{K_1}{2\nu} y^2 + K_2 y + K_3 . \tag{6.31}$$

Die erste Konstante K_1 folgt aus dem Druckgradienten Gl.(6.29), die beiden anderen Konstanten K_2 und K_3 ergeben sich durch die Wandhaftbedingungen: $v_x(y=0) = 0\ m/s$ und $v_x(y=h) = v_0$. Nach Einsetzen erhält man:

$$K_2 = \frac{v_0}{h} - \frac{K_1 h}{2\nu}$$

und

$$K_3 = 0 .$$

$K_1 ... K_3$ in Gl.(6.31) eingesetzt ergibt:

$$\boxed{v_x(y) = v_0 \frac{y}{h} - \frac{dp}{dx}\frac{h^2}{2\eta}\frac{y}{h}\left(1 - \frac{y}{h}\right)} . \tag{6.32}$$

Gleichung (6.32) stellt ein weiteres wichtiges Ergebnis dar, und zwar das Plattengeschwindigkeitsprofil der Strömung zwischen den beiden Platten, s. **Bild 6.5**. Die Gleichung beschreibt die HAGEN-POISEUILLE-Schichtenströmung und lässt sich wie folgt interpretieren:

- Für $dp/dx = 0\ Pa/m$ (ebene COUETTE[10]-Strömung) ergibt sich, wie in **Bild 6.6** dargestellt, eine lineare Geschwindigkeitsverteilung:

---

[10] COUETTE, Maurice Fr. A., geb. 1850 in Paris, gest. 1943 ebd. Französischer Physiker. Veröffentlichung: Sur le frottement des liquides, Ann. de chimie et physique, Paris 1890

$$\boxed{v_x(y) = v_0 \frac{y}{h}} \,. \tag{6.33}$$

- Für $dp/dx > 0$ *Pa/m* (positiver Druckgradient) kann sich eine Verteilung mit örtlicher Rückströmung (negative Geschwindigkeitswerte) einstellen, s **Bild 6.6**. Man muss sich die Verteilung so vorstellen, daß die Schleppwirkung der oberen Platte die vom Druckgradienten aufgeprägte Rückströmung im unteren Bereich nicht verhindern kann. Ist der positive Druckgradient hinreichend klein, oder die Schleppwirkung hinreichend groß, so kann die Rückströmung auch unterdrückt werden.
- Für $dp/dx < 0$ *Pa/m* (negativer Druckgradient) ergeben sich in diesem Vergleich die größten Geschwindigkeiten. Hier muss man sich vorstellen, dass die Schleppwirkung der oberen Platte die vom Druckgradienten aufgeprägte Vorwärtsströmung noch unterstützt, s **Bild 6.6**.

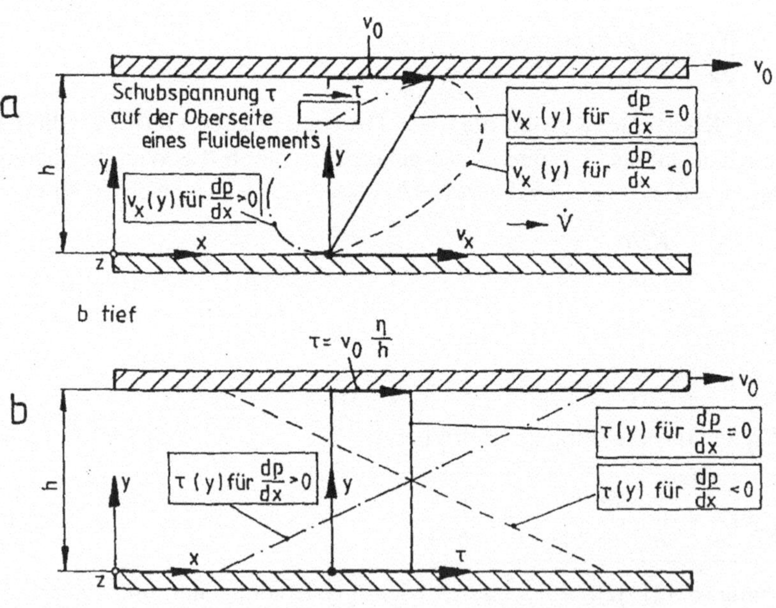

Bild 6.6. HAGEN-POISEUILLE-Schichtenströmung bei unterschiedlichem Druckgradienten dp/dx, a Geschwindigkeitsverteilungen $v_x(y)$; b Schubspannungsverteilung $\tau(y)$

Nach dem NEWTON-Schubspannungsansatz (Gl.I-6.1) $\tau = \eta dv_x / dy$ und mit Gl. (6.32) ist:

$$\tau(y) = \mathrm{v}_0 \frac{\eta}{h} - \frac{\mathrm{d}p}{\mathrm{d}x}\left(\frac{h}{2} - \mathrm{y}\right). \tag{6.34}$$

Die Schubspannungsverteilung ist also eine lineare Funktion von y. **Bild 6.6** zeigt wiederum die Fallunterscheidungen nach dem Druckgradienten $\mathrm{d}p/\mathrm{d}x$. Die Lage der Nulldurchgänge ist durch das Maximum und Minimum der Geschwindigkeitsverteilungen gegeben.

Um dem Ziel des volumetrischen Mittelwertes näherzukommen, muss der Umweg über den Volumenstrom gegangen werden. Der Volumenstrom $\dot{V}$ durch den Kanal bei einer Kanalbreite b ist:

$$\dot{V} = \int_0^h \mathrm{v}_x(y)\, b\, \mathrm{d}y . \tag{6.35}$$

Mit Gl.(6.32) ergibt sich:

$$\boxed{\dot{V} = \mathrm{v}_0 \frac{bh}{2} - \frac{\mathrm{d}p}{\mathrm{d}x}\frac{bh^3}{12\eta}} . \tag{6.36}$$

Diese Gleichung trägt den Namen **HAGEN-POISEUILLE-Gesetz**. Das Gesetz beschreibt den Volumenstrom zwischen zwei parallelen Platten für eine ebene stationäre Schichtenströmung (laminare Strömung).

Der volumetrische Mittelwert der Geschwindigkeitsverteilung $\mathrm{v}_\mathrm{x}(y)$ ist wie folgt definiert:

$$\mathrm{v}_{\mathrm{vol}} = \frac{\dot{V}}{b\,h} . \tag{6.37}$$

Mit Gln.(6.36) und (6.37) ergibt sich schließlich das Ergebnis:

$$\boxed{\mathrm{v}_{\mathrm{vol}} = \frac{\mathrm{v}_0}{2} - \frac{\mathrm{d}p}{\mathrm{d}x}\frac{h^2}{12\eta}} . \tag{6.38}$$

Zwei Sonderfälle der HAGEN-POISEUILLE-Schichtenströmung sind technisch interessant:

1. $\mathrm{v}_0 \neq 0$, $\mathrm{d}p/\mathrm{d}x = 0$, ebene COUETTE-Strömung (Viskosimeterströmung),
2. $\mathrm{v}_0 = 0$, $\mathrm{d}p/\mathrm{d}x < 0$, ebene POISEUILLE-Strömung (Spaltströmung).

Zur ebenen COUETTE-Strömung:
Aus Gl.(6.38) folgt $\mathrm{v}_{\mathrm{vol}} = \mathrm{v}_0/2$. Der volumetrische Mittelwert $\mathrm{v}_{\mathrm{vol}}$, der Abstand h der beiden Platten und die kinematische Viskosität ν bilden zusammen die sog. REYNOLDS-Zahl (s. Kap.13):

$$\boxed{Re = \frac{v_{vol}\, h}{\nu}}\,. \tag{6.39}$$

Somit folgt:

$$\frac{v_x}{v_{vol}} = 2\frac{y}{h} \quad \text{und} \quad v_x = 2\frac{y}{h} v_{vol}\,,$$

und nach Gl.(I-6.1) für die Schubspannung:

$$\tau = \eta \frac{dv_x}{dy} = 2\eta \frac{v_{vol}}{h} = 2\frac{\rho\nu}{v_{vol} h} v_{vol}^{\ 2}\,,$$

und schließlich

$$\boxed{\tau = \frac{4}{Re} \cdot \frac{\rho}{2} v_{vol}^{\ 2}}\,. \tag{6.40}$$

Für diesen Fall dp/dx = 0 ist also festzustellen:
Die Geschwindigkeitsverteilung ist linear, s. Gl.(6.33), und die Schubspannung ist konstant, s. Gl.(6.40). Dieser Zusammenhang ist für den Betrieb des sog. COUETTE-Viskosimeters von großer Bedeutung.

Zur ebenen POISEUILLE-Strömung:
Aus Gl.(6.38) folgt für die volumetrisch gemittelte Geschwindigkeit:

$$\boxed{v_{vol} = -\frac{dp}{dx} \frac{h^2}{12\eta}}\,. \tag{6.41}$$

Wird die REYNOLDS-Zahl nach Gl.(6.39) gebildet, so erhält man von Gl.(6.32) und Gl.(I-6.1):

$$\boxed{\tau = \frac{12}{Re}\left(1 - 2\frac{y}{h}\right)\frac{\rho}{2} v_{vol}^{\ 2}}\,. \tag{6.42}$$

Bild 6.7 veranschaulicht die $v_x(y)$- und $\tau(y)$-Verteilungen. Die Geschwindigkeitsverteilung ist parabolisch und die Schubspannungsverteilung linear.

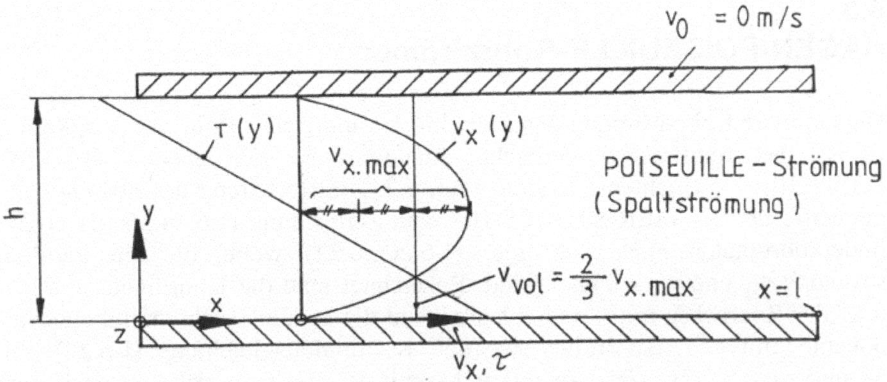

Bild 6.7 Ebene POISEUILLE-Strömung zwischen zwei festen Platten mit Geschwindigkeitsverteilung $v_x(y)$ und Schubspannungsverteilung $\tau(y)$

Es ist wichtig festzustellen, dass die Geschwindigkeitsverteilung in Kanalmitte ein Maximum von $v_{x.max} = 1{,}5\ v_{vol}$ woraus folgt:

$$\boxed{v_{vol} = \frac{2}{3} v_{x.max}} \tag{6.43}$$

und die Schubspannungsverteilung dort einen Nulldurchgang aufweist.

Der negative Druckgradient kann auch als längenbezogener Druckverlust in Pa/m aufgefasst werden. Bezeichnet man nach DIN 24 260 den Verlust mit Δp_J, so ist nach Gl. (6.41):

$$-\frac{dp}{dx} = \frac{\Delta p_J}{l} = 12\,\eta \frac{v_{vol}}{h^2}\,. \tag{6.44}$$

Der Druckverlust auf der Spaltstrecke l und der Höhe h ist also proportional zur volumetrisch gemittelten Strömungsgeschwindigkeit. Nach Einführung von $Re = v_{vol} h / \nu$ mit $\nu = \eta / \rho$ ergibt sich:

$$\boxed{\Delta p_J = \frac{24}{Re}\frac{l}{h}\frac{\rho}{2} {v_{vol}}^2}\,. \tag{6.45}$$

Es ist üblich, den Ausdruck $\frac{24}{Re}\frac{l}{h}$ als Verlustkoeffizienten ζ zu bezeichnen.

Die Gleichungen (6.36) und (6.45) werden technisch angewendet bei der Berechnung von Spaltströmungen durch axiale Spaltdichtungen und von Leckströmungen durch Risse.

6.3 HAGEN-POISEUILLE-Rohrströmung

Die laminare Rohrströmung durch ein kreiszylindrisches Rohr mit dem Radius R ist das rotationssymmetrische Analogon zu der ebenen HAGEN-POISEUILLE-Schichtenströmung, Kap. 6.2. Die Herleitung der Lösung kann mit Hilfe der NAVIER-STOKES-Bewegungsgleichung (I-6.14...6.16) in Zylinderkoordinaten r, Θ, x erfolgen (I-6.20...6.22), wobei für eine Parallelströmung v_r und $v_\Theta = 0\ m/s$ sind. Bezeichnet man die Koordinate in Richtung der Rohrachse mit x und entsprechend die axiale Geschwindigkeitskomponente mit v_x, so folgt aus der Kontinuitätsgleichung (I-6.23) mit v_r und $v_\Theta = 0\ m/s$: $\partial v_x / \partial x = 0$ und somit $v_x = v_x(r)$, während nach NAVIER-STOKES der Druck p nur von x abhängen kann. **Bild 6.8** zeigt diese Abhängigkeit $v_x = v_x(r)$ sowie die funktionale Abhängigkeit p(x), die hier als Δp_J als Druckverlust auf der Rohrstrecke l gedeutet werden kann (Druckabfall in Strömungsrichtung aufgrund der Dissipation).

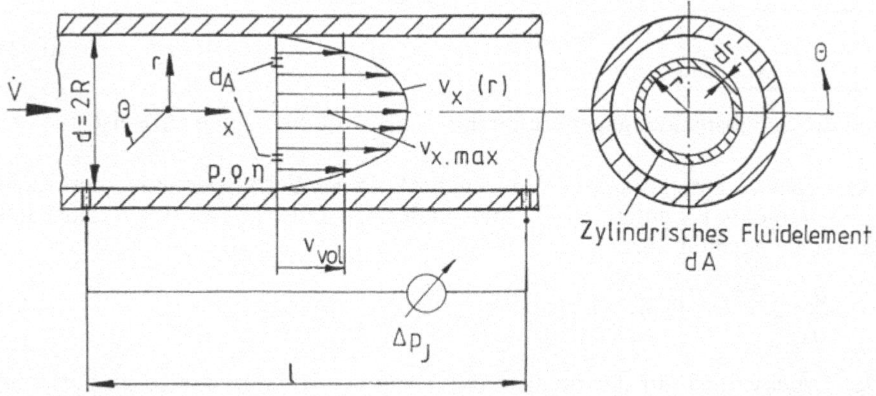

Bild 6.8. Rotationssymmetrische HAGEN-POISEUILLE-Rohrströmung mit Geschwindigkeitsverteilung $v_x(r)$

Im Folgenden soll für eine Rohrstrecke dieser Druckverlust Δp_J bestimmt werden, außerdem das Geschwindigkeitsprofil $v_x(r)$, sowie der daraus resultierende Volumenstrom $\dot{V}$.

Gegeben:

$d = 2R$	Lichter Rohrdurchmesser in m,
$dp/dx < 0$	Druckgradient in Pa/m in Strömungsrichtung und
η	Dynamische Viskosität in $Pa\ s$.

Vorausgesetzt:
- Inkompressibles Fluid, $\rho = \text{const}$,
- Ebene Strömung, v_r und $v_\Theta = 0$ *m/s,*
- Vernachlässigbares Feldglied, $\underline{f} = \underline{0}$,
- Stationäre Strömung, $\partial \underline{v}/\partial t = \underline{0}$,
- Druckabhängigkeit nur in Strömungsrichtung, $\partial p/\partial r = 0$ aus NAVIER-STOKES-Bewegungsgleichung (I-6.20) und $\partial p/\partial \Theta = 0$ aus (I-6.21), so gilt: $p = p(x)$ mit $\partial p / \partial x = \mathrm{d}p / \mathrm{d}x$,
- Rotationssymmetrische Strömung, $v_x = v_x(r)$ mit $\partial v_x / \partial r = \mathrm{d}v_x / \mathrm{d}r$,
- Keine Geschwindigkeitsabhängigkeit in Strömungsrichtung $\partial v_x / \partial x = 0$ aus der Kontinuitätsgleichung (I-6.23) und
- Verwendung von Zylinderkoordinaten r, Θ, x.

Gesucht:
1. Geschwindigkeitsprofil $v_x(r)$,
2. Volumenstrom $\dot{V}$ und
3. Druckverlust Δp_J je Meter Rohrstrecke.

Lösung:
Zu 1.:
Von der axialen Komponente der NAVIER-STOKES-Bewegungsgleichung (I-6.22) folgt:

$$0 = -\frac{1}{\rho}\frac{\mathrm{d}p}{\mathrm{d}x} + \nu \frac{1}{r}\frac{\mathrm{d}}{\mathrm{d}r}\left(r \frac{\mathrm{d}v_x}{\mathrm{d}r} \right). \tag{6.46}$$

Da $p = p(x)$ eine Funktion von x und $v_x = v_x(r)$ eine Funktion von r ist, kann Gl.(6.46) nur dann erfüllt werden, wenn:

$$K_1 = \frac{1}{\rho}\frac{\mathrm{d}p}{\mathrm{d}x} \tag{6.47}$$

und

$$\frac{K_1}{\nu} r = \frac{\mathrm{d}}{\mathrm{d}r}\left(r \frac{\mathrm{d}v_x}{\mathrm{d}r} \right). \tag{6.48}$$

ist, s. Gl.(6.29) und (6.30).
Nach zweifacher Integration von Gl.(6.48) ergibt sich folgende Geschwindigkeitsverteilung:

$$v_x(r) = \frac{K_1}{4\nu} r^2 + K_2 \ln r + K_3 . \tag{6.49}$$

Hierbei sind folgende Randbedingungen zu beachten:
- Die Geschwindigkeit auf der Rohrachse r = 0 m soll endlich sein und
- die Wandhaftbedingung verlangt $v_x(R) = 0\,m/s$.

Daher sind die Integrationskonstanten:

$$K_2 = 0 \tag{6.50}$$

und

$$K_3 = -\frac{K_1}{4\nu} R^2 . \tag{6.51}$$

Führt man K_2 und K_3 in Gl.(6.49) ein und ersetzt die Konstante K_1 durch Gl.(6.47), so erhält man:

$$\boxed{v_x(r) = \frac{R^2}{4\eta}\left(-\frac{dp}{dx}\right)\left[1-\left(\frac{r}{R}\right)^2\right]} . \tag{6.52}$$

Die Geschwindigkeitsverteilung ist bei der laminaren Rohrströmung parabolisch, und $v_x(r)$ hat das entgegengesetzte Vorzeichen des Druckgradienten dp/dx.

Die Gleichung (6.52) lässt sich auch aus der folgenden Betrachtung des Kräftegleichgewichts am zylindrischen Fluidelement herleiten (s. **Bild 6.9**):

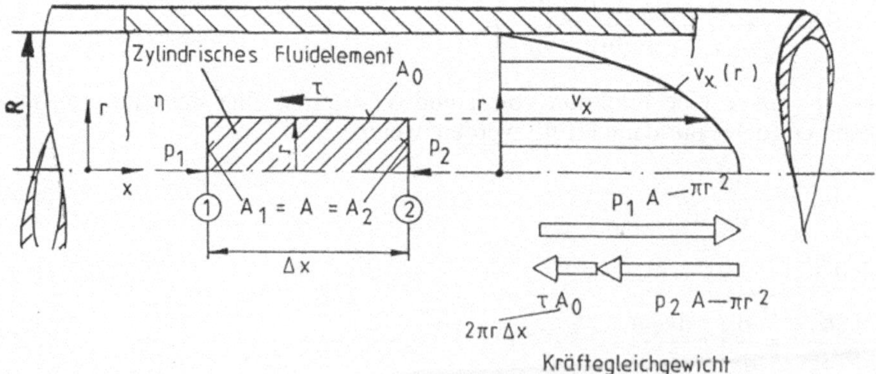

Bild 6.9. Rotationssymmetrische HAGEN-POISEUILLE-Rohrströmung zur äquivalenten Herleitung von Gl. (6.52)

Das Kräftegleichgewicht des zylindrischen Fluidelements in x-Richtung lautet:
$(p_1 - p_2)A - \tau\, A_0 = 0$ mit $A = \pi\, r^2$ und $A_0 = 2\pi\, r\Delta x$.

Hieraus folgt:

$$(p_1 - p_2)\,\pi\, r^2 - \tau 2\pi\, r\, \Delta x = 0\,.$$

Dividiert man diese Gleichung durch $2\pi\, r\, \Delta x$, so ergibt sich:

$$\frac{\Delta p}{2\Delta x} r - \tau = 0 \text{ und mit } \frac{\Delta p}{\Delta x} \equiv \frac{\mathrm{d}p}{\mathrm{d}x}:$$

$$\tau = \frac{r}{2}\frac{\mathrm{d}p}{\mathrm{d}x}\,. \tag{6.53}$$

Ersetzt man nun τ durch den NEWTON-Schubspannungsansatz, Gl.(I-6.1), so ist mit y ≡ r:

$$\tau = \eta \frac{\mathrm{d}\mathrm{v}_\mathrm{x}}{\mathrm{d}r} = \frac{r}{2}\frac{\mathrm{d}p}{\mathrm{d}x}\,. \tag{6.54}$$

Nach Integration dieser Gleichung und Einführen der Randbedingung $\mathrm{v}_\mathrm{x} = 0$ m/s bei r = R folgt wieder Gl.(6.52).

Zu 2.:
Der Volumenstrom $\dot{V}$ durch das Rohr beträgt:

$$\boxed{\dot{V} = \int_0^R \mathrm{v}_\mathrm{x}(r) 2\pi\, r\, \mathrm{d}r}\,. \tag{6.55}$$

Setzt man nun für $\mathrm{v}_\mathrm{x}(r)$ Gl. (6.52) ein, so ergibt die Integration:

$$\boxed{\dot{V} = \frac{\pi R^4}{8\,\eta}\left(-\frac{\mathrm{d}p}{\mathrm{d}x}\right)}\,. \tag{6.56}$$

Gleichung (6.56) stellt das HAGEN-POISEUILLE-Gesetz für laminare Rohrströmung dar. Die volumetrisch gemittelte Geschwindigkeit v_vol wird damit:

$$\boxed{\mathrm{v}_\mathrm{vol} = \frac{\dot{V}}{\pi R^2} = \frac{R^2}{8\,\eta}\left(-\frac{\mathrm{d}p}{\mathrm{d}x}\right)}\,. \tag{6.57}$$

Das Geschwindigkeitsprofil Gl.(6.52) lässt sich damit schreiben als:

$$\boxed{\frac{\mathrm{v}_\mathrm{x}(r)}{\mathrm{v}_\mathrm{vol}} = 2\left[1 - \left(\frac{r}{R}\right)^2\right]}\,. \tag{6.58}$$

Die maximale Geschwindigkeit auf der Rohrachse (r = 0 m) ist damit:

$$\boxed{\mathrm{v}_\mathrm{max} = 2\mathrm{v}_\mathrm{vol}}\,. \tag{6.59}$$

Dieser Zusammenhang ist in **Bild 6.8** vermerkt.

Die Schubspannung ergibt sich mit Gln. (6.58) und (6.57) zu:

$$\tau = \eta \frac{\mathrm{dv_x}}{\mathrm{d}r} = -4\eta \frac{\mathrm{v_{vol}}}{R} \frac{r}{R} = \frac{r}{2} \frac{\mathrm{d}p}{\mathrm{d}x}. \qquad (6.60)$$

Die Schubspannung ist also eine lineare Funktion von r.

Zu 3.:
Der Druckverlust im Rohr für eine Rohrlänge l ist nach Gl.(6.60):

$$\frac{\Delta p_\mathrm{J}}{l} = \left(-\frac{\mathrm{d}p}{\mathrm{d}x} \right) = 8\eta \frac{\mathrm{v_{vol}}}{R^2}. \qquad (6.61)$$

Führt man die REYNOLDS-Zahl

$$\boxed{Re = \frac{\mathrm{v_{vol}}d}{\nu}} \qquad (6.62)$$

ein, so ergibt sich der Druckverlust Δp_J je Meter Rohrlänge zu:

$$\boxed{\frac{\Delta p_\mathrm{J}}{l} = \frac{64}{Re} \frac{1}{d} \frac{\rho}{2} \mathrm{v_{vol}}^2}. \qquad (6.63)$$

Es sei nochmals daran erinnert, dass es sich hier um eine laminare Rohrströmung handelt, d.h. die REYNOLDS-Zahl *Re* muss die Bedingung erfüllen:

$Re \le 2320$, s. Gl.(I-11.6).

6.4 Schleichströmungen

6.4.1 Vorbemerkungen

Strömungen mit sehr langsamen Bewegungen eines Fluids mit relativ großer Viskosität werden **Schleichströmungen** genannt. Bei diesen Strömungen dominieren die Reibungskräfte über die Trägheitskräfte. Die Schleichströmungen sind als Lösungen der NAVIER-STOKES-Gl. für den Grenzfall sehr kleiner REYNOLDS-Zahlen anzusehen:

$$\boxed{Re \to 0, \text{ Schleichströmungen}}$$

mit $\mathrm{Re} = \mathrm{v}\, \mathrm{h} / \nu$,
v typische Strömungsgeschwindigkeit im Spalt,

h Spaltweite und
ν kinematische Viskosität.

Zum Vergleich sei schon jetzt auf die Grenzschichtströmungen (s. Kap.9) hingewiesen. Hier handelt es sich um den Fall sehr großer REYNOLDS-Zahlen:

$$\boxed{Re >> 1, \text{Grenzschichtströmungen}} \; .$$

6.4.2 Strömung im Axial-Segmentlager

Bild 6.10 stellt eine Prinzipskizze eines Axial-Segmentlagers dar. Derartige Lager finden sich z.B. in großen Wasserturbinen, s. **Bild 6.11**. In der Praxis werden diese Lager auch Spurlager oder nach einem ihrer Erfinder MICHELL-Lager genannt. Die eigentliche Erfindung dieses Lagers geht auf das Jahr 1886 zurück und wird REYNOLDS zugeschrieben, vergl. REYNOLDS, O.: Phil.Trans. of the Royal Society, Part I, London 1886 und MICHELL, A.G.M.:Z. Math. u. Phys. 52, S.123, Göttingen 1905.

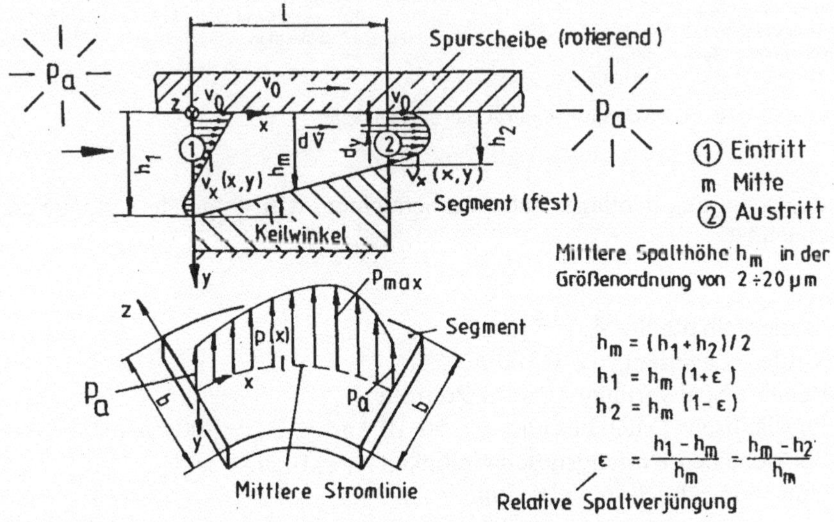

Bild 6.10. Geschwindigkeitsverteilung $v_x(x, y)$ und Druckverteilung $p(x)$ im Axial-Segmentlager, bestehend aus rotierender Spurscheibe und ca. zwölf feststehenden Segmenten (Kissen) am Umfang

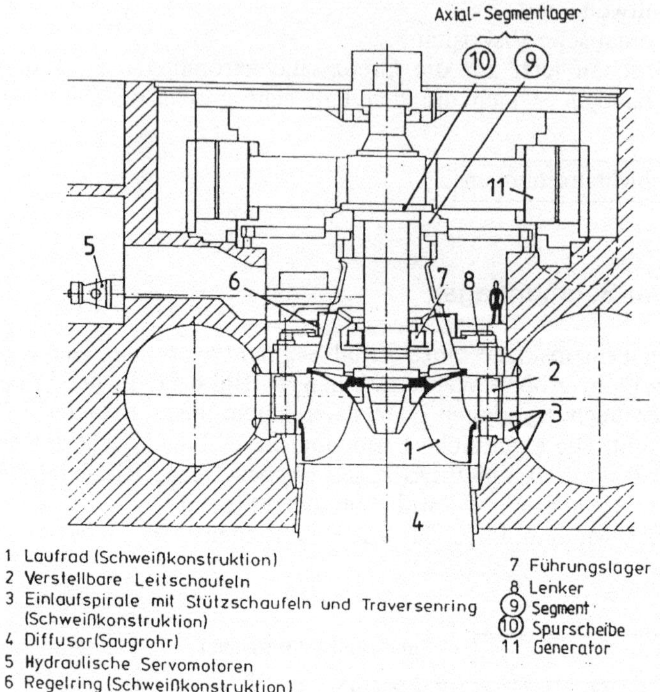

Bild 6.11. FRANCIS-Wasserturbine mit Axial-Segmentlager

Um das Axial-Segmentlager näher zu betrachten, wird folgende Aufgabe analytisch gelöst.

Gegeben:

- Mittlere Spalthöhe $h_m = 5\ \mu m$,
- Mittlere Lagerlänge $l = 0{,}500$ m
- Relative Spaltverjüngung $\varepsilon = 1$ Promille,
- Physikalische Daten des Öls: $\nu = 50 \cdot 10^{-6} m^2/s$, $\rho = 900\ kg/m^3$,
- Spurscheiben-Umfangsgeschwindigkeit $v_0 = 10\ m/s$ und
- Umgebungsdruck $p_a = 1013\ mbar$.

Aus den gegebenen Werten ergibt sich die REYNOLDS-Zahl zu:

$$Re = \frac{v_0 h_m}{\nu} = 1. \tag{6.64}$$

Diese niedrige REYNOLDS-Zahl kann in der Strömungslehre als Null angesehen werden (Schleichströmung).

Vorausgesetzt:

- Stationäre Strömung $\partial \underline{v} / \partial t = \underline{0}$,
- Feldkräfte vernachlässigbar $|\underline{f}| << |(-1/\rho)\underline{\nabla}\, p + \nu\, \Delta \underline{v}|$,
- Reibungskräfte dominieren über Trägheitskräfte $|\nu \Delta \underline{v}| >> |(\underline{v}\underline{\nabla})\underline{v}|$,
- Keilwinkel äußerst klein (Steigung etwa 1:2500), d.h.:

$$\frac{\partial \mathrm{v}_x}{\partial x} << \frac{\partial \mathrm{v}_x}{\partial y}, \ \frac{\partial^2 \mathrm{v}_x}{\partial x^2} << \frac{\partial^2 \mathrm{v}_x}{\partial y^2},$$

- Ebene Strömung in x,y-Ebene mit $\mathrm{v}_y = 0\, m/s$, $\mathrm{v}_z = 0\, m/s$, d.h.

$$\frac{\partial \mathrm{v}_y}{\partial x} = 0, \frac{\partial \mathrm{v}_y}{\partial y} = 0, \ \frac{\partial^2 \mathrm{v}_y}{\partial x^2} = 0, \frac{\partial^2 \mathrm{v}_y}{\partial y^2} = 0 \ .$$

Gesucht:
Druckverteilung $p = p(x)$.

Lösung:
Die NAVIER-STOKES-Bewegungsgleichung (I-6.18) vereinfacht sich zu:

$$\underline{0} = -\frac{1}{\rho} \underline{\nabla} p + \nu\ \Delta \underline{v}.$$

Mit $\nu = \eta / \rho$ folgt die **STOKES-Gleichung**.:

$$\boxed{\underline{\nabla} p = \eta\, \Delta \underline{v}} \tag{6.65}$$

mit $\frac{\partial p}{\partial x} = \eta \frac{\partial^2 \mathrm{v}_x}{\partial y^2}$, $\frac{\partial p}{\partial y} = 0$. Der Druck p über der Spalthöhe h ist also konstant. Hieraus folgt $p = p(x)$ und $\frac{\partial p}{\partial x}$ kann auch wie folgt geschrieben werden:

$$\boxed{\frac{\mathrm{d}p}{\mathrm{d}x} = \eta \frac{\partial^2 \mathrm{v}_x}{\partial y^2}} \ . \tag{6.66}$$

Gleichung (6.66) wird zweimal integriert und mit folgenden vier Randbedingungen versehen:

1. $\mathrm{v}_x(x{,}0) = \mathrm{v}_0$,
2. $\mathrm{v}_x(x, h) = 0\ m/s$,
3. $p(x = 0) = p_a$ und
4. $p(x = 1) = p_a$,

woraus sich schließlich die Funktion $\mathrm{v}_x(x,y)$ ergibt.

Mit dieser Funktion wird der Volumenstrom $\dot{V}$ mit folgender Gleichung bestimmt:

$$\boxed{\dot{V} = b \int_0^{h(x)} \mathrm{v}_\mathrm{x}(x,y)\mathrm{d}y}\ . \tag{6.67}$$

Hierbei ist die Breite b des Lagers als konstant anzusehen, s. **Bild 6.10**. Nach der Kontinuitätsgleichung muss der Massenstrom, d.h. mit ρ = const auch der Volumenstrom $\dot{V}$ konstant sein, woraus sich eine wichtige Bedingung für das Geschwindigkeitsfeld zwischen Spurscheibe und Segment ergibt:

$$\boxed{\int_0^{h(x)} \mathrm{v}_\mathrm{x}(x,y)\mathrm{d}y = \mathrm{const}}\ . \tag{6.68}$$

Schließlich bringt die Lösung der Gl. (6.66), die schon REYNOLDS 1886 in London und SOMMERFELD 1904 in Göttingen (Z. Math. u. Phys. 50, S.97, 1904) angegeben haben, folgendes Ergebnis

$$\boxed{p(x) = p_a + \frac{6\,\eta\,\mathrm{v}_0\,l}{h_m^{\;2}} \cdot \frac{\varepsilon \frac{x}{l}\left(1 - \frac{x}{l}\right)}{\left(1 + \varepsilon - 2\varepsilon \frac{x}{l}\right)^2}}\ . \tag{6.69}$$

Nun erhebt sich die Frage, an welcher Stelle x das Druckmaximum auftritt. Hierzu bildet man $\mathrm{d}p/\mathrm{d}x = 0$ und findet:

$p_{\max}$ bei $x/l = (1+\varepsilon)/2$ mit $(1+\varepsilon) = h_1/h_\mathrm{m}$ s. **Bild 6.10**

Mit $\varepsilon \to 0$ liegt $p_{\max}$ bei $x/l \to 0{,}5$. Je größer die relative Spaltvergrößerung ε ist, desto mehr verschiebt sich das Druckmaximum in Richtung des Austritts. Setzt man $\varepsilon \to 0$ (z.B. ε = 1 Promille) in Gl.(6.69) ein, so erhält man für den Maximaldruck:

$$\boxed{p_{\max} = p_\mathrm{a} + \frac{\rho}{2}\mathrm{v}_0^{\;2}\,\frac{3\varepsilon}{1-\varepsilon^2}\,\frac{l}{h_m Re}}\ . \tag{6.70}$$

Ist also l/h_m sehr groß ($\geq 10^5$) und die REYNOLDS-Zahl $Re = \mathrm{v}_0 h_\mathrm{m}/\nu$ bei 1, so folgt mit den gegebenen Werten:

$p_{\max} > 130\ bar$.

Die Tendenz bei heutigen Axial-Segmentlagern geht in die Richtung $p_{max} > 150\,bar$. **Bild 6.12** zeigt ein Axial-Segmentlager-Lager mit Kippsegmenten, die eine der Axiallast angepasste Steigung ermöglichen.

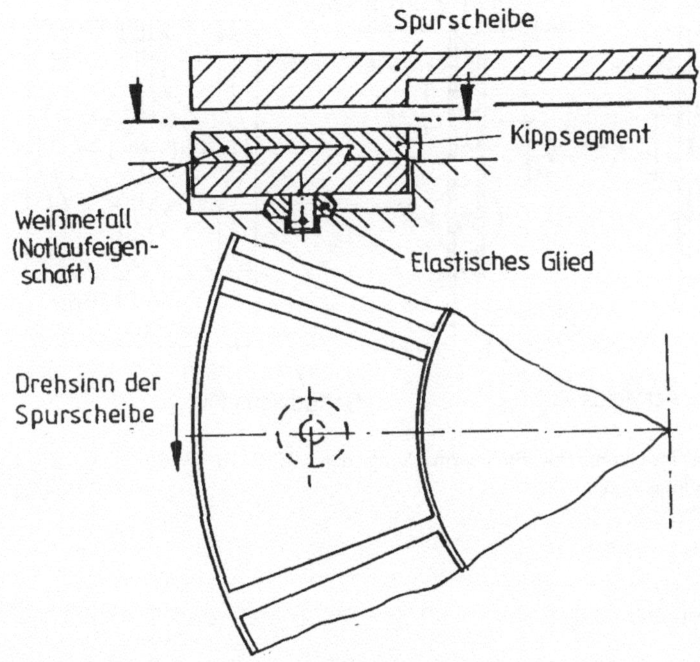

Bild 6.12 Axial-Segmentlager mit Kippsegmenten, die eine der Axiallast angepasste Steigung ermöglichen

6.4.3 HELE-SHAW-Strömung

Eine bekannte Lösung der NAVIER-STOKES-Bewegungsgleichung für Schleichströmungen ($Re \to 0$) bietet die sog. HELE-SHAW[11]-Strömung. Hierbei handelt es sich um die Strömung zwischen zwei parallelen ebenen Wänden, die einen relativ kleinen Abstand 2h voneinander haben. In die Strömung werden beliebige Umströmungskörper (z.B. Zylinderscheiben, Strömungsprofilscheiben) eingesetzt, die von den beiden ebenen Wänden

[11] HELE-SHAW, Henry Selby, geb.(1854) gest. (1941). Schottischer Physiker und Schiffbauer. Bekannteste Veröffentlichung: Investigation of the Nature of Surface Resistance of Water and of Stream Motion under certain experimental Conditions, Trans. Inst. Nav. Arch. XI (1898)

gehalten werden. **Bild 6.13** zeigt einen HELE-SHAW-Versuch mit einer Zylinderscheibe in einer Schleichströmung.

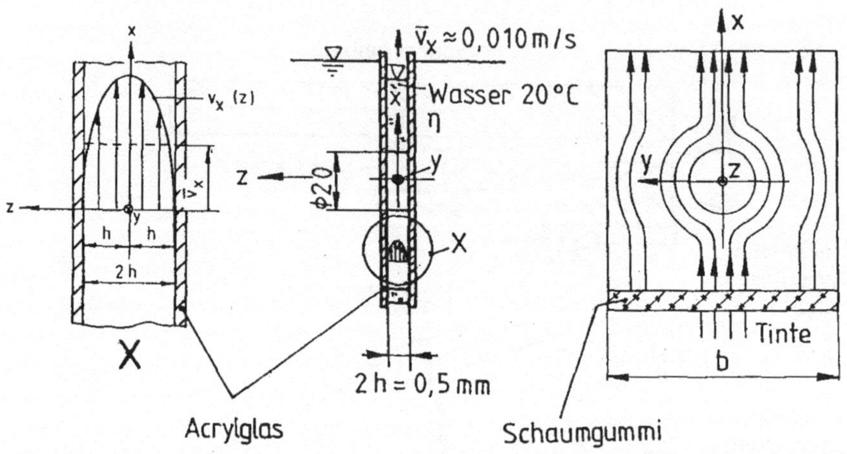

Bild 6.13. Versuchseinrichtung zur Sichtbarmachung der HELE-SHAW-Strömung mit Geschwindigkeitsverteilung $v_x(z)$

Gegeben:
$\bar{v}_x = 0{,}010\ m/s$,
$h = 0{,}25\ mm$,
$\eta = 1{,}0 \cdot 10^{-3}\ Pa\ s$ (Wasser bei 20°C) und
$\rho = 1000\ \text{kg/m}^3$.
Gegeben seien ebenfalls die Druckgradienten in *x*- und *y*-Richtung.
Mit diesen Daten ergibt sich eine REYNOLDS-Zahl von $Re = 0{,}010 \cdot 0{,}0005 \cdot 10^6 = 5$.

Vorausgesetzt:
- Stationäre Strömung $\partial \underline{v} / \partial t = \underline{0}$;
- REYNOLDS-Zahl $Re \to 0$ (Zähigkeitskräfte >> Trägheitskräfte, dies sei bei $Re = 5$ gerade noch gegeben),
- Ebene Strömung in der x,y-Ebene ($v_z = 0\ m/s$),
- v-Änderungen in der x,y-Richtung << v-Änderungen in der z-Richtung,
- Feldkräfte vernachlässigbar,
- $\frac{\partial v_x}{\partial z}$ dominiert über $\frac{\partial v_x}{\partial x}$ und $\frac{\partial v_x}{\partial y}$, so dass gilt:

$$\left.\begin{array}{l}\dfrac{\partial^2 v_x}{\partial x^2}\\[2ex]\dfrac{\partial^2 v_x}{\partial y^2}\end{array}\right\} << \frac{\partial^2 v_x}{\partial z^2},$$

- $\dfrac{\partial v_y}{\partial z}$ dominiert über $\dfrac{\partial v_y}{\partial x}$ und $\dfrac{\partial v_y}{\partial y}$, so dass gilt:

$$\left.\begin{array}{l}\dfrac{\partial^2 v_y}{\partial x^2}\\[2ex]\dfrac{\partial^2 v_y}{\partial y^2}\end{array}\right\} << \frac{\partial^2 v_y}{\partial z^2}.$$

Gesucht:

v_x, v_y.

Lösung:

Nach den gegebenen Voraussetzungen vereinfachen sich die NAVIER-STOKES-Bewegungsgleichungen (I-6.14...6.16) wie folgt:

$$\frac{\partial p}{\partial x} = \eta \frac{\partial^2 v_x}{\partial z^2}, \tag{6.71}$$

$$\frac{\partial p}{\partial y} = \eta \frac{\partial^2 v_y}{\partial z^2} \quad \text{und} \tag{6.72}$$

$$\frac{\partial p}{\partial z} = 0 . \tag{6.73}$$

Fasst man Gln.(6.71...6.73) zusammen, so erhält man die sog. **STOKES-Gleichung**:

$$\boxed{\underline{\nabla} p = \eta\, \Delta \underline{v}} . \tag{6.74}$$

Die zweimalige Integration der Gl.(6.74) mit folgenden Randbedingungen (s. **Bild 6.13** linker Teil):

$$\frac{\partial v_x}{\partial z} = 0 \quad \text{für } z = 0,$$

$$\frac{\partial v_y}{\partial z} = 0 \quad \text{für } z = 0,$$

$v_x = 0$ für $z = \pm h$ und

$v_y = 0$ für $z = \pm h$

liefert:

$$\boxed{v_x = -\frac{h^2}{2\eta}\left[1-\left(\frac{z}{h}\right)^2\right]\frac{\partial p}{\partial x}} \qquad (6.75)$$

und

$$\boxed{v_y = -\frac{h^2}{2\eta}\left[1-\left(\frac{z}{h}\right)^2\right]\frac{\partial p}{\partial y}} . \qquad (6.76)$$

Gleichungen (6.75)...(6.76) lassen sich wie folgt beweisen:
Integriert man Gl.(6.71), so folgt:

$$\frac{\partial v_x}{\partial z} = \frac{1}{\eta}\frac{\partial p}{\partial x} z + K_1(x,y) .$$

Mit der Randbedingung $\frac{\partial v_x}{\partial z} = 0$ für $z = 0$ ergibt sich $K_1 = 0$. Die weitere Integration liefert:

$$v_x = \frac{1}{2\eta}\frac{\partial p}{\partial x} z^2 + K_2(x,y) .$$

Hier lautet die Randbedingung: $v_x = 0$ für $z = \pm h$.
Hieraus ergibt sich:

$$0 = \frac{1}{2\eta}\frac{\partial p}{\partial x} h^2 + K_2 \text{ und } K_2 = -\frac{1}{2\eta}\frac{\partial p}{\partial x} h^2 .$$

Schließlich ist:

$$\rightarrow v_x = \frac{1}{2\eta}\frac{\partial p}{\partial x}\left(z^2 - h^2\right) = -\frac{h^2}{2\eta}\left[1-\left(\frac{z}{h}\right)^2\right]\frac{\partial p}{\partial x} \quad \text{q.e.d.}$$

Eine entsprechende Behandlung, ausgehend von Gl.(6.72), liefert Gl.(6.76)
Im Folgenden soll die volumetrisch gemittelte Geschwindigkeit zwischen den beiden parallelen Wänden ermittelt werden. Hierzu wird wie folgt angesetzt:

$$\dot{V} = v_{x.vol}\, b2h = b\int_{-h}^{+h} v_x \mathrm{d}z .$$

Hieraus folgt:

$$\mathrm{v}_{\mathrm{x.vol}} = \frac{b\int\limits_{-h}^{+h}\mathrm{v}_x \mathrm{d}z}{b2h} = \frac{-h^2\dfrac{\partial p}{\partial x}2\int\limits_0^h\left[1-\left(\dfrac{z}{h}\right)^2\right]dz}{2h2\eta} = -\frac{h^2}{3\eta}\frac{\partial p}{\partial x}$$

$$\text{mit} \int\limits_0^h\left[1-\left(\frac{z}{h}\right)^2\right]dz = \left[z-\frac{z^3}{3h^2}\right]_0^h = h-\frac{h^3}{2h^2} = \frac{2}{3}h\ .$$

Schließlich ist das Ergebnis:

$$\boxed{\mathrm{v}_{\mathrm{x.vol}} = -\frac{h^2}{3\eta}\cdot\frac{\partial p}{\partial x}} \tag{6.77}$$

und

$$\boxed{\mathrm{v}_{\mathrm{y.vol}} = -\frac{h^2}{3\eta}\cdot\frac{\partial p}{\partial y}}\ . \tag{6.78}$$

Rein formal können durch die Einführung einer Funktion Φ mit

$$\boxed{\Phi = -\frac{h^2}{3\eta}p}\ , \tag{6.79}$$

die Gln. (6.77) und (6.78) auch wie folgt erhalten werden:

$$\mathrm{v}_{\mathrm{x.vol}} = \frac{\partial\Phi}{\partial x}$$

und

$$\mathrm{v}_{\mathrm{y.vol}} = \frac{\partial\Phi}{\partial y}\ .$$

Mit Einführung der Größe Φ nach Gl.(6.79) ergibt sich folgende Situation: die x-Komponente der volumetrisch gemittelten Geschwindigkeit ergibt sich durch Ableitung nach der x-Richtung, die y-Komponente durch Ableitung nach der y-Richtung. Dieses Vorgehen entspricht formell der Vorgehensweise bei Potentialströmungen Gln. (I-7.12) und (7.13). Das Stromlinienbild der HELE-SHAW-Strömung zeigt in der Tat die gleichen Formen wie bei Potentialströmungen (keine Ablösungen, vorderer und hinterer Staupunkt), sind aber wegen der Zähigkeitseffekte physikalisch nicht mit ihnen verwandt. Der rechte Teil in **Bild 6.13** (die Strömung eines viskosen Fluids) würde in einer Potentialströmung (Fluide ohne Reibung) identisch gleich aussehen.

6.4.4 Rieselfilmströmung

Bild 6.14 zeigt eine offene Gerinneströmung auf leichter Neigung und geringer Tiefe h. Es handelt sich um eine ebene stationäre Rieselfilmströmung. Das Gas (Luft) über dem Rieselfilm nimmt keine wesentlichen Schubspannungen auf, so dass der Kontakt Rieselfilm-Gas als reibungsfrei gelten kann.

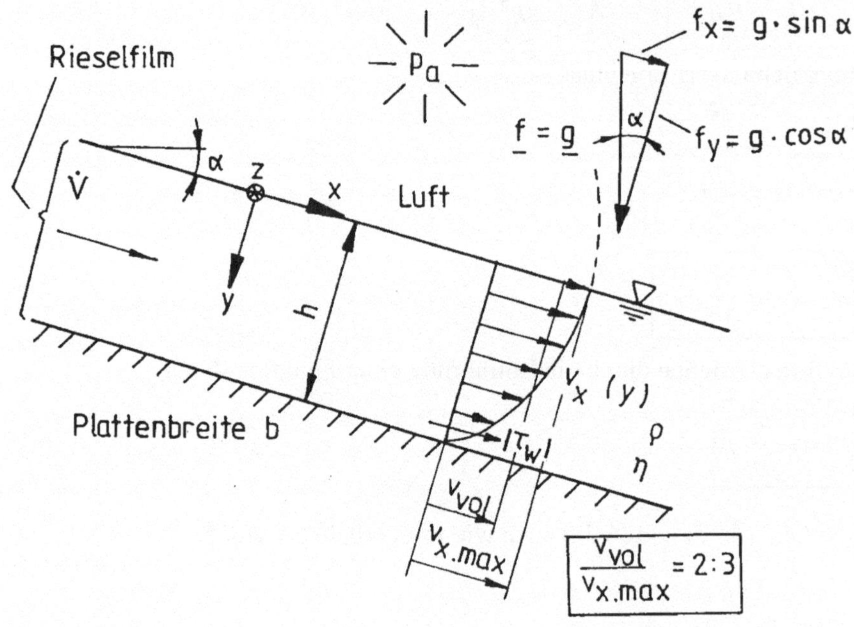

Bild 6.14. Ebene stationäre Rieselfilmströmung mit Geschwindigkeitsverteilung $v_x(y)$

Gegeben:

p_a	Umgebungsdruck,
ρ	Fluiddichte des Rieselfilms,
g	Fallbeschleunigung,
α	Neigungswinkel,
h	Rieselfilmtiefe und
ν	Kinematische Viskosität ($\nu_{\text{Wasser.20°C}} = 1 \cdot 10^{-6}\ m^2/s$).

Vorausgesetzt:

- Stationäre Strömung,
- Inkompressibles NEWTON-Fluid,

- Konstante Viskosität,
- Laminare Schleichströmung ($Re \to 0$),
- Ebene Strömung ($v_x = v_x(x, y)$, $v_y = 0\ m/s$, $v_z = 0\ m/s$),
- Freie Strömung mit $\partial p/\partial x = 0$, $\partial p/\partial z = 0$,
- Konstante Tiefe h und
- Keine Schubspannung zwischen Wasser und Luft ($\tau_{y=0} = 0\ N/m^2$).

Gesucht:

1. Aufstellung der Kontinuitätsgleichung und NAVIER-STOKES-Bewegungsgleichung in kartesischen Koordinaten x, y, z,
2. Bodendruck $p_{\mathrm{y=h}}$,
3. Geschwindigkeitsverteilung $v_x(y)$,
4. Volumetrischer Mittelwert v_{vol} und
5. Bodenschubspannung (Sohlenbeanspruchung) $\tau_W = \tau_{y=h}$.

Lösung:

Zu 1:
Aufgrund der Voraussetzungen vereinfachen sich die Kontinuitätsgleichung und die NAVIER-STOKES-Bewegungsgleichung erheblich.
Aus den Voraussetzungen:

$v_y = 0$, $v_z = 0$, $\frac{\partial v_x}{\partial y} = \frac{dv_x}{dy}$, $\frac{\partial p}{\partial x} = 0$, $\frac{\partial p}{\partial y} = \frac{dp}{dy}$ und $\frac{\partial p}{\partial z} = 0$ folgt für die Kontinuitätsgleichung (I-2.9):

$$\boxed{\frac{\partial v_x}{\partial x} = 0} \tag{6.80}$$

und für die NAVIER-STOKES-Bewegungsgleichungen (I-6.14...6.16):

$$\boxed{0 = f_x + \nu \frac{\partial^2 v_x}{\partial y^2}} \text{ (x-Richtung, Gl.I-6.14 mit } f_x = g \sin\alpha \text{),} \tag{6.81}$$

$$\boxed{0 = \rho\, f_y - \frac{\partial p}{\partial y}} \text{ (y-Richtung, Gl.I-6.15 mit } f_y = g \cos\alpha \text{) und} \tag{6.82}$$

$0 = 0$ (z-Richtung, Gl.I-6.16).

Zu 2:
Aus Gl.(6.82) folgt:

$$\frac{\mathrm{d}p}{\mathrm{d}y} = \rho\, g \cos\alpha \text{ , Die Integration ergibt: } p = \rho\, g\, y \cos\alpha + K_1 ,$$

Die Randbedingung $y = 0$ liefert $p = p_a = K_1$. Somit ist:

$$p = \rho\, g\, y \cos\alpha + p_\mathrm{a} \text{ und}$$

$$\boxed{p_{\mathrm{y=h}} = \rho\, g\, h \cos\alpha + p_\mathrm{a}} . \qquad (6.83)$$

Zu 3:
Die Geschwindigkeitsverteilung im Rieselfilm folgt aus Gl.(6.81):

$$\frac{\mathrm{d}^2 \mathrm{v_x}}{\mathrm{d}y^2} = -\frac{g}{\nu} \sin\alpha \text{ . Diese Gleichung wird zweimal integriert:}$$

$\dfrac{\mathrm{dv_x}}{\mathrm{d}y} = -\dfrac{g}{\nu} y \sin\alpha + K_2$. Mit der Randbedingung $\mathrm{dv_x}/\mathrm{d}y = 0$ für y=0 (da nach dem NEWTON-Schubspannungsansatz Gl.(I-6.1) $\tau = 0$ sein muss), ergibt sich $K_2 = 0$. So ist

$$\frac{\mathrm{dv_x}}{\mathrm{d}y} = -\frac{g}{\nu} y \sin\alpha \quad . \qquad (6.84)$$

Die letzte Integration liefert:

$$\mathrm{v_x} = -\frac{y^2}{2}\frac{g}{\nu} \sin\alpha + K_3 \ .$$

Aus der Randbedingung $\mathrm{v_x} = 0$ für y = h folgt:

$$K_3 = \frac{h^2}{2}\frac{g}{\nu} \sin\alpha \ .$$

Letztendlich lautet das Ergebnis:

$$\boxed{\mathrm{v_x}(y) = \frac{1}{2}\frac{g}{\nu} \sin\alpha \left(h^2 - y^2\right)} . \qquad (6.85)$$

Das Geschwindigkeitsprofil $\mathrm{v_x}(y)$ wird also durch eine Parabel dargestellt, deren Scheitel sich in der Phasengrenzfläche Wasser-Luft befindet (s. **Bild 6.14**).

Zu 4:
Die Definition des volumetrischen Mittelwertes lautet:

$$\mathrm{v}_{\mathrm{vol}} = \frac{\dot{V}}{A} = \frac{b\int_0^h \mathrm{v_x}\,\mathrm{d}y}{hb} = \frac{1}{h}\int_0^h \mathrm{v_x}(y)\,\mathrm{d}y\text{, d.h.}$$

$$\boxed{\mathrm{v}_{\mathrm{vol}} = \frac{1}{h}\frac{g}{\nu}\sin\alpha\left(\frac{h^3}{2}-\frac{h^3}{6}\right) = \frac{1}{3}\frac{g}{\nu}h^2\sin\alpha} \,. \tag{6.86}$$

In der Praxis wird häufig das Verhältnis $\frac{\mathrm{v}_{\mathrm{vol}}}{\mathrm{v}_{\mathrm{x.max}}}$ verwendet. Dieses beträgt

$$\boxed{\frac{\mathrm{v}_{\mathrm{vol}}}{\mathrm{v}_{\mathrm{x.max}}} = \frac{2}{3}} \,. \tag{6.87}$$

Gleichung (6.87) leitet sich wie folgt her. Der Maximalwert $\mathrm{v}_{\mathrm{x.max}}$ ergibt sich aus Gl.(6.85) mit y = 0 zu:

$$\boxed{\mathrm{v}_{\mathrm{x.max}} = \frac{1}{2}\frac{g}{\nu}h^2\sin\alpha} \,. \tag{6.88}$$

Setzt man die Gln. (6.86) und (6.88) ins Verhältnis, so folgt wieder Gl.(6.87). Es ist also wichtig zu wissen, dass der volumetrische Mittelwert als Maß für den Volumenstrom im Rieselfilm allein aus einer Lasermessung der Geschwindigkeit an der Oberfläche ermittelt werden kann.

Zu 5:
Die Schubspannung berechnet sich nach dem NEWTON-Schubspannungsansatz Gl.(I-6.1) zu

$\tau_{\mathrm{W}} = \eta\left(\frac{\mathrm{dv_x}}{\mathrm{d}y}\right)_{\mathrm{y=h}}$. So folgt durch Einsetzen von Gl.(6.84):

$$\boxed{\tau_{\mathrm{W}} = -\rho\, gh\sin\alpha} \,. \tag{6.89}$$

Der Betrag von τ_{W} ist in **Bild 6.14** eingezeichnet. Die Sohlenbeanspruchung ist also umso größer, je steiler und je tiefer der Rieselfilm ist.

6.5 Bewegungsgleichung unter Berücksichtigung äußerer Kräfte

6.5.1 Strömung im Schwerkraftfeld

Wie bekannt lautet die NAVIER-STOKES-Bewegungsgleichung:

$$\frac{\partial \underline{v}}{\partial t} + (\underline{v} \cdot \underline{\nabla})\underline{v} = \underline{f} - \frac{1}{\rho}\underline{\nabla} p + \nu \Delta \underline{v} .$$

$\underline{f}$ ist die Feldkraft pro Masse und sei hier als Schwerkraft der Erde verstanden. Nach Einführung einer sog. „Potentialfunktion" U des Schwerkraftfeldes erhält man:

$$U = g\, z + \text{const} . \tag{6.90}$$

Diese Notation setzt voraus, dass die z-Richtung gegen die g-Richtung weist. Gleichung (6.90) lässt sich für den allgemeinen Fall auch schreiben als:

$$\underline{f} = -\underline{\nabla}\, U , \tag{6.91}$$

mit

$$\underline{f} = \begin{Bmatrix} -\dfrac{\partial U}{\partial x} = 0 = f_{\mathrm{x}} \\ -\dfrac{\partial U}{\partial y} = 0 = f_{\mathrm{y}} \\ -\dfrac{\partial U}{\partial z} = -g = f_{\mathrm{z}} \end{Bmatrix} ,$$

In der NAVIER-STOKES-Bewegungsgleichung lautet daher das Glied $\underline{f} - \frac{1}{\rho}\underline{\nabla} p$ wie folgt:

$$\underline{f} - \frac{1}{\rho}\underline{\nabla} p = -\underline{\nabla} U - \frac{1}{\rho}\underline{\nabla} p = -\frac{1}{\rho}\underline{\nabla}(p + \rho U) \tag{6.92}$$

Der Klammerausdruck trägt den Namen „reduzierter Druck" p_{red} mit

$$\boxed{p_{\mathrm{red}} = p + \rho U = p + \rho g z} . \tag{6.93}$$

Nach Einsetzen in die NAVIER-STOKES-Bewegungsgleichung erhält man schließlich:

$$\boxed{\frac{\partial \underline{v}}{\partial t} + (\underline{v} \cdot \underline{\nabla})\underline{v} = -\frac{1}{\rho} \underline{\nabla} p_{\text{red}} + \nu \, \Delta \underline{v}} \,. \tag{6.94}$$

Die Feldkraft ist also durch Einführung des reduzierten Druckes p_{red} eliminiert worden. Man erkennt: die absolute Größe des reduzierten Drucks p_{red} beeinflusst nicht das Geschwindigkeitsfeld $\underline{v}(x,y,z,t)$; nur die lokalen Veränderungen $\underline{\nabla} p_{\text{red}}$ üben einen Einfluss aus.

6.5.2 Strömung eines geschichteten Fluids

Unter einem geschichteten Fluid versteht man ein inkompressibles (volumenbeständiges) Fluid mit einem Dichtegradienten $\underline{\nabla}\rho \neq 0$.
Als Beispiele können hier gelten:

- Wasserschichten unterschiedlicher Temperatur (z.B. in Baggerseen),
- Öl/Wasser-Schichten nach Tankerhavarien und
- Unterwasser-Süßwasserquellen im Meer, wie man sie z.B. in der Nähe von griechischen Inseln findet (s. **Bild 6.15**).

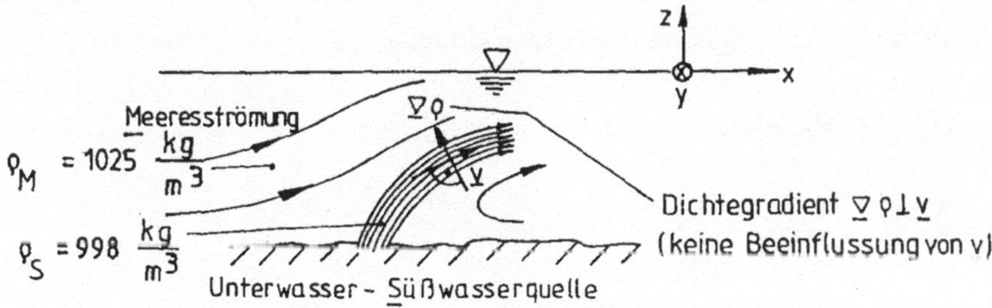

Bild 6.15 Zur Strömung im geschichteten Fluid bei einer Süßwasserquelle am Meeresgrund

Zunächst muss die Frage geklärt werden, was „inkompressibel" genau bedeutet. Bei einem inkompressiblen Fluid müssen zwei Bedingungen erfüllt sein:

1. $$\operatorname{div} \underline{v} = \underline{\nabla}\, \underline{v} = \boxed{\frac{\partial v_x}{\partial x} + \frac{\partial v_y}{\partial y} + \frac{\partial v_z}{\partial z} = 0} \tag{6.95}$$

2. $$\frac{d\rho}{dt} = \frac{\partial \rho}{\partial t} + \frac{\partial \rho}{\partial x}\frac{\partial x}{\partial t} + \frac{\partial \rho}{\partial y}\frac{\partial y}{\partial t} + \frac{\partial \rho}{\partial z}\frac{\partial z}{\partial t} \boxed{= \frac{\partial \rho}{\partial t} + v_x \frac{\partial \rho}{\partial x} + v_y \frac{\partial \rho}{\partial y} + v_z \frac{\partial \rho}{\partial z} = 0}$$

Diese Bedingung für ρ = const lässt sich auch kürzer schreiben:

$$\boxed{\frac{\mathrm{d}\rho}{\mathrm{d}t} = \frac{\partial \rho}{\partial t} + \underline{v} \cdot \underline{\nabla} \rho = 0} \; . \qquad (6.96)$$

Gleichung (6.96) beantwortet also die Frage, was „inkompressibel" genauer als ρ = const bedeutet. In Gl.(6.96) ist der **Dichtegradient** $\underline{\nabla}\rho$ wie folgt definiert:

$$\boxed{\underline{\nabla}\, \rho = \underline{e}_{\mathrm{x}} \frac{\partial \rho}{\partial x} + \underline{e}_{\mathrm{y}} \frac{\partial \rho}{\partial y} + \underline{e}_{\mathrm{z}} \frac{\partial \rho}{\partial z}} \; . \qquad (6.97)$$

Der Ausdruck $\underline{v} \cdot \underline{\nabla}\rho$ in Gl.(6.96) wird zu Null, wenn die Geschwindigkeit $\underline{v}$ senkrecht zum Dichtegradienten $\underline{\nabla}\rho$ steht, s. **Bild 6.15**.

Mit der bekannten Potentialfunktion $U = gz + const$ des Erdschwerefeldes wird die auf die Masse bezogene Feldkraft $\underline{f}$ wird wie folgt umgeformt:

$$\underline{f} = -\underline{\nabla} U = \frac{U}{\rho} \underline{\nabla}\, \rho - \frac{1}{\rho} \underline{\nabla}(\rho U);$$

dies folgt aus der Produktregel:

$$\underline{\nabla}(\rho U) = U \underline{\nabla} \rho + \rho \underline{\nabla} U \text{ und weiterbehandelt:}$$

$$-\rho \underline{\nabla} U = U \underline{\nabla} \rho - \underline{\nabla}(\rho U) \text{ und}$$

$$\underline{f} = -\underline{\nabla} U = \frac{U}{\rho} \underline{\nabla} \rho - \frac{1}{\rho} \underline{\nabla}(\rho U) \, \text{q.e.d.}$$

Eingesetzt in die NAVIER-STOKES-Bewegungsgleichung:

$$\frac{\partial \underline{v}}{\partial t} + (\underline{v} \cdot \underline{\nabla}) \underline{v} = \underline{f} - \frac{1}{\rho} \underline{\nabla} p + \nu \Delta \underline{v} \text{ und mit}$$

$$\underline{f} = \frac{U}{\rho} \underline{\nabla} \rho - \frac{1}{\rho} \underline{\nabla}(\rho U) \text{ ergibt sich:}$$

$$\boxed{\frac{\partial \underline{v}}{\partial t} + (\underline{v} \cdot \underline{\nabla}) \underline{v} = -\frac{1}{\rho} \underline{\nabla}(p + \rho U) + \frac{U}{\rho} \underline{\nabla}\, \rho + \nu\, \Delta \underline{v}} \; . \qquad (6.98)$$

Der Ausdruck $(p + \rho U)$ trägt den Namen „reduzierter Druck" p_{red}. Man erkennt, dass bei Dichtegradienten ≠ 0 ein Zusatzglied in der NAVIER-STOKES-Bewegungsgleichung auftritt. Es findet keine Kopplung mit dem Geschwindigkeitsfeld $\underline{v}(x, y, z, t)$ statt, wenn der Dichtegradient $\underline{\nabla}\rho$ senkrecht zur Geschwindigkeit $\underline{v}$ steht, d.h. Dichtegradient und Geschwindigkeit haben keine gemeinsamen Komponenten in einer Richtung.

6.5.3 Strömung im rotierenden System

Nach Gl.(I-4.32) $\boxed{\underline{v} = \underline{u} + \underline{w}}$ existieren in rotierenden umströmten oder durchströmten Systemen drei Arten von Geschwindigkeiten:

1. $\underline{u} = \underline{\omega} \times \underline{r}$ Umfangsgeschwindigkeitsvektor (Systemgeschwindigkeit) mit $\underline{\omega}$ Winkelgeschwindigkeitsvektor und $\underline{r}$ Ortsradiusvektor,
2. $\underline{w}$ Relativgeschwindigkeitsvektor (vom mitrotierenden Beobachter wahrgenommen) und
3. $\underline{v}$ Absolutgeschwindigkeitsvektor (vom außenstehenden Beobachter wahrgenommen).

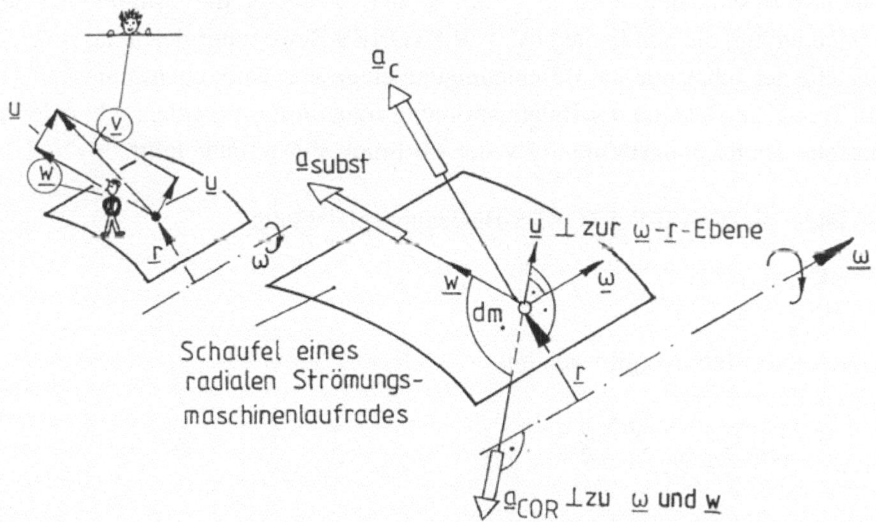

Bild 6.16. Beschleunigungen eines Masseteilchens dm in der unmittelbaren Nachbarschaft eines radialen Strömungsmaschinenlaufrades

Wie aus **Bild 6.16** ersichtlich, unterliegt das Masseteilchen dm folgenden drei Beschleunigungen (Kräften/Masse):

1. Substantieller Beschleunigung

$$\boxed{\underline{a}_{\text{subst}} = \frac{\mathrm{d}\underline{w}}{\mathrm{d}t} = \frac{\partial \underline{w}}{\partial t} + (\underline{\mathrm{w}} \cdot \underline{\nabla})\underline{\mathrm{w}}}\,, \tag{6.99}$$

2. CORIOLIS[12]-Beschleunigung

$$\boxed{\underline{a}_{\text{COR}} = -2(\underline{\omega} \times \underline{w})} \text{ und} \tag{6.100}$$

3. Zentrifugalbeschleunigung

$$\boxed{\underline{a}_{\mathrm{c}} = \underline{r}\omega^2}\,. \tag{6.101}$$

Aus diesen drei Beschleunigungen setzt sich die resultierende Beschleunigung eines Teilchens in einer Relativströmung zusammen.
Diese drei Beschleunigungen definieren die folgenden differentiell kleinen Kräfte (Aktionskräfte: von der Struktur auf das Fluid):

1. Substantielle Trägheitskraft $d\underline{F}_{\text{subst}} = \underline{a}_{\text{subst}} \cdot dm$,
2. CORIOLIS Trägheitskraft $d\underline{F}_{\text{COR}} = \underline{a}_{\text{COR}} \cdot dm$ und
3. Zentrifugale Trägheitskraft $d\underline{F}_{\mathrm{C}} = \underline{a}_{\mathrm{C}} \cdot dm$.

Die drei Beschleunigungen $\underline{a}_{\text{subst}}$, $\underline{a}_{\text{COR}}$ und $\underline{a}_{\mathrm{c}}$ bilden die resultierende Beschleunigung, die nun in die NAVIER STOKES Bewegungsgleichung (I-6.17) anstelle der substantiellen Beschleunigung eingesetzt wird; ebenso muss Gl.(I-6.17) auf die Belange der Relativströmung transformiert werden, d.h. es wird anstelle des Reibungsterms $\nu\,\Delta\,\mathrm{v}$ der Ausdruck $\nu\,\Delta\,\underline{\mathrm{w}}$ eingeführt.

So lautet die NAVIER-STOKES-Bewegungsgleichung:

$$\frac{\mathrm{d}\underline{w}}{\mathrm{d}t} - 2(\underline{\omega} \times \underline{w}) + \underline{r}\,\omega^2 = \underline{f} - \frac{1}{\rho}\underline{\nabla} p + \nu\,\Delta\underline{\mathrm{w}}\,.$$

Durch Substitution ergibt sich mit

$$\underline{a}_c = \underline{\nabla}\frac{\omega^2 r^2}{2} \quad \text{(da } \frac{\partial \frac{\omega^2 r^2}{2}}{\partial r} = \frac{2\omega^2 r}{2} = r\omega^2 \text{ ist) und}$$

$$\underline{f} = -\underline{\nabla} U \quad \text{mit } \mathrm{U} = gz + \text{const (const} = 0 \text{ gesetzt):}$$

$$\boxed{\frac{\mathrm{d}\underline{w}}{\mathrm{d}t} = -\frac{1}{\rho}\underline{\nabla} p - \underline{\nabla} U - \underline{\nabla}\frac{\omega^2 r^2}{2} + 2(\underline{\omega} \times \underline{w}) + \nu\,\Delta\underline{\mathrm{w}}}\,. \tag{6.102}$$

[12] CORIOLIS, Gasparol Gustave de, geb. 1792, gest. 1843. Franz. Ingenieur und Physiker. Du calcul de l'effet des machines 1829

Teilt man $\mathrm{d}\underline{w}/\mathrm{d}t$ in lokale und konvektive Beschleunigung auf, so erhält man letztendlich die NAVIER-STOKES-Bewegungsgleichung im Relativsystem als:

$$\boxed{\frac{\partial \underline{w}}{\partial t} + (\underline{w} \cdot \underline{\nabla})\underline{w} = -\frac{1}{\rho}\underline{\nabla}\left(p + \rho g z + \frac{\rho}{2}\omega^2 r^2\right) + 2(\underline{\omega} \times \underline{w}) + \nu \Delta \underline{w}}. \tag{6.103}$$

Diese Gleichung stellt die **NAVIER-STOKES-Bewegungsgleichung für rotierende umströmte bzw. durchströmte Systeme** dar; sie spielt eine große Rolle bei der Berechnung der hydrodynamischen Verhältnisse in Strömungsmaschinen, findet aber auch Anwendung in der Meteorologie und Ozeanographie.

Der erste Klammerausdruck auf der rechten Seite von Gl. (6.103) wird in der Regel wie folgt als reduzierter Druck abgekürzt:

$$\boxed{p_{\text{red}} = p + \rho g z + \frac{\rho}{2}\omega^2 r^2}. \tag{6.104}$$

So folgt schließlich:

$$\boxed{\frac{\partial \underline{w}}{\partial t} + (\underline{w} \cdot \underline{\nabla})\underline{w} = -\frac{1}{\rho}\underline{\nabla} p_{\text{red}} + 2(\underline{\omega} \times \underline{w}) + \nu \Delta \underline{w}}. \tag{6.105}$$

Man beachte das CORIOLIS-Zusatzglied bei Relativbewegungen im rotierenden System. Das Glied wird Null, falls $\underline{w} \parallel \underline{\omega}$.

6.5.4 Strömung im Magnetfeld

Bewegungen von elektrisch leitenden Fluiden (z.B. flüssiges Natrium) in einem magnetischen Feld werden von der **Magnetohydrodynamik** (MHD) beschrieben. In diesem Fall tritt eine zusätzliche Kraft, die LORENTZ[13]-Kraft, auf. Um sie zu beschreiben, müssen die drei folgenden Größen eingeführt werden:

1. j Stromverteilung in A/m²,
2. B Magnetische Induktion in N/(m A) (hier war früher die Einheit Tesla üblich) und
3. v Induzierte Geschwindigkeit in m/s. Diese induzierte Geschwindigkeit wird in sog MHD-Pumpen (Flüssigmetallpumpen) funktional eingesetzt.

Aus $\underline{j}$ und $\underline{B}$ ergibt sich die LORENTZ-Kraft $\underline{F}_{\text{LOR}}$ je Masse m zu:

[13] LORENTZ, Hendrik Antoon, geb. 1853 in Arnheim, gest. 1928 in Haarlem. Niederländischer Physiker, 1877 Professor in Leiden

$$\boxed{\frac{F_{LOR}}{m} = \frac{1}{\rho}(\underline{j} \times \underline{B})} \tag{6.106}$$

mit ρ Dichte des Fluids, z.B. Natrium, flüssig im Temperaturbereich 98°C ...892°C mit ρ = 971 kg/m³.

Wie aus **Bild 6.17** ersichtlich wirkt die LORENTZ-Kraft $\underline{F}_{LOR}$ gegen die $\underline{v}$-Richtung; das macht sich z.B. dadurch bemerkbar, dass Geschwindigkeitsspitzen (1) im starken Magnetfeld $\underline{B}$ abgeflacht (2) werden.

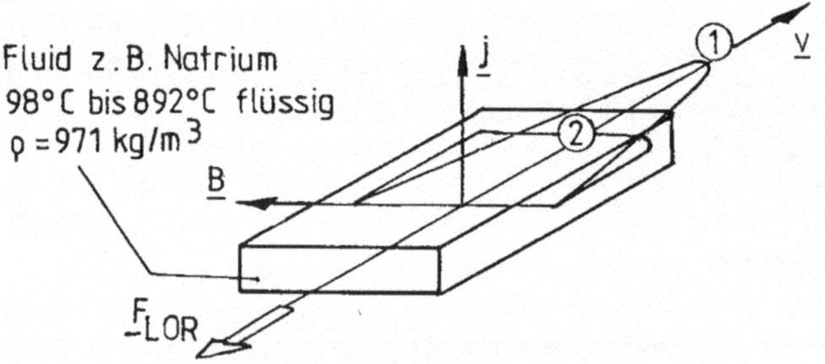

Bild 6.17. Zur Bewegungsgleichung für Strömungen im Magnetfeld. (1) Strömung im schwachen Magnetfeld, (2) Strömung im starken Magnetfeld

So lautet die Bewegungsgleichung im Magnetfeld:

$$\boxed{\frac{\partial \underline{v}}{\partial t} + (\underline{v} \cdot \underline{\nabla})\underline{v} = -\frac{1}{\rho}\underline{\nabla}(p + \rho g z) + \frac{1}{\rho}(\underline{j} \times \underline{B}) + \nu \Delta \underline{v}} \; . \tag{6.107}$$

Der erste Klammerausdruck auf der rechten Seite von Gl. (6.107) wird wie bei Gln. (6.103 und 6.105) durch den reduzierten Druck ersetzt:

$$p_{red} = p + \rho g z \; .$$

Somit wird aus Gl.(6.107):

$$\boxed{\frac{\partial \underline{v}}{\partial t} + (\underline{v} \cdot \underline{\nabla})\underline{v} = -\frac{1}{\rho}\underline{\nabla} p_{red} + \frac{1}{\rho}(\underline{j} \times \underline{B}) + \nu \Delta \underline{v}} \; . \tag{6.108}$$

Man beachte die Ähnlichkeit des Gleichungsaufbaus wie bei Gl. (6.105), nur dass hier statt der CORIOLIS-Beschleunigung das LORENTZ-Zusatzglied $(\underline{j} \times \underline{B}) / \rho$ auftritt.

Übungsaufgaben zu diesem Kapitel finden sich unter:
www.tu-berlin.de/~fsd

7 Potentialströmung inkompressibler Fluide

7.1 Funktionentheorie für ebene Potentialströmung

Bekanntlich kann eine **komplexe Zahl** z in der GAUSS-Zahlenebene (s. **Bild 7.1**) wie folgt dargestellt werden:

$$\boxed{z = x + iy = r\,e^{i\varphi} = r\cos\varphi + i\,r\sin\varphi} \tag{7.1}$$

und die konjugiert komplexe Zahl:

$$\boxed{\bar{z} = x - iy = r\,e^{-i\varphi} = r\cos\varphi - i\,r\sin\varphi} \tag{7.2}$$

mit $x = r\cos\varphi$, $y = r\sin\varphi$ und $r^2 = x^2 + y^2$.

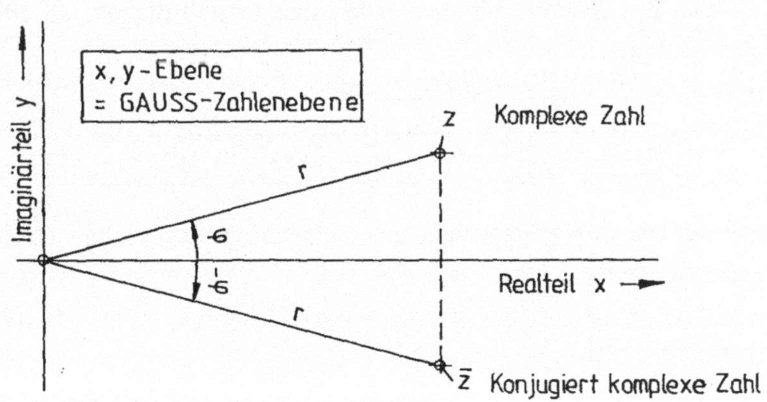

Bild 7.1 Komplexe Zahl z und konjugiert komplexe Zahl $\bar{z}$ in der GAUSS-Zahlenebene

Man führt nun ein sog. **komplexes Strömungspotential** $W = W(z)$ ein und stellt drei Behauptungen (mit Beweis) auf:

1. Behauptung: Es gibt bei Potentialströmungen immer ein komplexes Strömungspotential W mit:

$$\boxed{W(z) = \Phi(x,y) + i\,\Psi(x,y)}\,. \tag{7.3}$$

Hierbei sind: $\Phi(x,y)$ Geschwindigkeits-Potentialfunktion und
$\Psi(x,y)$ Stromfunktion (s. Kap. I-7.2)

Mit diesen beiden Funktionen wird definiert, Gln.(I-7.12,7.13,7.18 und 7.19):

$$\boxed{\mathrm{v_x} = \frac{\partial\Phi}{\partial x} = \frac{\partial\Psi}{\partial y}} \text{ und} \tag{7.4}$$

$$\boxed{\mathrm{v_y} = \frac{\partial\Phi}{\partial y} = -\frac{\partial\Psi}{\partial x}}\,. \tag{7.5}$$

Beispiel:

Die ebene Potential-Staupunktströmung (s. Kap. I-7.3.2) lautet in der Formulierung des komplexen Strömungspotentials:

$$\boxed{W(z) = C\,z^2 = C(x+iy)^2 = C(x^2-y^2) + i\,C\,2xy} \tag{7.6}$$

mit C als Einheitenkonstante, z.B. $C = 1\,s^{-1}$.

Bezeichnet man den Realteil mit Φ und den Imaginärteil mit Ψ, so erhält man:

$\boxed{W = \Phi + i\Psi}$, $\boxed{\Phi = C(x^2-y^2)}$ und $\boxed{\Psi = C\,2xy}$. Hieraus lässt sich wiederum gewinnen:

$\boxed{\mathrm{v_x} = \partial\phi/\partial x = \partial\psi/\partial y = C2x}$ und $\boxed{\mathrm{v_y} = \partial\phi/\partial y = -\partial\psi/\partial x = -C2y}$.

2. Behauptung: Die konjugiert komplexe Geschwindigkeit $\underline{\bar{\mathrm{v}}}$ ergibt sich aus:

$$\boxed{\frac{\mathrm{d}W}{\mathrm{d}z} = \mathrm{v_x} - i\,\mathrm{v_y} = \underline{\bar{\mathrm{v}}}}\,. \tag{7.7}$$

Beweis:

$$z = x + i\,y,\ \partial z/\partial x = 1,\ W = W(z),\ \mathrm{d}W/\mathrm{d}z = (\partial W/\partial x)\cdot(\partial x/\partial z),$$

$$\frac{\partial W}{\partial x} = \frac{\mathrm{d}W}{\mathrm{d}z}\cdot\frac{\partial z}{\partial x} = \frac{\mathrm{d}W}{\mathrm{d}z} = \frac{\partial\Phi}{\partial x} + i\frac{\partial\Psi}{\partial x} = \mathrm{v_x} - i\,\mathrm{v_y}\text{, d.h.}$$

$$\frac{\mathrm{d}W}{\mathrm{d}z} = \mathrm{v}_\mathrm{x} - i\,\mathrm{v}_\mathrm{y}\text{, q.e.d.}$$

Beispiel: Ebene Potential-Staupunktströmung:

$$\mathrm{W}(z) = Cz^2\,,\ \frac{\mathrm{d}W}{\mathrm{d}z} = C2z = C\,2x + i\,C\,2y = \mathrm{v}_\mathrm{x} - i\,\mathrm{v}_\mathrm{y}\text{, d.h.}$$

$\mathrm{v}_\mathrm{x} = C2x$ und $\mathrm{v}_\mathrm{y} = -C2y$, s. Bild I-7.7.

3. Behauptung: Die komplexe Geschwindigkeit $\underline{\mathrm{v}}$ folgt aus:

$$\boxed{\overline{\frac{\mathrm{d}W}{\mathrm{d}z}} = \mathrm{v}_\mathrm{x} + i\,\mathrm{v}_\mathrm{y} = \underline{\mathrm{v}}} \tag{7.8}$$

Beweis:

$$\frac{\partial W}{\partial x} = \frac{\mathrm{d}W}{\mathrm{d}z} = \frac{\partial \Phi}{\partial x} + i\frac{\partial \Psi}{\partial x}\ .$$

Dieser Ausdruck lautet konjugiert komplex:

$$\overline{\frac{\partial W}{\partial z}} = \frac{\partial \Phi}{\partial x} - i\frac{\partial \Psi}{\partial x} = \mathrm{v}_\mathrm{x} + i\,\mathrm{v}_\mathrm{y}\text{, q.e.d.}$$

Beispiel: Ebene Potential-Staupunktströmung:

$$\boxed{W(z) = Cz^2},\ \mathrm{d}W/\mathrm{d}z = C2z = C2x + i\,C2y\,,$$

$$\overline{\frac{\mathrm{d}W}{\mathrm{d}z}} = C2x - i\,C2y = \mathrm{v}_\mathrm{x} + i\,\mathrm{v}_\mathrm{y}\text{, d.h.:}$$

$\mathrm{v}_\mathrm{x} = C2x, \mathrm{v}_\mathrm{y} = -C2y$, q.e.d. s. Bild I-7.7.

Um das Vorgehen zu erleichtern, folgt nun eine kurze Zusammenfassung der wichtigsten Zusammenhänge bei der hier behandelten ebenen Potentialströmung:

1. Grundgleichungen

- Definition der Potentialströmung rot $\underline{\mathrm{v}} = \underline{0}$,
- Potentialfunktion $\Phi = \Phi(x,y)$ mit $\mathrm{v}_x = \partial\Phi/\partial x$ und $\mathrm{v}_\mathrm{y} = \partial\Phi/\partial y$,
- Stromfunktion $\Psi = \Psi(x,y)$ mit $\mathrm{v}_x = \partial\Psi/\partial y$ und $\mathrm{v}_\mathrm{y} = -\partial\Psi/\partial x$,
- Zwei LAPLACE-Gleichungen:
  1. Kontinuitätsgleichung

$$\frac{\partial v_x}{\partial x} + \frac{\partial v_y}{\partial y} = 0, \frac{\partial^2 \Phi}{\partial x^2} + \frac{\partial^2 \Phi}{\partial y^2} = \Delta\Phi = 0,$$

2. Potentialströmungsbedingung:

$$\text{rot}\ \underline{v} = \underline{0}, -\frac{\partial^2 \Psi}{\partial x^2} - \frac{\partial^2 \Psi}{\partial y^2} = -\Delta\Psi = 0,$$

- Zwei CAUCHY-RIEMANN-Differentialgleichungen:

$$v_x = \frac{\partial \Phi}{\partial x} = \frac{\partial \Psi}{\partial y}, \text{ in Zylinderkoordinaten: } v_r = \frac{\partial \Phi}{\partial r} = \frac{1}{r}\frac{\partial \Psi}{\partial \varphi}$$

und

$$v_y = \frac{\partial \Phi}{\partial y} = -\frac{\partial \Psi}{\partial x}, \text{ bzw. } v_\varphi = \frac{1}{r}\frac{\partial \Phi}{\partial \varphi} = -\frac{\partial \Psi}{\partial r}.$$

2. Funktionentheorie:

- Komplexe Zahl $z = x + i\,y = re^{i\varphi} = r\cos\varphi + i\,r\sin\varphi$,
- Konjugiert komplexe Zahl $\bar{z} = x - i\,y = re^{-i\varphi}$ und
- Komplexes Strömungspotential W(z).
  Die wichtigsten drei Rechenregeln für das komplexe Strömungspotential
  1. $W = \Phi + i\,\Psi$,
  2. $\mathrm{d}W/\mathrm{d}z = v_x - i\,v_y$ und
  3. $\overline{\mathrm{d}W/\mathrm{d}z} = v_x + i\,v_y$.

3. BERNOULLI-Gleichung:

$$\frac{v^2}{2} + \frac{p}{\rho} + gz = \text{const}, \text{ die Konstante ist im gesamten Strömungsfeld gültig.}$$

Bild 7.2 gibt eine Auswahl verschiedener bekannter komplexer Strömungspotentiale W(z). Es handelt sich hier um die „klassischen" Strömungen: Parallelströmung, Quell- und Senkenströmung, Dipolströmung und Zylinderumströmung. In der Literatur finden sich noch weitere Beispiele, so z.B. in TRUCKENBRODT,E.: Fluidmechanik, Band 2, SPRINGER.

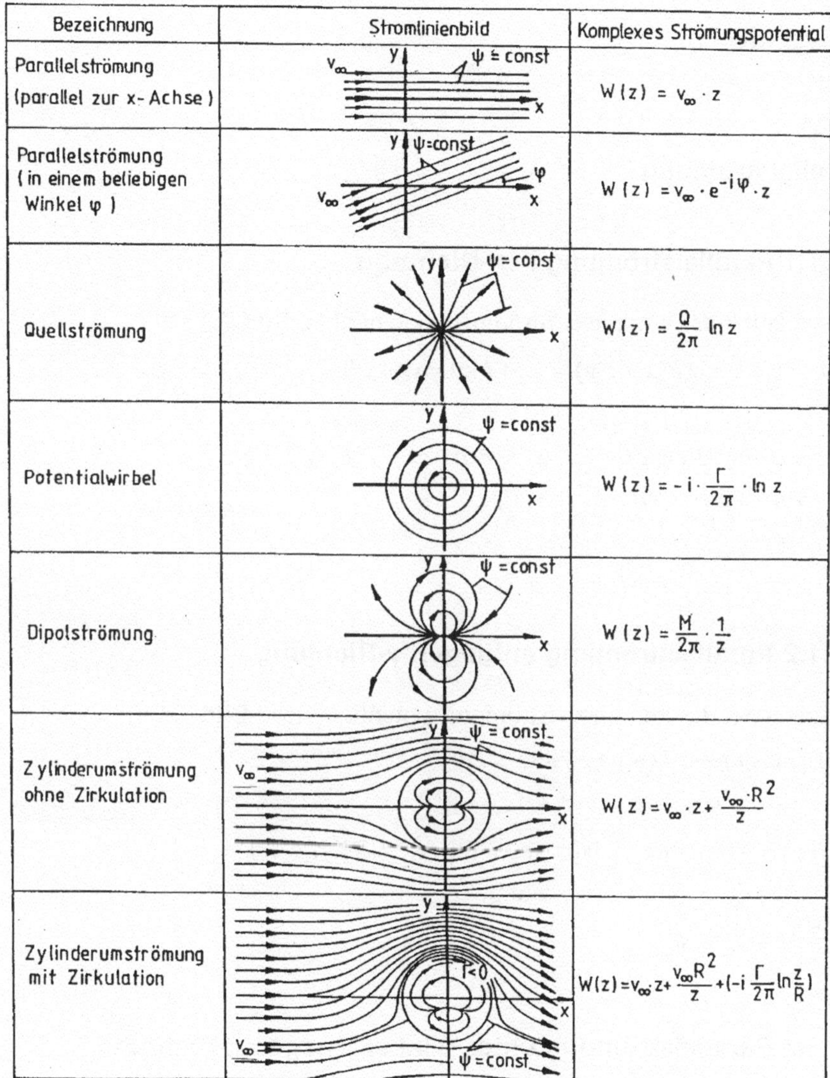

Bezeichnung	Stromlinienbild	Komplexes Strömungspotential
Parallelströmung (parallel zur x-Achse)	v_∞, y, x, ψ = const	$W(z) = v_\infty \cdot z$
Parallelströmung (in einem beliebigen Winkel φ)	v_∞, y, x, ψ=const, φ	$W(z) = v_\infty \cdot e^{-i\varphi} \cdot z$
Quellströmung	y, x, ψ=const	$W(z) = \frac{Q}{2\pi} \ln z$
Potentialwirbel	y, x, ψ =const	$W(z) = -i \cdot \frac{\Gamma}{2\pi} \cdot \ln z$
Dipolströmung	y, x, ψ =const	$W(z) = \frac{M}{2\pi} \cdot \frac{1}{z}$
Zylinderumströmung ohne Zirkulation	v_∞, y, x, ψ = const	$W(z) = v_\infty \cdot z + \frac{v_\infty \cdot R^2}{z}$
Zylinderumströmung mit Zirkulation	v_∞, y, x, $\Gamma<0$, ψ=const	$W(z) = v_\infty \cdot z + \frac{v_\infty R^2}{z} + (-i \frac{\Gamma}{2\pi} \ln \frac{z}{R})$

Bild 7.2. Auswahl bekannter komplexer Strömungspotentiale W(z)

7.2 Beispiele

7.2.1 Parallelströmung

7.2.1.1 Parallelströmung in x-Richtung

Hierzu lautet das komplexe Strömungspotential (s. **Bild 7.3 a**):

$$W(z) = k\ z = k(x + i\ y) = kx + i\ ky = \Phi + i\ \Psi$$

mit
$\Phi(x, y) = kx$, $\Psi(x, y) = ky$, $v_x = \partial\Phi / \partial x = \partial\Psi / \partial y = k$
$v_y = \partial\Phi / \partial y = -\partial\Psi / \partial x = 0$, d.h.
$v_x = |\underline{v}| = k = v_\infty$.

7.2.1.2 Parallelströmung entgegen y-Richtung

Hierzu lautet das komplexe Strömungspotential (siehe **Bild 7.3 b**):

$$W(z) = i\ kz = -ky + i\ kx = \Phi + i\ \Psi$$

mit
$\Phi(x, y) = -ky$, $\Psi(x, y) = kx$, $v_x = \partial\Phi / \partial x = \partial\Psi / \partial y = 0$
$v_y = \partial\Phi / \partial y = -\partial\Psi / \partial x = -k$,d.h.
$v_y = |\underline{v}| = -k = v_\infty$.

7.2.1.3 Parallelströmung unter Winkel φ gegen x-Richtung

Hierzu lautet das komplexe Strömungspotential (s. **Bild 7.3 c**):

$$W(z) = ke^{-i\varphi} z = k(\cos\varphi - i\sin\varphi)(x + i\ y)$$

$$= k(x\cos\varphi + y\sin\varphi) + i\ k(y\cos\varphi - x\sin\varphi)$$

mit:
$\Phi(x, y) = k(x\cos\varphi + y\sin\varphi)$ und
$\psi(x, y) = k(y\cos\varphi - x\sin\varphi)$.

Die $\mathrm{v_x}$ - und $\mathrm{v_y}$ -Berechnung soll nun auf zwei verschiedene Arten durchgeführt werden:

a) $\mathrm{v_x} = \partial\Phi / \partial x = \partial\Psi / \partial y = k\cos\varphi$ und

$\mathrm{v_y} = \partial\Phi / \partial y = -\partial\Psi / \partial x = k\sin\varphi$, d.h.

$|\underline{\mathrm{v}}| = \sqrt{\mathrm{v_x}^2 + \mathrm{v_y}^2} = k = \mathrm{v}_\infty$.

b) Nach Gl. (7.7) gilt:

$\overline{\underline{\mathrm{v}}} = \mathrm{d}W / \mathrm{d}z = ke^{-i\varphi} = k(\cos\varphi - i\sin\varphi) = \mathrm{v_x} - i\,\mathrm{v_y}$ d.h.

$\mathrm{v_x} = k\cos\varphi$, $\mathrm{v_y} = k\sin\varphi$, woraus sich ergibt:

$|\underline{\mathrm{v}}| = \sqrt{\mathrm{v_x}^2 + \mathrm{v_y}^2} = k = \mathrm{v}_\infty$.

Aus dem Beispiel 7.2.1.3 erkennt man, dass alle komplexen Strömungspotentiale der Form $\boxed{W = |\underline{\mathrm{v}}|e^{-i\varphi}z}$ Parallelströmungen beschreiben, die mit der Geschwindigkeit $|\underline{\mathrm{v}}|$ unter dem Winkel φ gegen die positive x-Richtung gerichtet sind. Man erkennt an allen Beispielen auch, dass die Geschwindigkeit auf jeder Stromlinie in die Richtung weist, in der Φ längs der Stromlinie zunimmt.

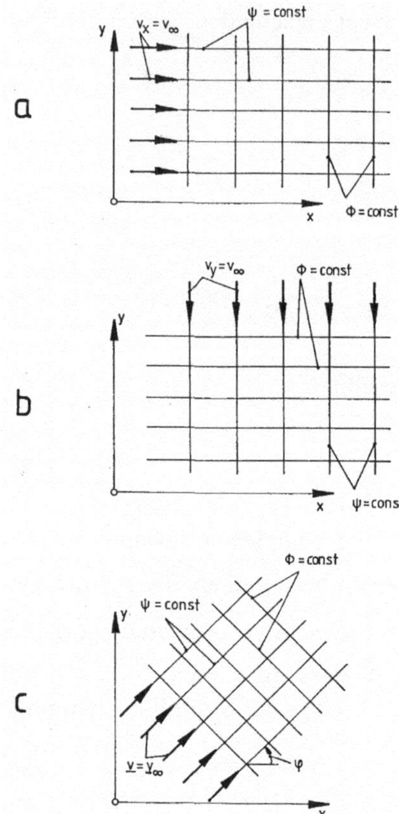

Bild 7.3. Stromlinien Ψ= const, Äquipotentiallinien Φ= const für Parallelströmungen, a) Strömung parallel zur x-Richtung, b) Strömung parallel zur y-Achse, c) Parallelströmung unter Winkel φ gegen x-Achse geneigt

7.2.2 Ebene Quell- und Senkenströmung

Hierzu lautet das komplexe Strömungspotential:

$$\boxed{W(z) = k \ln z} \tag{7.9}$$

mit $k > 0$ ebene Quellströmung und
$k < 0$ ebene Senkenströmung.

Die Weiterbehandlung ergibt:

$$W(z) = k \ln z = k \ln(re^{i\varphi}) = k \ln r + i\, k\varphi$$

mit

Realteil = $\Phi(x,y) = k \ln r = k \ln \sqrt{x^2 + y^2}$ und

Imaginärteil = $\Psi(x,y) = k\varphi = k \arctan y/x$, d.h.

$$\mathrm{v_x} = \partial\Phi/\partial x = \partial\psi/\partial y = \frac{kx}{x^2 + y^2}$$

$$= kr\cos\varphi/r^2 = k\cos\varphi/r,$$

$$\mathrm{v_y} = \partial\Phi/\partial y = -\partial\psi/\partial x = \frac{ky}{x^2 + y^2}$$

$$= kr\sin\varphi/r^2 = k\sin\varphi/r,$$

d.h. $|\underline{\mathrm{v}}| = \sqrt{\mathrm{v_x}^2 + \mathrm{v_y}^2} = \frac{k}{r} = \mathrm{v_r}(r).$

Die Geschwindigkeit nimmt also mit 1/r ab.

$$\mathrm{v_y/v_x} = \frac{kr\sin\varphi}{kr\cos\varphi} = \tan\varphi.$$

In **Bild 7.4** wird deutlich, dass die Stromlinien ψ = const radiale Strahlen mit dem Steigungswinkel φ darstellen. Die Gleichung der Stromlinien lautet:

Ψ = const = $k \arctan y/x$ = const , d.h.

y/x = const bzw. φ = const.

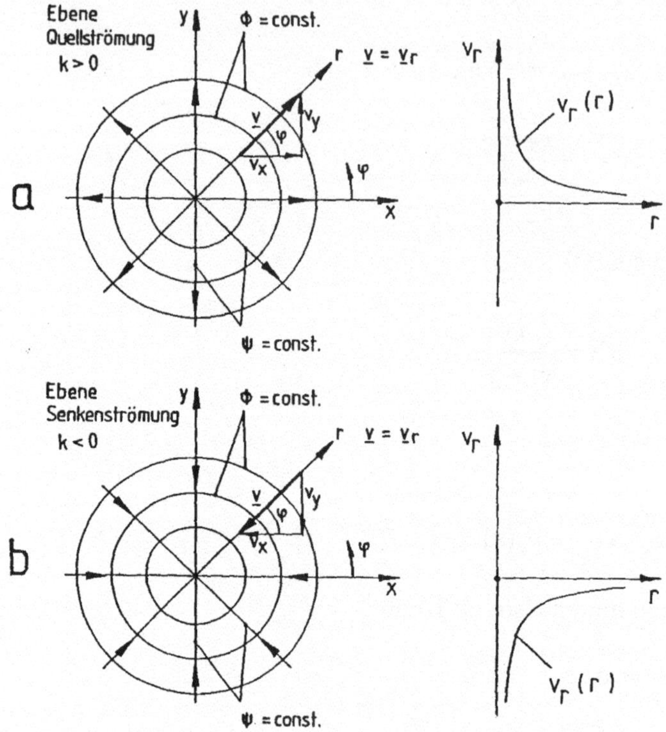

Bild 7.4 Stromlinien Ψ= const. (radiale Strahlen) und Äquipotentiallinien Φ= const (Kreise) für ebene Quell- und Senkenströmung; a) Quellströmung b) Senkenströmung

Die Äquipotentiallinien Φ = const zeigen sich als Kreise um den Ursprung. Ihre Gleichung lautet:

$$\Phi = \text{const} = k \ln \sqrt{x^2 + y^2}$$

mit $x^2 + y^2 = \text{const}$ und r = const.

Bei einer ebenen Quell- oder Senkenströmung treten also nur radiale Geschwindigkeiten v_r auf, die mit 1/r nach außen abnehmen. Für k > 0 (Quellströmung) weisen die Geschwindigkeiten nach außen, für k < 0 (Senkenströmung) nach innen. Der Ursprung (r = 0) stellt einen singulären Punkt mit $v_r \rightarrow \pm\infty$ dar.

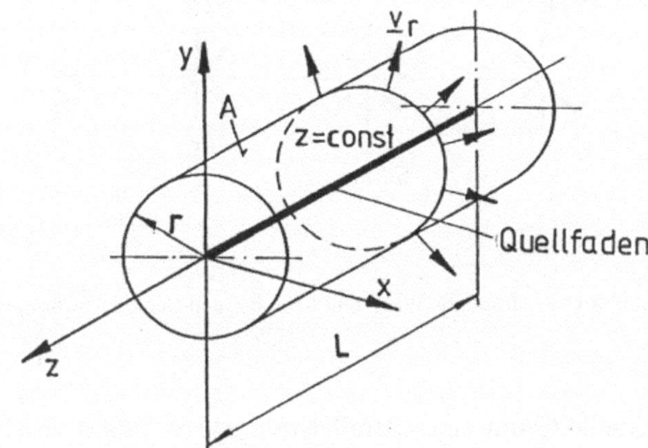

Bild 7.5 Zur Definition des Quellfadens

Bild 7.5 zeigt einen Quellfaden der Länge L. Im Folgenden soll anhand dieses Bildes der Begriff der „Ergiebigkeit" (**Q**uellstärke) eingeführt werden:

$$Q = \dot{V} / L \tag{7.10}$$

mit $\dot{V}$ Volumenstrom durch Mantelfläche $A = 2\pi\, rL$,

L Zylinderlänge und

$\dot{V} = \mathrm{v_r} A$.

So ergibt sich mit $\mathrm{v_r}(r) = k / r$

$Q = \mathrm{v_r}(r) \cdot A / L = 2\pi\, k$ mit $k = Q / 2\pi$.

Man erkennt, dass die Ergiebigkeit vom Radius unabhängig ist. Der Name Quellstärke bedeutet k > 0. Die ebene Senkenströmung mit k < 0 ist analog zu berechnen, wobei für die „negative Quellstärke" der Ausdruck „Senkenstärke" verwendet wird.

Es lässt sich relativ leicht beweisen, dass die ebene Quell- oder Senkenströmung drehungsfrei ist (Potentialströmung) und die Kontinuitätsgleichung (Erhaltung der Masse) erfüllt.

Das komplexe Strömungspotential der Form $\boxed{W(z) = k \ln(z - z_0)}$ mit $k = Q / 2\pi$ stellt eine ebene Quell-Senken-Strömung mit der Ergiebigkeit Q in z_0 dar (s. **Bild 7.6 a**), während $\boxed{W(z) = k \ln(z - c^2 / z)}$ eine Quelle 1 in (-c,0) s.**Bild 7.6 b**, Quelle 2 in (c,0) und eine Senke in (0,0) darstellt.

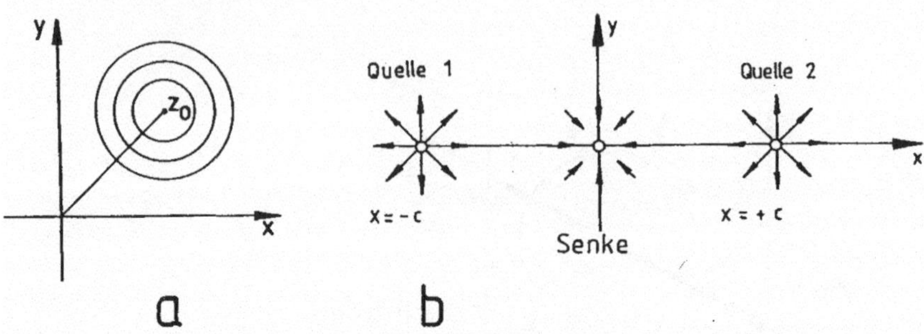

Bild 7.6. Quell-Senken-Strömung, a Quellströmung W(z)=kln(z-z₀), b Quell-Senken- Strömung W(z)=k ln(z-c²/z)

Die Überlagerung einer Quelle Q mit einer Parallelströmung v_∞ führt zu einem sog. **E**benen **H**alb**k**örper (EHK). Diese zusammengesetzte Strömung soll anhand des folgenden Beispiels (s. **Bild 7.7**) untersucht werden. Das Beispiel ist aber auch von Bedeutung bei der Entwicklung von Profilen der Strömungsmaschinen.

Beispiel:
Die Anströmung eines Brückenpfeilers in einem Fluss kann zur Minimierung der Verluste durch die Überlagerung einer **P**arallelströmung mit dem komplexen Potential $W_\mathrm{p}(z) = \mathrm{v}_\infty z$ und einer **Q**uellströmung mit dem komplexen Potential $W_\mathrm{Q}(z) = (Q/2\pi)\ln z$ zu einer resultierenden Strömung mit dem komplexen Strömungspotential

$$\boxed{W_\mathrm{EHK}(z) = \mathrm{v}_\infty z + \frac{Q}{2\pi}\ln z} \tag{7.11}$$

dargestellt werden. Die resultierende Geschwindigkeit $\underline{\mathrm{v}}$ setzt sich aus der Parallelströmungsgeschwindigkeit $\mathrm{v}_\mathrm{P} = \mathrm{v}_\infty$ und der Quellströmungsgeschwindigkeit v_Q zusammen (s. **Bild 7.7**).

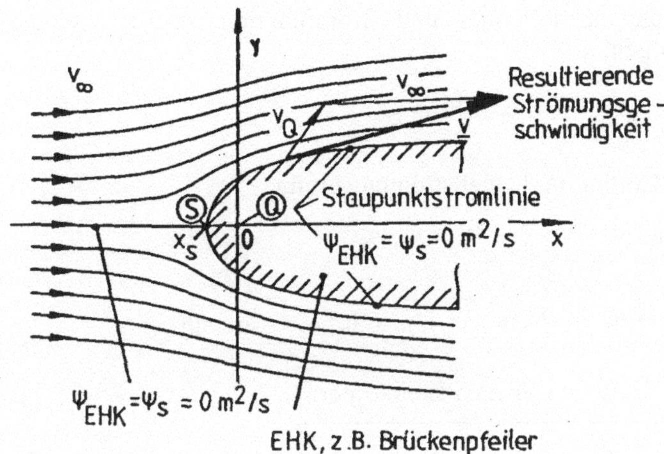

Bild 7.7. Zur Definition des Ebenen Halbkörpers mit v_∞ Parallelströmungsgeschwindigkeit und v_Q Quellströmungsgeschwindigkeit

Gegeben :

- Geschwindigkeit v_∞ der Zuströmung,
- Statischer Druck p_∞ in der Zuströmung,
- Dichte ρ des Fluids und
- Quellstärke Q.

Vorausgesetzt:

- Ebene Potentialströmung rot $\underline{v} = \underline{0}$,
- Stationäre Strömung,
- Inkompressibles Fluid und
- Feldkräfte $\underline{f} = \underline{0}$ (befinden sich nicht in der Betrachtungsebene).

Gesucht:

1) Potentialfunktion $\Phi_{\text{EHK}}(x, y)$ und Stromfunktion $\Psi_{\text{EHK}}(x, y)$,
2) Geschwindigkeitsverteilung $v_x(x, y)$ und $v_y(x, y)$,
3) Koordinaten x_s und y_s des Staupunktes S,
4) Druckverteilung $p(x, y)$ entlang der Staupunktstromlinie $\Psi = \Psi_S = 0$,
5) Druck p_s im Staupunkt S und
6) Maßstäbliches Strömungsbild (Zahlenbeispiel).

Lösung:
Zu 1. Zur Ermittlung der Potential- und Stromfunktion wird das komplexe Potential herangezogen:

$$W_{\text{EHK}} = \Phi_{\text{EHK}} + i\,\Psi_{\text{EHK}} = \text{v}_\infty z + \frac{Q}{2\pi}\ln z$$

Die Aufteilung in Parallel- und Quellströmung ergibt:

Parallelströmung : $\Phi_{\text{P}} = \text{v}_\infty x$, $\Psi_{\text{P}} = \text{v}_\infty y$,

Quellströmung: $\Phi_{\text{Q}} = \frac{Q}{2\pi}\ln\sqrt{x^2+y^2}$, $\Psi_{\text{Q}} = \frac{Q}{2\pi}\text{arc tan}\frac{y}{x}$.

Hiermit folgt speziell für den Ebenen Halbkörper:

$$\boxed{\Phi_{\text{EHK}}(x,y) = \Phi_{\text{P}} + \Phi_{\text{Q}} = \text{v}_\infty x + \frac{Q}{2\pi}\ln\sqrt{x^2+y^2}}\,, \tag{7.12}$$

$$\boxed{\Psi_{\text{EHK}}(x,y) = \Psi_{\text{P}} + \Psi_{\text{Q}} = \text{v}_\infty y + \frac{Q}{2\pi}\arctan\frac{y}{x}} \tag{7.13}$$

Zu 2. Zur Ermittlung der Geschwindigkeitsverteilung wird die Potentialfunktion nach x und y abgeleitet:

$$\boxed{\text{v}_{\text{x}}(x,y) = \frac{\partial\Phi_{\text{EHK}}}{\partial x} = \text{v}_\infty + \frac{Q}{2\pi}\cdot\frac{x}{x^2+y^2}} \tag{7.14}$$

und

$$\boxed{\text{v}_{\text{y}}(x,y) = \frac{\partial\Phi_{\text{EHK}}}{\partial y} = \frac{Q}{2\pi}\cdot\frac{y}{x^2+y^2}}\,. \tag{7.15}$$

Zu 3. Um die Koordinaten x_{s} und y_{s} des Staupunkts S zu erhalten, werden Gln. (7.14) und (7.15) gleich Null gesetzt:

$$\text{v}_{\text{x}} = 0 = \text{v}_\infty + \frac{Q}{2\pi}\cdot\frac{x_{\text{s}}}{x_{\text{s}}^2+y_{\text{s}}^2}\,, \tag{7.16}$$

$$\text{v}_{\text{y}} = 0 = \frac{Q}{2\pi}\cdot\frac{y_{\text{s}}}{x_{\text{s}}^2+y_{\text{s}}^2}\,. \tag{7.17}$$

Aus den Gln. (7.16) und (7.17) folgt:

$$\boxed{x_s = -\frac{Q}{2\pi\, v_\infty}} \tag{7.18}$$

und

$$\boxed{y_s = 0}\,. \tag{7.19}$$

Zu 4. Zur Ermittlung der Druckverteilung p(*x*,*y*) entlang der Staupunktstromlinie bedient man sich der BERNOULLI-Gl. $\frac{v^2}{2} + \frac{p}{\rho} + gz = \text{const}$.

Für die horizontale Strömung gilt:

$$\frac{v_\infty{}^2}{2} + \frac{p_\infty}{\rho} = \frac{v^2}{2} + \frac{p}{\rho}\,.$$

Hieraus folgt für p(x,y):

$$\boxed{p(x,y) = \frac{\rho}{2} v_\infty{}^2 + p_\infty - \frac{\rho}{2} v^2}\,. \tag{7.20}$$

Für v^2 erhält man:

$$v_x{}^2 + v_y{}^2 = \left(v_\infty + \frac{Q}{2\pi} \cdot \frac{x}{x^2+y^2}\right)^2 + \left(\frac{Q}{2\pi} \cdot \frac{y}{x^2+y^2}\right)^2,$$

Eingesetzt in Gl.(7.20) ergibt:

$$\boxed{p(x,y) = \frac{\rho}{2} v_\infty{}^2 + p_\infty - \frac{\rho}{2}\left(v_\infty + \frac{Q}{2\pi} \cdot \frac{x}{x^2+y^2}\right)^2 - \frac{\rho}{2}\left(\frac{Q}{2\pi} \cdot \frac{y}{x^2+y^2}\right)^2} \tag{7.21}$$

hingegen für $-\infty < x < x_s$ (Staupunktstromlinie y = 0):

$$\boxed{p(x) = \frac{\rho}{2} v_\infty{}^2 + p_\infty - \frac{\rho}{2}\left(v_\infty + \frac{Q}{2\pi\, x}\right)^2}\,.$$

Gleichung (7.21) lautet im Fernfeld $x \to -\infty$:

$$\lim_{x \to -\infty} p = p_\infty$$

Für den Bereich $x_s < x < +\infty$ gilt Gl.(7.21) wie angegeben.

Im Fernfeld $x \to +\infty$ gilt $\lim\limits_{x \to +\infty} p = p_\infty$.

Zu 5. Um den Druck im Staupunkt S zu bestimmen, wird in der BERNOULLI-Gleichung $v_s = 0$ gesetzt, womit man

$$\boxed{p_s = \frac{\rho}{2} v_\infty^{\ 2} + p_\infty} \tag{7.22}$$

erhält.

Zu 6. Bild 7.8 zeigt das maßstäbliche Strömungsbild. Um dieses Bild zu gestalten, bedient man sich der allgemeinen Stromfunktion Ψ_{EHK}, Gl.(7.13), die nach x aufgelöst wird:

$$\boxed{x = -\frac{y}{\tan\left[\frac{2\pi}{Q} \cdot \left(-\Psi_{EHK} + v_\infty y\right)\right]} = -y \cot\left[\frac{2\pi}{Q} \cdot \left(-\Psi_{EHK} + v_\infty y\right)\right]} \tag{7.23}$$

Dies ist die Bestimmungsgleichung für die Stromlinien Ψ_{EHK} = const, beginnend mit $\Psi = 0$ m²/s (Staupunktstromlinie) und weitergehend in Schritten von $\Delta\Psi = 1$ m²/s. Die einzusetzenden y-Werte unterliegen zwei Gesetzen:

- Einer unteren Grenze, die durch die Parallelströmung $x \rightarrow -\infty$ und
- Einer oberen Grenze, die durch die Parallelströmung $x \rightarrow +\infty$

bestimmt sind, d.h.

$$\frac{\Psi_{EHK}}{v_\infty} < y < \frac{\Psi_{EHK}}{v_\infty} + \frac{Q}{2 v_\infty} .$$

- Die untere Grenze erklärt sich wie folgt:
  Aus $W_P = v_\infty z = v_\infty x + i\, v_\infty y$, $\Psi_P = v_\infty y$ und mit $x \rightarrow -\infty$ folgt:
  $\Psi_{EHK} = v_\infty y$ und daraus $y = y_{min} = \Psi_{EHK} / v_\infty$.

- Die obere Grenze leitet sich daraus ab, dass sich die Stromlinien asymptotisch einer Parallelströmung annähern, die um einen gewissen Betrag oberhalb der ankommenden Parallelströmung verläuft. Dieser Betrag ergibt sich aus der Gleichung

$$x = -y \cot\left[\frac{2\pi}{\mathrm{Q}}\left(-\Psi_{EHK} + v_\infty y\right)\right]$$

und der Bedingung $x \rightarrow +\infty$, d.h. der Ausdruck $(2\pi / Qx)(-\Psi_{EHK} + v_\infty y) = \pi$ mit $\Psi_{EHK} = 0$ ergibt $2\pi v_\infty y / Q = \pi$, woraus folgt: $y \rightarrow Q / 2\, v_\infty$.

Es gilt also allgemein:

$$\boxed{y = y_{max} = \frac{\Psi_{EHK}}{v_\infty} + \frac{Q}{2v_\infty}} \,. \tag{7.24}$$

Innerhalb der Grenzen lassen sich nun Stützstellen auswählen und Punkte (x,y) berechnen, die die Lage der einzelnen Stromlinien festlegen (s. **Bild 7.8**)

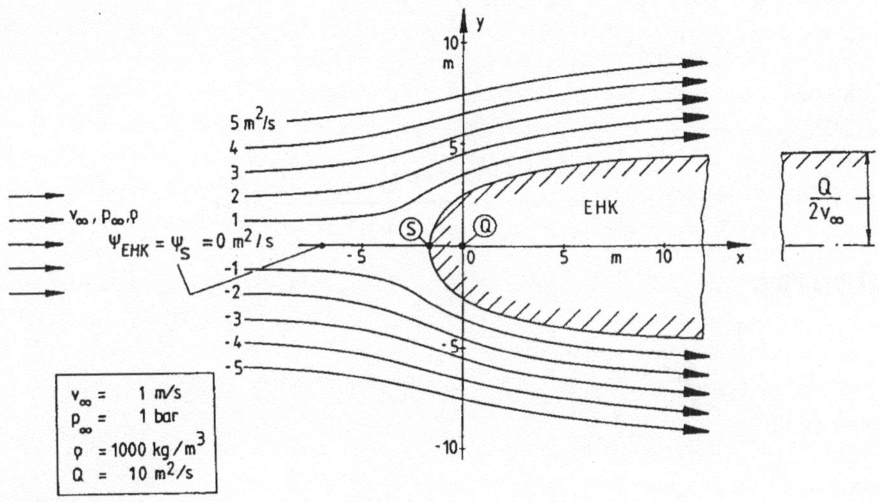

Bild 7.8 Zahlenbeispiel zum ebenen Halbkörper

7.2.3 Potentialwirbel

Hierzu lautet das komplexe Strömungspotential:

$$\boxed{W(z) = -i\, k \ln z} \tag{7.25}$$

mit k > 0 linksdrehendem und
k < 0 rechtsdrehendem Potentialwirbel.

Das Geschwindigkeitsfeld soll nun nach Gln. (7.3)...(7.5) berechnet werden.

Danach gilt:

$$W = \Phi + i\,\Psi = -i\,k \ln(re^{i\varphi}) = -i\,k(\ln r + i\varphi) = k\varphi + i\,(-k \ln r)\,.$$

Hieraus ergibt sich :

$\Phi = k\varphi = k \arctan y/x$ (Geraden) und

$\Psi = -k \ln r = -k \ln\sqrt{x^2 + y^2}$ (Kreise).

Zu den Geschwindigkeiten v_x und v_y ist anzugeben:

$$v_x = \frac{\partial\Phi}{\partial x} = k\frac{-yx^{-2}}{1+\frac{y^2}{x^2}} = -\frac{ky}{x^2+y^2} = -\frac{k}{r}\sin\varphi$$

oder auch

$$v_x = \frac{\partial\Psi}{\partial y} = -k\frac{\frac{1}{2}\left(x^2+y^2\right)^{-\frac{1}{2}}2y}{\sqrt{x^2+y^2}} = -\frac{ky}{x^2+y^2} = -\frac{k}{r}\sin\varphi .$$

Dabei führt

$$v_y = -\frac{\partial\Psi}{\partial x} = \frac{kx}{\left(x^2+y^2\right)} = \frac{k}{r}\cos\varphi$$

oder auch

$$v_y = \frac{\partial\Phi}{\partial y}$$

zu demselben Ergebnis.

Bild 7.9 zeigt die Komponenten v_x und v_y sowohl für den links- als auch für den rechtsdrehenden ebenen Potentialwirbel.

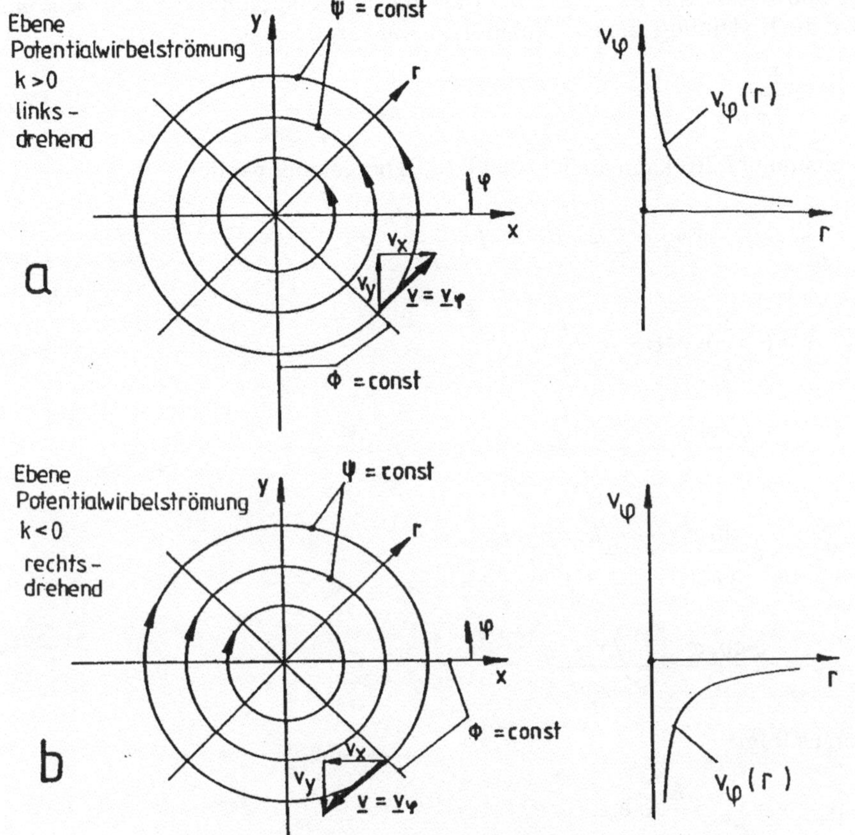

Bild 7.9 Stromlinien ψ = const (Kreise) und Äquipotentiallinien Φ = const (radiale Strahlen) für ebene Potentialwirbelströmung. a linksdrehender Wirbel b rechtsdrehender Wirbel

Der Betrag der Geschwindigkeit ist:

$$\boxed{|\underline{v}| = v = \sqrt{v_x{}^2 + v_y{}^2} = \frac{k}{r}} \tag{7.26}$$

Wie in Gl.(I-7.7) eingeführt, beträgt die strömungstechnisch relevante Zirkulation $\Gamma = \oint\limits_{(K)} \underline{v}\, d\underline{s}$ hier:

$$\Gamma = \frac{k}{r} 2\pi\, r = 2\pi\, k \tag{7.27}$$

für alle Kreise mit Radius r. Dem in Gl.(7.25) eingeführten Faktor k kommt also die Bedeutung einer Zirkulation zu, und zwar:

$$\boxed{\mathrm{k} = \frac{\Gamma}{2\pi}} \; . \tag{7.28}$$

Gleichung (7.26) kann auch nach Gl.(7.7) hergeleitet werden:

$$\frac{\mathrm{d}W}{\mathrm{d}z} = \mathrm{v_x} - i\,\mathrm{v_y} = \overline{\underline{\mathrm{v}}} = -i\frac{k}{z} = -i\,\frac{k\,e^{-i\varphi}}{r}$$

$$= (-i\frac{k}{r})\cos\varphi - i(-i\frac{k}{r})\sin\varphi$$

$$= -k\frac{\sin\varphi}{r} - i\,k\frac{\cos\varphi}{r}$$

$$\mathrm{v_x} = -k\frac{\sin\varphi}{r} = -\frac{ky}{x^2+y^2},$$

$$\mathrm{v_y} = -k\frac{\cos\varphi}{r} = \frac{kx}{x^2+y^2}.$$

Daraus folgt:

$$|\underline{\mathrm{v}}| = \mathrm{v} = \mathrm{v}_\varphi = \frac{k}{r} \quad \text{q.e.d.}$$

Gleichung (7.26) ist auch über Gl.(7.8) zu erhalten.

$$\overline{\mathrm{d}W/\mathrm{d}z} = \mathrm{v_x} + i\,\mathrm{v_y} = \underline{\mathrm{v}} = -k\frac{\sin\varphi}{r} + i\,k\frac{\cos\varphi}{r},$$

$$\mathrm{v_x} = -k\frac{\sin\varphi}{r} = -\frac{ky}{x^2+y^2},$$

$$\mathrm{v_y} = k\frac{\cos\varphi}{r} = \frac{kx}{x^2+y^2}.$$

Hieraus folgt:

$$|\underline{\mathrm{v}}| = \mathrm{v} = \mathrm{v}_\varphi = \frac{k}{r}, \text{ q.e.d.}$$

Es ist üblich, diese Geschwindigkeit, die nur als Umfangsgeschwindigkeit auftritt, mit v_φ zu bezeichnen. Es ist also: $\frac{k}{r} = v_\varphi(r)$ oder

$$\boxed{r\, v_\varphi(r) = \text{const}}\,. \tag{7.29}$$

Wie aus **Bild 7.9 a und b** ersichtlich, sind für den Potentialwirbel die Stromlinien $\psi = \text{const}$ Kreise und die Äquipotentiallinien $\Phi = \text{const}$ radiale Strahlen. Die Strömung besitzt nur Umfangskomponenten v_φ, die nach außen mit 1/r abnehmen. Wieder stellt der Ursprung (r = 0) einen singulären Punkt mit $v_\varphi \to \infty$ dar. Der rechte Teil des **Bildes 7.9** zeigt die Geschwindigkeitsverteilung $v_\varphi(r)$ in einem Potentialwirbel. Es soll schon jetzt darauf hingewiesen werden, dass sich natürliche Wirbel wie RANKINE-Wirbel im Außenbereich annähernd wie ein Potentialwirbel, im Innern aber wie ein Festkörperwirbel verhalten (s.a. Kap.I-8.1).

7.2.4 Dipolströmung

Unter einer Dipolströmung versteht man das Strömungsfeld in der Umgebung eines sog. Dipolfadens. Ein Dipolfaden stellt eine Singularität dar, bei der ein Quellfaden der Ergiebigkeit $Q \to +\infty$ und ein Senkenfaden der Ergiebigkeit $Q \to -\infty$ unendlich nahe zusammenrücken. **Bild 7.10** stellt diesen Sachverhalt dar.

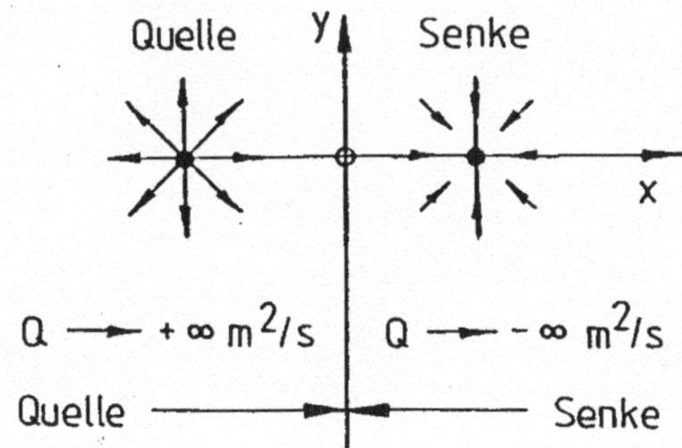

Bild 7.10 Zur Entstehung des Dipols

Hierdurch entsteht folgendes Strömungsbild, s. **Bild 7.11,** das im Folgenden mathematisch beschrieben werden soll.

Hierzu lautet das komplexe Strömungspotential:

$$\boxed{W(z) = \frac{k}{z}} . \tag{7.30}$$

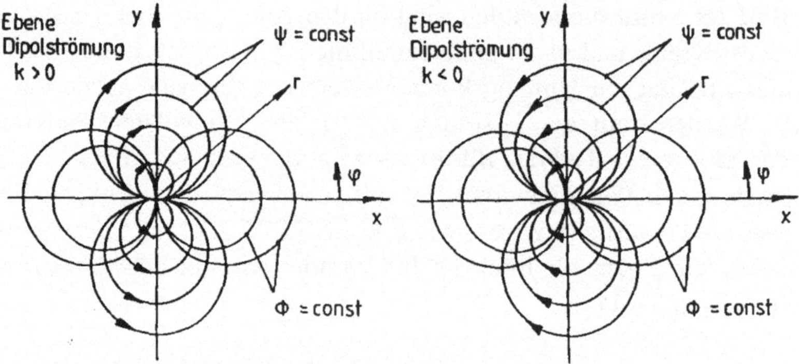

Bild 7.11 Stromlinien $\psi = \text{const}$ (Kreise) und Äquipotentiallinien $\Phi = \text{const.}$ für zwei ebene Dipolströmungen W(z)=k/z

Das **Bild 7.11** zeigt auf der linken Seite die Stromlinien ψ= const für k > 0 und auf der rechten Seite für k < 0. Die Äquipotentiallinien ϕ = const stehen wie gefordert senkrecht zu den Stromlinien ψ= const. $\psi\ (x,y)$ und $\phi\ (x,y)$ stellen Kreise dar. Um v_x und v_y zu erhalten, wird folgender Weg eingeschlagen:

$$W = \frac{k}{z} = \frac{k}{r} e^{-i\varphi} = \frac{k}{r} \cos\varphi + i \frac{(-k)}{r} \sin\varphi .$$

Mit $\cos\varphi = \dfrac{x}{r} = \dfrac{x}{\sqrt{x^2 + y^2}}$ und $\sin\varphi = \dfrac{y}{r} = \dfrac{y}{\sqrt{x^2 + y^2}}$ folgt:

$$\Phi(x, y) = \frac{k}{r} \cos\varphi = \frac{kx}{x^2 + y^2} \quad \text{und}$$

$$\Psi(x, y) = \frac{-k}{r} \sin\varphi = \frac{-ky}{x^2 + y^2} .$$

Die Linien Φ=const. (Äquipotentiallinien) stellen Kreise durch den Nullpunkt mit Mittelpunkten auf der x-Achse dar, die Linien Ψ = const (Stromlinien) ebenfalls Kreise durch den Nullpunkt, jedoch mit Mittelpunkten auf der y-Achse. Für k > 0 verlaufen die Stromlinien Ψ = const im positiven y-Bereich im Uhrzeigersinn, für k < 0 entgegen dem Uhrzeigersinn.

Die Geschwindigkeiten v_x und v_y werden z.B. nach den Gln.(7.4) und (7.5) wie folgt berechnet:

$$v_x = \frac{\partial \Psi}{\partial y} = \frac{k\left(y^2 - x^2\right)}{\left(x^2 + y^2\right)^2} = -\frac{k \cos 2\varphi}{r^2}, \tag{7.31}$$

$$v_y = -\frac{\partial \Psi}{\partial x} = \frac{-2kxy}{\left(x^2 + y^2\right)^2} = -\frac{k \sin 2\varphi}{r^2}. \tag{7.32}$$

Der Betrag der Geschwindigkeit ist:

$$|\underline{v}| = \sqrt{v_x^2 + v_y^2} = k / r^2 .$$

Die Geschwindigkeit im Dipolfeld nimmt also umgekehrt proportional mit dem Quadrat des Abstands ab. Wenn auch die Dipolströmung wenig anschaulich ist, so hat sie doch ihre große Bedeutung bei der mathematischen Behandlung mehrerer überlagerter Potentialströmungen. Dies wird am folgenden Beispiel erläutert.

7.2.5 Umströmung eines nichtrotierenden Zylinders

Hierbei handelt es sich um die Überlagerung zweier Potentialströmungen, und zwar einer Parallelströmung und einer Dipolströmung. Die zusammengesetzte Strömung geht aus **Bild 7.12** hervor. Ihr komplexes Potential lautet:

$$\boxed{W(z) = v_\infty z + \frac{v_\infty R^2}{z}}. \tag{7.33}$$

Hierbei wird die Parallelströmung durch das komplexe Potential $W_P = v_\infty z$ und das der Dipolströmung durch $W_D = \dfrac{v_\infty R^2}{z}$ repräsentiert.

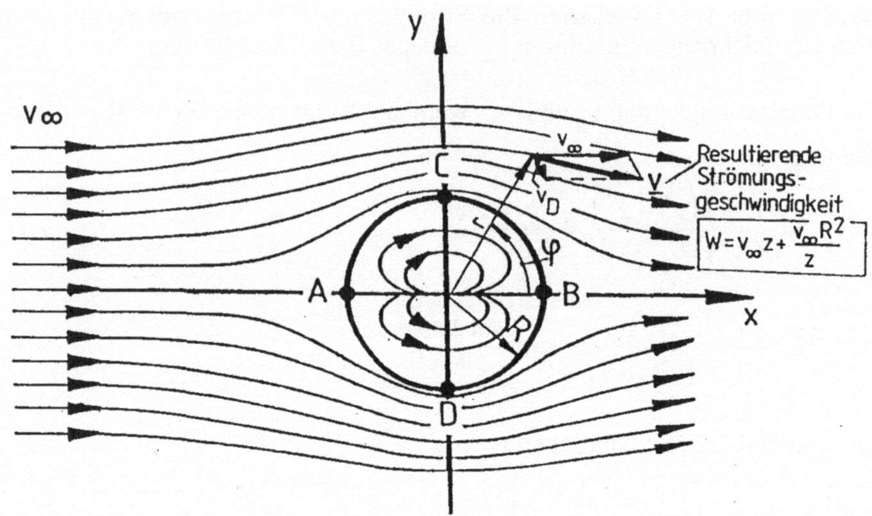

Bild 7.12. Zur Definition der ebenen Zylinderumströmung mit der Parallelströmungsgeschwindigkeit v_∞ und der Dipolgeschwindigkeit v_D

Leitet man Gl.(7.33) nach z ab, so erhält man mit $z^2 = r^2 e^{i2\varphi}$ und $\dfrac{1}{z^2} = \dfrac{1}{r^2} e^{-i2\varphi} = \dfrac{1}{r^2}(\cos 2\varphi - i \sin 2\varphi)$:

$$\frac{dW}{dz} = v_\infty - \frac{v_\infty R^2}{r^2}(\cos 2\varphi - i \sin 2\varphi) = v_x - i\, v_y \text{, s. Gl.(7.7).}$$

Hieraus folgt:

$$\boxed{v_x = v_\infty - \frac{v_\infty}{(r/R)^2} \cos 2\varphi}, \tag{7.34}$$

$$\boxed{v_y = -\frac{v_\infty}{(r/R)^2} \sin 2\varphi}. \tag{7.35}$$

Aus den Gln.(7.34) und (7.35) lässt sich

$v = \sqrt{{v_x}^2 + {v_y}^2}$ bzw.

$$\boxed{\frac{v}{v_\infty} = \frac{\sqrt{{v_x}^2 + {v_y}^2}}{v_\infty}} \tag{7.36}$$

gewinnen.

Bild 7.13 zeigt diese Funktionen in Abhängigkeit vom Zentriwinkel φ. Man beachte, dass entsprechend **Bild 7.12** φ bei dem hinteren Staupunkt b beginnt und entgegen dem Uhrzeigersinn gerechnet wird.
In den **Bildern 7.12** und **7.13** sind vier Punkte auf dem Zylinder besonders hervorgehoben:

A vorderer Staupunkt (Westen) mit r = R und φ =180° =π,
B hinterer Staupunkt (Osten) mit r = R und φ =0° =0,
C Höchstspantpunkt (Norden) mit r = R und φ =90° =π/2,
D Niedrigstspantpunkt (Süden) mit r = R und φ =270° =3π/2.

Für A und B folgt mit den angegebenen φ-Werten:

$$v_x = 0, v_y = 0, |\underline{v}| = 0 \text{ (Staupunkte).}$$

Für C und D folgt:

$v_x = v_{max}$,

$$\boxed{v_{max} = 2v_\infty} \qquad (7.37)$$

und $v_y = 0$.

Man beachte, dass – typisch für alle Potentialströmungen – an der Wand, außer in A und B, Geschwindigkeiten auftreten. Die **Wandhaftbedingung** ist bei Potentialströmungen **nicht** erfüllt.

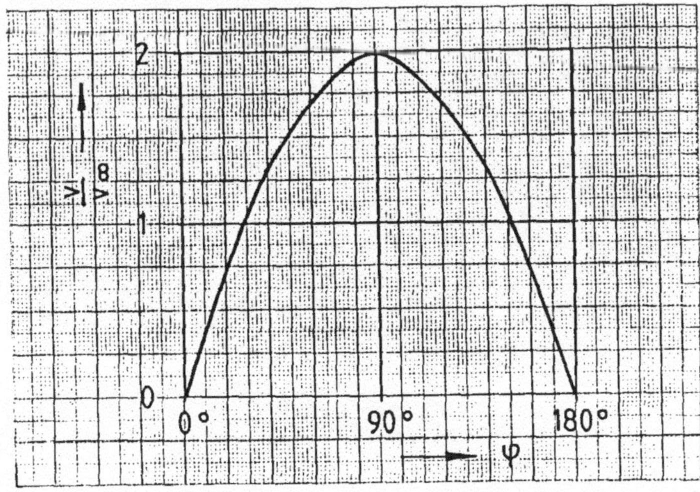

Bild 7.13. Bezogene Potentialgeschwindigkeitsverteilung v über dem Zentriwinkel φ eines querangeströmten Zylinders

Über die BERNOULLI-Gl. $\frac{v^2}{2} + \frac{p}{\rho} + gz = \text{const}$ soll nun die Druckverteilung über dem Zylinderumfang berechnet werden. Betrachtet man die Strömung in der konstanten Höhe z, so ist:

$$\frac{p - p_\infty}{\rho} = \frac{v_\infty^{\ 2} - v^2}{2}. \tag{7.38}$$

Es ist üblich, einen sog. **Druckkoeffizienten** c_p für derartige Strömungsprobleme zu definieren:

$$\boxed{c_p = \frac{p - p_\infty}{\frac{\rho}{2} v_\infty^{\ 2}}}. \tag{7.39}$$

Mit Gl.(7.38) folgt hieraus:

$$\boxed{c_p = 1 - \left(\frac{v}{v_\infty}\right)^2}. \tag{7.40}$$

Im **Bild 7.14** ist die potentialtheoretische Druckverteilung über dem Zylinderumfang als Funktion des Druckkoeffizienten c_p vom Zentriwinkel φ dargestellt. Bemerkenswert ist:

$c_p = 0$ für $\varphi = 30°$ und $150°$,

$c_p = 1$ für $\varphi = 0°$ und $180°$ und

$c_p = -3$ für $\varphi = 90°$ und $270°$.

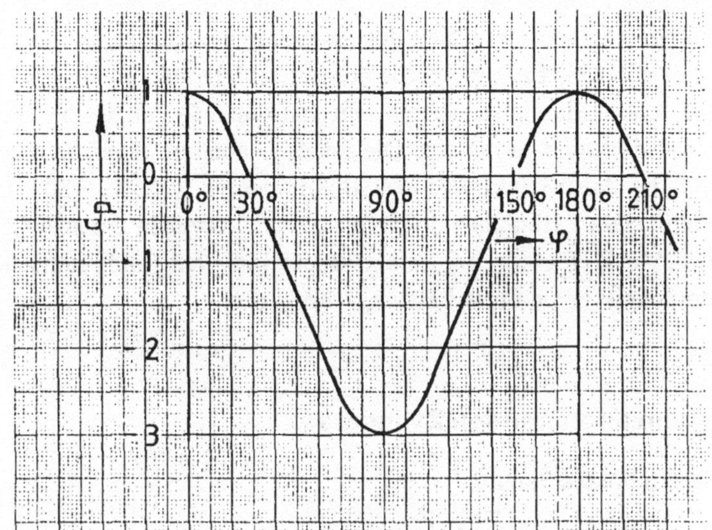

Bild 7.14. Druckkoeffizient c_p über dem Zentriwinkel φ eines querangeströmten Zylinders

Die Tatsache, dass $c_p = 0$ für φ = 150° ist, nutzt man bei der sog. **Zylindersonde** aus, die in **Bild 7.15** im Querschnitt dargestellt ist.

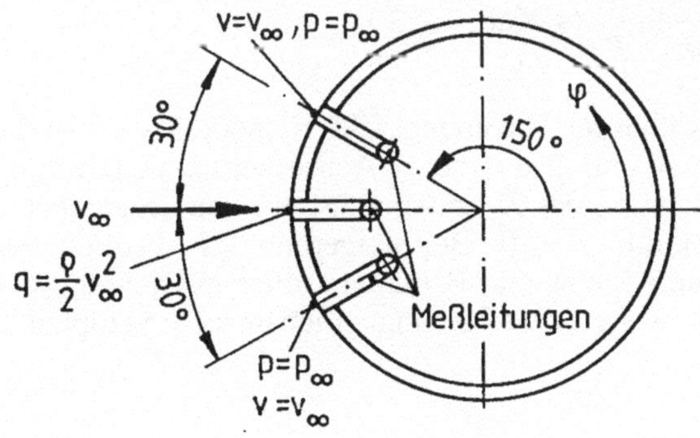

Bild 7.15 Querschnitt einer Zylindersonde

Dreht man die mittlere Bohrung φ = 180° der Zylindersonde derart, dass für die unter 30° geneigt stehenden Nachbarbohrungen φ = 150° und φ = 210° die gleichen Druckwerte gemessen werden, so steht diese mittlere Bohrung genau in Strömungsrichtung. So kann hieraus der dynamische Druck

$q = (\rho/2)\,\mathrm{v}_\infty^{\;2}$ ermittelt werden und – wenn die Zylindersonde mit einer Winkelmesseinrichtung versehen ist – auch der Anströmwinkel. An dieser Stelle ist mit $c_\mathrm{p} = 0$ bei φ = 150° bzw. φ = 210° der statische Druck $p = p_\infty$; so ist es möglich, über diese Messleitung auch den statischen Druck in der Strömung mit der Zylindersonde zu messen. Die Sonden haben im Kopfstück eine Endplatte, damit die Anströmung der drei Bohrungen (φ = 150°, 180° und 210°) eben verläuft. Die Zylindersonde ist mit diesen Vorzügen ein sehr häufig eingesetztes Messgerät für Strömungsgeschwindigkeit und statischen Druck mit einem relativ guten Preis-Leistungsverhältnis.

7.2.6 Umströmung eines rotierenden Zylinders

Hierzu lautet das komplexe Potential:

$$\boxed{W(z) = \mathrm{v}_\infty z + \frac{\mathrm{v}_\infty R^2}{z} + (-i\frac{\Gamma}{2\pi}\ln\frac{z}{R})} \tag{7.41}$$

Es handelt sich hier um die Überlagerung dreier Potentialströmungen:
Parallelströmung $\mathrm{v}_\infty z$, (s. Kap. 7.2.1.),

Dipolströmung $\frac{\mathrm{v}_\infty R^2}{z}$ (s. Kap. 7.2.4.) und

Potentialwirbelströmung $-i\frac{\Gamma}{2\pi}\ln\frac{z}{R}$ (s. Kap. 7.2.3.).

Bild 7.16 gibt einen Überblick über das Strömungsfeld. Bemerkenswert ist die Verschiebung der Staupunkte A und B aus der x-Achse heraus in Richtung negativer y-Werte. Die Drehrichtung des Zylinders muss für den gezeichneten Fall im Uhrzeigersinn erfolgen, d.h. $\Gamma < 0$. Bei Steigerung des Absolutbetrages von Γ wandern die Staupunkte A und B immer weiter in Richtung des Niedrigstspantpunktes D. Bei weiterer Steigerung ergeben sich Staupunkte innerhalb der Strömung.

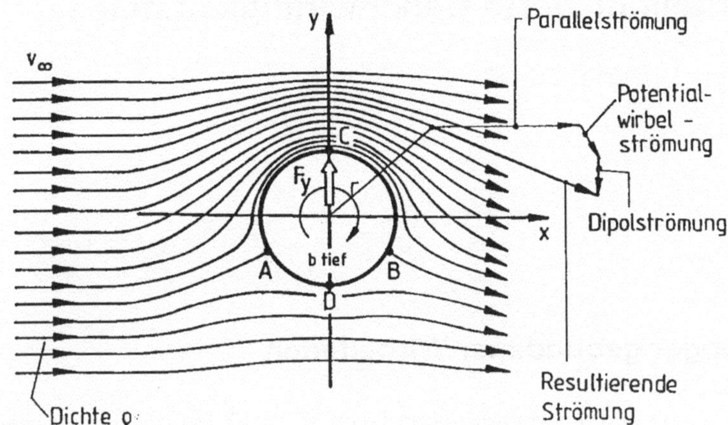

Bild 7.16 Ebene Umströmung eines rotierenden Zylinders

Die Tatsache, dass sich die Staupunkte A und B unterhalb des rotierenden Zylinders befinden, führt zu einem aus der Druckverteilung herleitbaren Auftrieb F_y. Bezeichnet man die Zylindertiefe mit b, so ist aus der Potentialtheorie berechenbar und von KUTTA und JOUKOWSKY schon 1902 angegeben:

$$\boxed{\frac{F_y}{b} = \rho\, v_\infty \Gamma}\,. \tag{7.42}$$

Es ist also festzustellen, dass in einer Potentialströmung um einen rotierenden Zylinder zwar ein Auftrieb, aber kein Widerstand auftritt. Diese Tatsache wird in der Strömungslehre als **d'ALEMBERT[14]-Paradoxon** bezeichnet. Es lautet allgemein formuliert: Ein Körper in einer stationären ebenen Potentialströmung eines inkompressiblen reibungsfreien Fluids erfährt keinen Widerstand $F_x / b = 0$, jedoch einen Auftrieb $F_y / b = \rho\, v_\infty \Gamma$, wenn innerhalb der Körperkontur eine Zirkulation Γ wirkt. Der nach Gl. (7.42) berechnete Auftrieb bewirkt, dass sich z.B. rotierende Bälle oder rotierende Partikel auf gekrümmten Bahnen bewegen. Der Effekt hat auch eine technische Anwendung gefunden, die sich aus wirtschaftlichen Gründen noch nicht durchgesetzt hat: der FLETTNER-Rotor (Literatur: WAGNER, C.D. Die Segelmaschine (FLETTNER Rotor), Kabel Verlag Hamburg 1991.

Übungsaufgaben zu diesem Kapitel finden sich unter:
www.tu-berlin.de/~fsd

[14] D'ALEMBERT, Jean Le Rond, geb. 1717 in Paris, gest. 1783 in Paris. Französischer Philosoph und Mathematiker, 1751 Encyclopédie, u.a. Aufstellung von Extremalprinzipien der Mechanik (Differentialprinzip der virtuellen Verrückung).

8 Wirbelinduzierte Geschwindigkeitsfelder

8.1 Endlich langer gebundener Wirbelfaden

Bild 8.1 zeigt einen endlich langen gebundenen Wirbelfaden mit dem Wirbelpunkt (Q). Die Wirbelpunktkoordinaten werden mit den griechischen Buchstaben ξ, η, ζ bezeichnet. Der endlich lange gebundene Wirbelfaden erstreckt sich von A nach B und liegt auf der ζ -Achse, so dass sich die Koordinaten des laufenden Punktes (Q) sich wie folgt darstellen lassen:

$$(Q) = (\xi = 0, \eta = 0, \zeta).$$

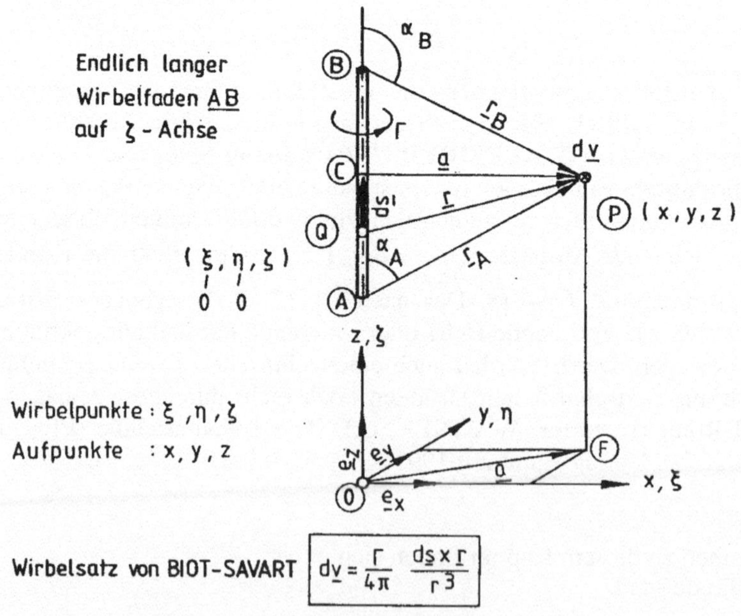

Bild 8.1 Zur Erläuterung des Wirbelsatzes von BIOT-SAVART, $\underline{r}_B \ldots \underline{r}_A$ im oberen Bildteil stellen Projektionen auf die x-z-Ebene dar

Die Koordinaten des festen Aufpunktes (P) werden mit den lateinischen Buchstaben x,y,z bezeichnet:

$$(P)=(x,y,z).$$

Bei der Anwendung des Wirbelsatzes von BIOT-SAVART

$$d\underline{v}=\frac{\Gamma}{4\pi}\frac{\mathrm{d}\underline{s}\times\underline{r}}{r^3}\text{ ,Gl.(I-8.14)}$$

treten in diesem Falle folgende Größen auf:

$\mathrm{d}\underline{s}=(0,0,\mathrm{d}\zeta)=\underline{e}_z\mathrm{d}\zeta$ mit $\underline{e}_z$ dem Einheitsvektor auf der ζ-Achse,

$$\underline{r}=\underline{Q0}+\underline{0P}=-\underline{e}_z\zeta+\underline{e}_x x+\underline{e}_y y+\underline{e}_z z=\underline{e}_x x+\underline{e}_y y+\underline{e}_z(z-\zeta)=(x,y,z-\zeta)$$

$$\mathrm{d}\underline{s}\times\underline{r}=\begin{vmatrix}\underline{e}_x & \underline{e}_y & \underline{e}_z\\ 0 & 0 & \mathrm{d}\zeta\\ \mathrm{x} & y & z-\zeta\end{vmatrix}=\underline{e}_x(0-y\mathrm{d}\zeta)-\underline{e}_y(0-x\mathrm{d}\zeta)+\underline{e}_z(0-0)$$

$$=(-y\mathrm{d}\zeta,+x\mathrm{d}\zeta,0).$$

Eingesetzt in die Gl. des Wirbelsatzes von BIOT-SAVART ergibt sich:

$$\boxed{\mathrm{d}\underline{v}=\frac{\Gamma}{4\pi}\frac{(-y,+x,0)\,\mathrm{d}\zeta}{\mathrm{r}^3}}\tag{8.1}$$

mit

$$\mathrm{dv}_x=\frac{\Gamma}{4\pi}\frac{(-y)}{\mathrm{r}^3}\mathrm{d}\zeta,$$

$$\mathrm{dv}_y=\frac{\Gamma}{4\pi}\frac{x}{\mathrm{r}^3}\mathrm{d}\zeta,$$

$$\mathrm{dv}_z=0\text{ und}$$

$$\mathrm{d}\zeta=\mathrm{d}s.$$

Integriert man Gl.(8.1) von (A) nach (B), so erhält man die in (P) vom Wirbelfaden AB induzierte Geschwindigkeit $\underline{v}$:

$$\underline{v}=\int_{\zeta_A}^{\zeta_B}\frac{\Gamma}{4\pi r^3}(-y,x,0)\mathrm{d}\zeta\ .$$

Der Klammerausdruck ist von ζ unabhängig und kann daher mit den anderen Konstanten vor das Integral geschrieben werden:

$$\underline{v} = \frac{\Gamma(-y,x,0)}{4\pi} \int_{\zeta_A}^{\zeta_B} \frac{d\zeta}{r^3} . \tag{8.2}$$

Im Folgenden soll eine geschlossene Lösung für das Integral angegeben werden. Dafür wird die Größe $\underline{a}$ eingeführt:

$\underline{a}$ vektorieller Abstand des Wirbelfadens vom Aufpunkt (P) (s. **Bild 8.1**),

$\underline{a} = \underline{CO} + \underline{OP} = -\underline{e}_z z + \underline{e}_x x + \underline{e}_y y + \underline{e}_z z = \underline{e}_x x + \underline{e}_y y$,

$a^2 = x^2 + y^2$.

Weiterhin spielt der Radiusvektor von (Q) nach (P) eine entscheidende Rolle:

$\underline{r} = \underline{QC} + \underline{a} = \underline{e}_z (z - \zeta) + \underline{a}$,

$r^2 = a^2 + (z-\zeta)^2$,

$$r^3 = \left[a^2 + (z-\zeta)^2\right]^{3/2} . \tag{8.3}$$

Gl.(8.3) in Gl.(8.2) eingesetzt ergibt:

$$\underline{v} = \frac{\Gamma(-y,x,0)}{4\pi} \int_{\zeta_A}^{\zeta_B} \frac{d\zeta}{\left[a^2 + (z-\zeta)^2\right]^{3/2}}$$

$$= -\frac{\Gamma(-y,x,0)}{4\pi} \left[\frac{(z-\zeta)}{a^2 \left[a^2 + (z-\zeta)^2\right]^{1/2}} \right]_{\zeta_A}^{\zeta_B}$$

$$= -\frac{\Gamma(-y,x,0)}{4\pi} \left[\frac{(z-\zeta)}{a^2 r} \right]_{\zeta_A}^{\zeta_B} .$$

Somit erhält man schließlich:

$$\underline{v} = \frac{\Gamma(-y,x,0)}{4\pi} \left[\frac{(z-\zeta_A)}{a^2 r_A} - \frac{(z-\zeta_B)}{a^2 r_B} \right] . \tag{8.4}$$

Mit $\cos\alpha_A = \dfrac{(z-\zeta_A)}{r_A}$ und $\cos\alpha_B = \dfrac{(z-\zeta_B)}{r_B}$ folgt:

$$\underline{v} = \frac{\Gamma(-y, x, 0)}{4\pi}\left[\frac{\cos\alpha_A - \cos\alpha_B}{a^2}\right]. \tag{8.5}$$

Gl.(8.5) kann wie folgt aus der Vektorform in die Betragsform überführt werden:

$$v = \frac{\Gamma}{4\pi}\frac{\cos\alpha_A - \cos\alpha_B}{a^2}\left[(-y)^2 + x^2\right]^{1/2}$$

mit $a = \left[(-y)^2 + x^2\right]^{1/2}$.

So ergibt sich schließlich die bekannteste Form des **Wirbelsatzes von BIOT-SAVART**:

$$v = \frac{\Gamma}{4\pi}\frac{\cos\alpha_A - \cos\alpha_B}{a} \tag{8.6}$$

Man beachte, dass Gl.(8.6) die induzierte Geschwindigkeit als **Größe** v angibt; der **Vektor** $\underline{v}$, Gl.(8.5) steht senkrecht zu dem Wirbelfaden $\underline{AB}$, ohne ihn zu schneiden ($\underline{AB}$ und $\underline{v}$ bilden keine Ebene).

8.2 Unendlich langer gebundener Wirbelfaden

Die von einem unendlich langen gebundenen Wirbelfaden in (P) induzierte Geschwindigkeit kann aus den Gln.(8.5) und (8.6) abgeleitet werden:

$$v = \frac{\Gamma}{2\pi\, a} \tag{8.7}$$

mit

$\zeta_A \to -\infty, \alpha_A = 0, \cos\alpha_A = 1$,

$\zeta_B \to +\infty, \alpha_B = \pi, \cos\alpha_B = -1$ und

$\cos\alpha_A - \cos\alpha_B = 2$.

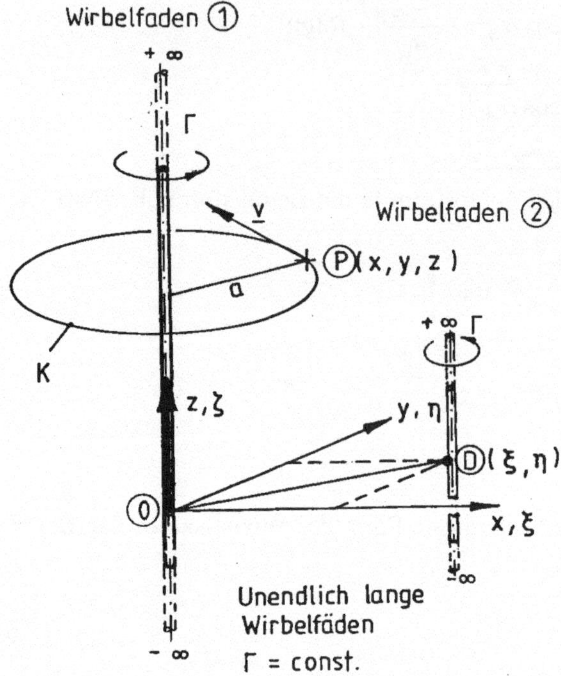

Bild 8.2 Zur Erläuterung des Wirbelsatzes von BIOT-SAVART für zwei unendlich lange gebundene Wirbelfäden

In vektorieller Schreibweise lautet Gl.(8.5) für $\cos\alpha_A - \cos\alpha_B = 2$:

$$\boxed{\underline{v} = \frac{\Gamma(-y, x, 0)}{2\pi\, a^2}} \quad . \tag{8.8}$$

Die Komponenten dieses Geschwindigkeitsvektors $\underline{v}$ sind:

$$v_x = -\frac{\Gamma y}{2\pi a^2} \ ,$$

$$v_y = \frac{\Gamma x}{2\pi a^2} \ \text{und}$$

$$v_z = 0 \ .$$

Die Größe des Vektors ist $v = \sqrt{{v_x}^2 + {v_y}^2}$, woraus sich wieder Gl.(8.7) ergibt. Aus Gl.(8.7) ist bei Anwendung auf einen Hurrikane mit der Zirkulation Γ festzustellen, dass sich die induzierte Geschwindigkeit v reziprok zum Abstand a verringert. Die zerstörerische Wirkung eines Hurrikans nimmt also nur langsam nach außen ab.

Liegt der Wirbeldurchstoßpunkt durch die ξ,η -Ebene nicht in (O) (0,0), sondern in (D)(ξ,η), so erhält man entsprechend Gl.(8.8):

$$\underline{v} = \frac{\Gamma[-(y-\eta),(x-\xi),0]}{2\pi\, a^2} \tag{8.9}$$

mit den Komponenten:

$$v_x = \frac{-\Gamma(y-\eta)}{2\pi\, a^2}, \quad v_y = \frac{\Gamma(x-\xi)}{2\pi\, a^2} \quad \text{und} \quad v_z = 0 \ .$$

Der Betrag des Vektors Gl.(8.9) ist wieder $v = \Gamma/(2\pi\ a)$ wie Gl.(8.7).

Ein unendlich langer Wirbelfaden der konstanten Zirkulation Γ induziert also in allen Punkten (P) außerhalb des Wirbelfadens eine Geschwindigkeit, die umgekehrt proportional zum Abstand a ist. Man beachte auch, dass die induzierte Geschwindigkeit $\underline{v}$ nur aus einer Umfangsgeschwindigkeit besteht, also keine Axial- und Radialkomponenten enthält. Der unendlich lange gebundene Wirbelfaden ist identisch mit dem in Kap.7.2.3. behandelten Potentialwirbel.

8.3 Zwei freie Wirbelfäden mit gegensinniger Zirkulation

In **Bild 8.3** sind zwei gegenläufige unendlich lange freie Wirbelfäden der absoluten Zirkulation $|\Gamma|$ parallel zur ξ-Achse angegeben. Die Durchstoßpunkte durch die ξ,η -Ebene liegen in $(Q)_1(-L,0,0)$ und $(Q)_2(+L,0,0)$.

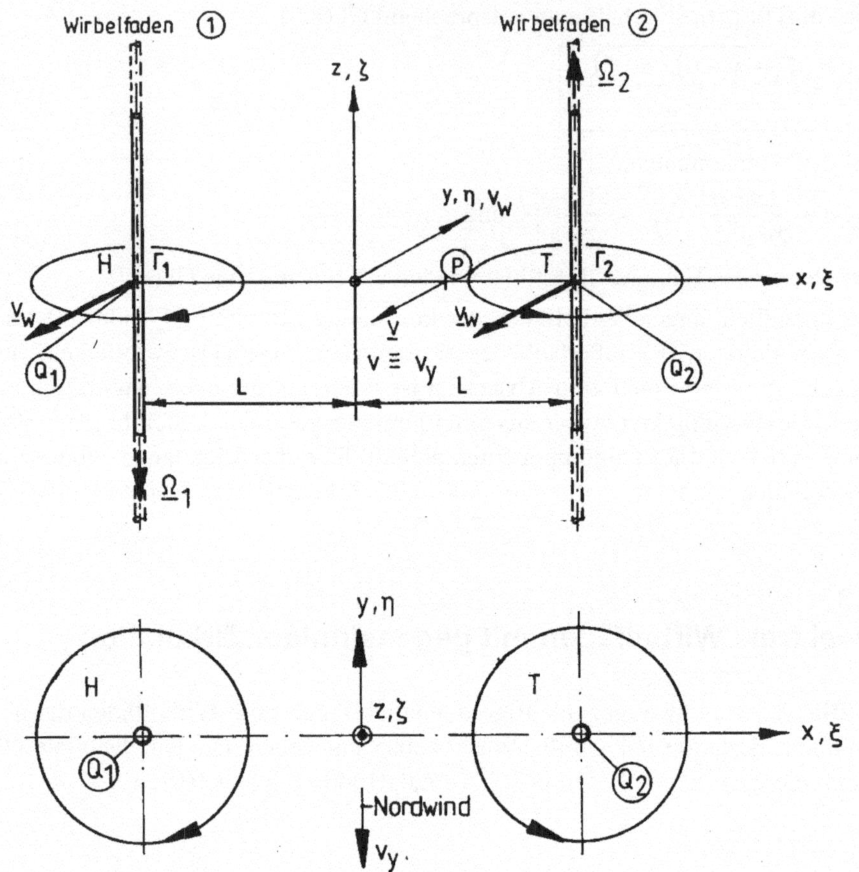

Bild 8.3 Zur Erläuterung des Wirbelsatzes von BIOT-SAVART für zwei freie Wirbelfäden mit gegensinniger Zirkulation, vergl. Wetterkarte, H Hochdruckgebiet, T Tiefdruckgebiet

Im Folgenden soll das von den beiden Wirbeln induzierte Geschwindigkeitsfeld mit Hilfe des Wirbelsatzes von BIOT-SAVART ermittelt werden.

Gegeben:

- Zirkulation $\Gamma = \Gamma_1 = \Gamma_2$ (Γ_1 im Uhrzeigersinn, Γ_2 gegen Uhrzeigersinn),
- Wirbelfadenabstand 2L.

Vorausgesetzt:

- Aufpunkt (P) liegt auf der x-Achse,
- Zwei unendlich lange freie Wirbelfäden (1) und (2), parallel zur ξ-Achse, verlaufen durch die Punkte (Q_1) und (Q_2) mit

$(Q_1) = (\xi_1 = -L, \eta_1 = 0\ m, \zeta_1 = 0\ m)$ und
$(Q_2) = (\xi_2 = +L, \eta_2 = 0\ m, \zeta_2 = 0\ m)$.

- Die Zirkulationen der beiden Wirbelfäden betragen:
  $\Gamma_1 = -\Gamma$ (linksdrehend, < 0, $\underline{\Omega}_1$ zeigt **gegen** ζ -Richtung,
  $\Gamma_2 = +\Gamma$ (rechtsdrehend, > 0, $\underline{\Omega}_2$ zeigt **in** ζ -Richtung.

Gesucht:
1. Induzierte Geschwindigkeit $\underline{\mathrm{v}}$ nach Größe und Richtung in (P) und
2. Eigenbewegungsgeschwindigkeit $\underline{\mathrm{v}}_\mathrm{w}$ der beiden freien **Wirbel**.

Lösung:
Zu 1.:
Die induzierte Geschwindigkeit $\underline{\mathrm{v}}$ wird aus zwei Anteilen zusammengesetzt, aus der Induktion des Wirbelfadens (1) und der des Wirbelfadens (2), d.h:

$$\boxed{\underline{\mathrm{v}} = \underline{\mathrm{v}}_1 + \underline{\mathrm{v}}_2}\,. \tag{8.10}$$

Die Überlagerung ist nur bei Potentialströmungen, wie hier vorliegend, zulässig. Unter Anwendung des BIOT-SAVART-Wirbelsatzes in der Form von Gl.(8.9) gilt für die von beiden Wirbeln in (P) induzierte Geschwindigkeit:

$$\underline{\mathrm{v}} = \frac{\Gamma_1[-(0-0),(x+L),0]}{2\pi(L+x)^2} + \frac{\Gamma_2[-(0-0),(x-L),0]}{2\pi(L-x)^2}\,.$$

Der erste Term stellt $\underline{\mathrm{v}}_1$, der zweite $\underline{\mathrm{v}}_2$ dar. Mit $\Gamma_1 = -\Gamma$, $\Gamma_2 = +\Gamma$, $(L-x)^2 = (x-L)^2$ und $\frac{-1}{x+L} + \frac{1}{x-L} = \frac{2L}{x^2-L^2}$ folgt der Geschwindigkeitsvektor $\underline{\mathrm{v}}$ für y = 0 m:

$$\boxed{\underline{\mathrm{v}} = \frac{L\Gamma}{\pi\left(x^2-L^2\right)}(0, 1, 0)}\,. \tag{8.11}$$

Der Betrag des Geschwindigkeitsvektors lautet:

$$\boxed{\mathrm{v(x)} = \frac{L\Gamma}{\pi\left(x^2-L^2\right)}} = \mathrm{v}_\mathrm{y} = \mathrm{v}(x)\,. \tag{8.12}$$

Bild 8.4 stellt diesen Zusammenhang graphisch dar.

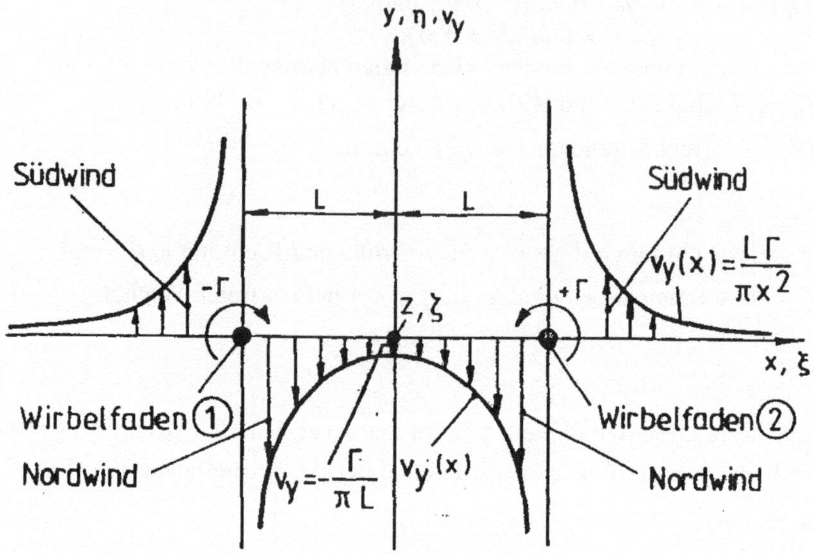

Bild 8.4. Zwei freie Wirbelfäden mit gegensinniger Zirkulation (s. Bild 8.3)

Die in den **Bildern 8.3** und **8.4** eingetragenen Bezeichnungen Nordwind bzw. Südwind stammen aus der Meteorologie, wenn man den Wirbelfaden (1) als Hochdruckgebiet H und den Wirbelfaden (2) als Tiefdruckgebiet deutet. Es ist bekannt, dass auf der nördlichen Halbkugel sich die Winde im Hochdruckgebiet im Uhrzeigersinn und im Tiefdruckgebiet gegen den Uhrzeigersinn drehen.

Im folgenden sollen drei Sonderfälle behandelt werden:
a) $x \to 0$: Gl.(8.12) geht über in

$$\boxed{v = -\frac{\Gamma}{\pi L}} \,. \tag{8.13}$$

b) $x >> L$, Gl.(8.12) geht über in

$$\boxed{v = \frac{L\,\Gamma}{\pi}\frac{1}{x^2}} \,. \tag{8.14}$$

Im Fernfeld zweier gegenläufiger Potentialwirbel ist also die induzierte Geschwindigkeit umgekehrt proportional zum Quadrat des Abstands.

c) $x = \pm L$: Gl.(8.12) geht über in

$$\boxed{v \to \pm\infty} \,. \tag{8.15}$$

Zu 2.:
Um die Eigenbewegung der Wirbel zu berechnen, muss man davon ausgehen, dass die Wirbel frei sind, d.h. nicht an den Ort gebunden sind und die Bewegung allein durch die gegenseitige Induktion bestimmt wird. Dann gilt aufgrund der Wirbelinduktion (s. **Bild 8.5**) nach Gl.(8.8) mit y = 0 m, x = 2L und a = 2 L:

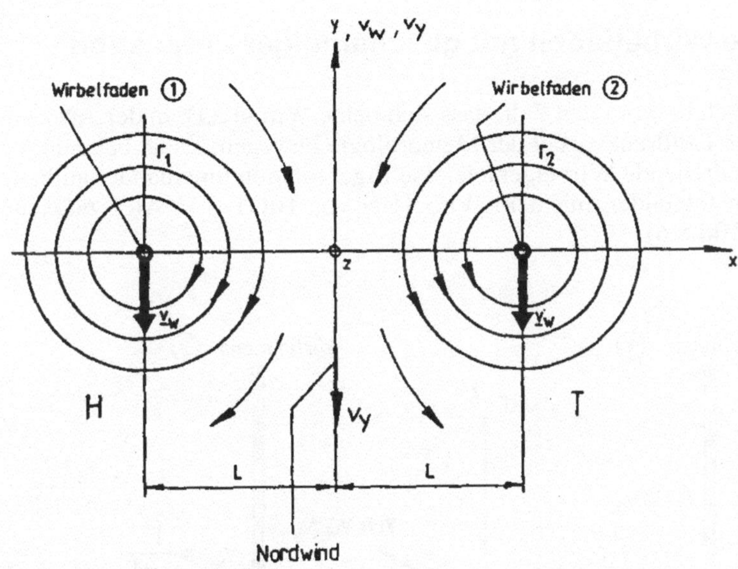

Bild 8.5 Gegenläufiges Wirbelpaar mit Eigenbewegungsgeschwindigkeit $\underline{v}_w$, vergl. Wetterkarte, H Hochdruckgebiet, T, Tiefdruckgebiet

1. Der Wirbelfaden (1) bewegt den Wirbelfaden (2) mit der Geschwindigkeit

$$\boxed{\underline{v}_w = \frac{-\Gamma}{4\pi L}(0,1,0)} \,. \tag{8.16}$$

Die Größe dieses Vektors ist:

$$\boxed{|v_w| = \frac{|\Gamma|}{4\pi L}} \,. \tag{8.17}$$

2. Der Wirbelfaden (2) bewegt den Wirbelfaden (1) mit derselben Geschwindigkeit Gl.(8.16) und derselben Größe Gl.(8.17) nach Süden.

Fazit: Ein einzelner Wirbelfaden kann sich aufgrund eigener Induktion nicht fortbewegen, dagegen bewegt sich ein gegenläufiges Wirbelpaar mit $|v_w| = |\Gamma|/(4\pi L)$ selbst fort. Dies ist z.B. in der Meteorologie bei der Eigenbewegung eines Hochdruckwirbels (im Uhrzeigersinn drehend) mit einem Tiefdruckwirbel (gegen den Uhrzeigersinn drehend) festzustellen.

8.4 Zwei freie Wirbelfäden mit gleichsinniger Zirkulation

Es handelt sich hier um den Fall, dass sich beide Wirbel z.B. in der Art zweier benachbarter Tiefdruckwirbel der Meteorologie bewegen. Es ist bekannt, dass gleichsinnig drehende Wirbelgebiete eine Eigenrotation umeinander aufbauen. Dies soll im folgenden mit dem Wirbelsatz von BIOT-SAVART untersucht werden (s. **Bild 8.6**).

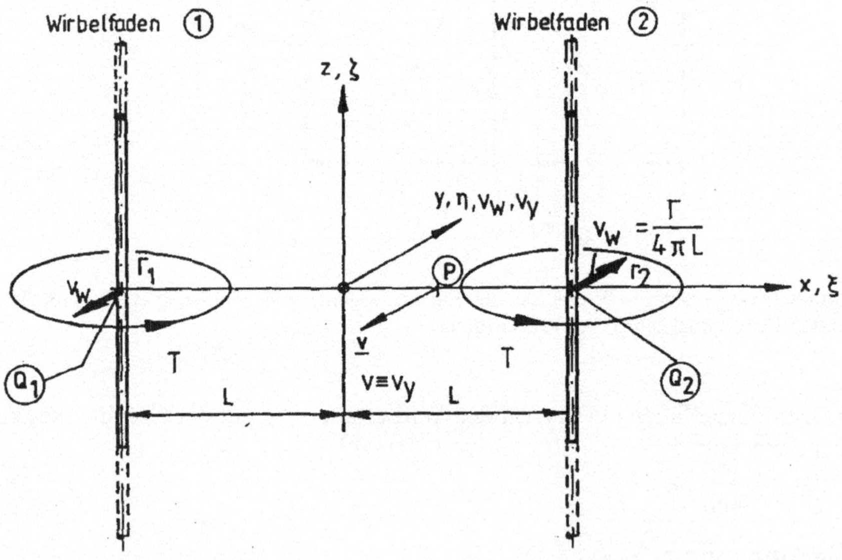

Bild 8.6 Zwei freie Wirbelfäden mit gleichsinniger Zirkulation, vergl. Wetterkarte mit zwei Tiefdruckgebieten T

Gegeben:

- Zirkulation $\Gamma = \Gamma_1 = \Gamma_2$, gegen Uhrzeigersinn drehend,
- Wirbelfadenabstand 2L.

Vorausgesetzt:
- Aufpunkt (P) liegt auf der x-Achse,
- Die beiden unendlich langen freien Wirbelfäden (1) und (2) verlaufen parallel zur z,ζ-Achse, die Durchdringungspunkte in der ξ,η -Ebene sind (Q_1) und (Q_2) mit
$(Q_1) = (\xi_1 = -L, \eta_1 = 0\ m, \zeta_1 = 0\ m)$ und
$(Q_2) = (\xi_2 = +L, \eta_2 = 0\ m, \zeta_2 = 0\ m)$.
- Die Zirkulationen der beiden Wirbelfäden seien in Betrag und Richtung gleich $\Gamma = \Gamma_1 = \Gamma_2 > 0\ m^2/s$ (linksdrehend).

Gesucht:
1. Induzierte Geschwindigkeit $\underline{v}$ in (P) und
2. Eigenbewegungsgeschwindigkeit $\underline{v}_W$ der Wirbel.

Lösung:
Zu 1.: Die Überlagerung zweier Geschwindigkeitsfelder ergibt nach Gl.(8.10): $\underline{v} = \underline{v}_1 + \underline{v}_2$.
Wendet man erneut Gl.(8.9) an, so folgt:

$$\underline{v} = \frac{\Gamma_1}{2\pi(x+L)^2}(-0, x+L, 0) + \frac{\Gamma_1}{2\pi(x-L)^2}(-0, x-L, 0),$$

$$\underline{v} = \left(0, \frac{\Gamma}{2\pi(x+L)}, 0\right) + \left(0, \frac{\Gamma}{2\pi(x-L)}, 0\right) \text{ und}$$

$$\boxed{\underline{v} = \frac{\Gamma\, x}{\pi\left(x^2 - L^2\right)}(0, 1, 0)} \tag{8.18}$$

mit den Komponenten

$$v_x = 0\ m/s,\ v_y = \frac{\Gamma\, x}{\pi\left(x^2 - L^2\right)},\ v_z = 0\ m/s\ .$$

Die Größe beträgt:

$$\boxed{v = \frac{\Gamma}{\pi\, x\left(1 - \dfrac{L^2}{x^2}\right)}}\ . \tag{8.19}$$

Gleichung (8.19) zeigt, dass die Geschwindigkeit v im Fernfeld $x^2 \to \infty$ bzw. $L^2/x^2 \to 0$ dem Gesetz folgt:

$$\boxed{v = \frac{\Gamma}{\pi\, x} \sim \frac{1}{x}}\,. \tag{8.20}$$

Vergleicht man dieses Ergebnis mit der induzierten Geschwindigkeit $v = \Gamma / (2\pi\, r)$, s. Gl.(I-8.3), eines einzelnen Potentialwirbels, so stellt man fest, dass Gl.(8.20) der Induktion eines Potentialwirbels mit der Zirkulation 2Γ entspricht. Im Fernfeld verwischt sich also der Unterschied der geometrischen Lage der beiden gleichsinnig drehenden Wirbel.

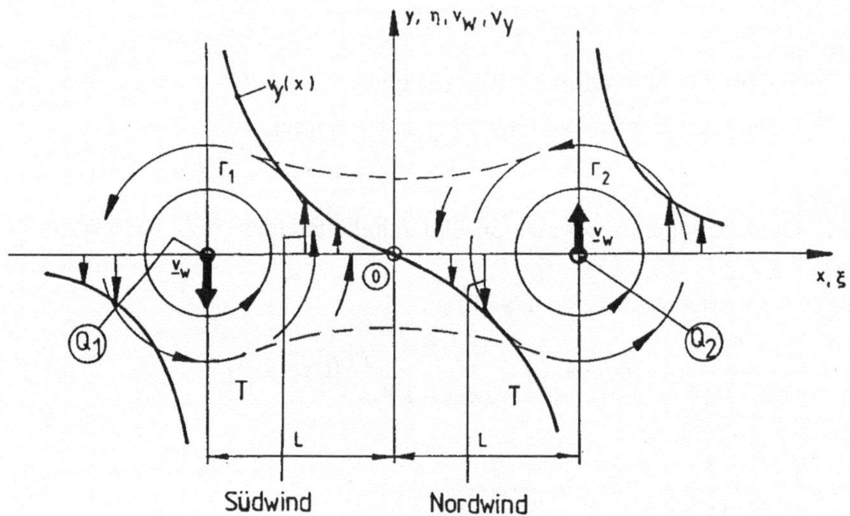

Bild 8.7. Zur Eigenbewegungsgeschwindigkeit $\underline{v}_w$ zweier freier Wirbelfäden mit gleichsinniger Zirkulation, vergl. Wetterkarte, T Tiefdruckgebiet

Zu 2.:
Der einzelne Wirbel induziert auf seinen Nachbarwirbel, s. Gl. (8.17), folgende Geschwindigkeit als absolute Größe:

$$|v_w| = \frac{|\Gamma|}{4\pi L}\,,$$

die sich als Eigenbewegungsgeschwindigkeit des freien Wirbels bemerkbar macht. In **Bild 8.7** sind die gegensinnig verlaufenden Geschwindigkeitsvektoren $\underline{v}_w$ eingetragen. Die beiden Wirbel führen eine Kreisbewegung um den Ursprung (0) aus. Dieser Effekt des Ineinander-Verdrehens zweier gleichsinniger Wirbel ist in der Natur häufig zu beobachten (Wasserwirbel, Luftwirbel).

8.5 Hufeisenwirbelsystem eines Flugzeugs

Bild 8.8 Zeigt das Wirbelsystem eines Flugzeugs. Das System besteht aus gebundenen und freien Wirbeln, sowie aus dem freien Anfahrwirbel.

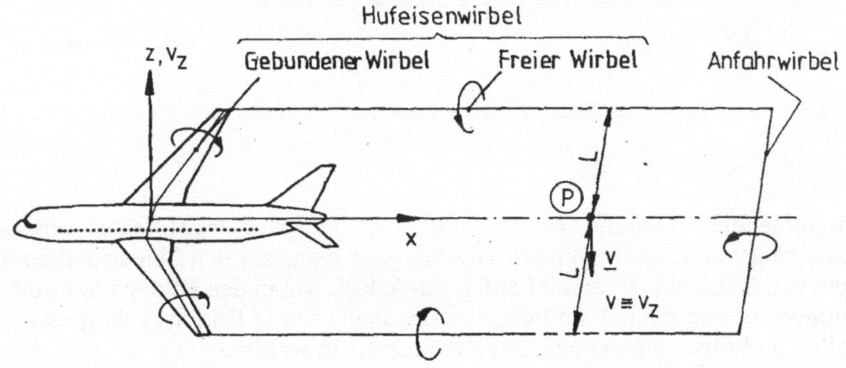

Bild 8.8 Hufeisenwirbelsystem eines Flugzeugs

Bild 8.9 zeigt das hier abgebildete Wirbelsystem in vereinfachter Form. Der Wirbelverlauf von (A) über (B) und (C) nach (D) hat dem Wirbelsystem den Namen **Hufeisenwirbel** eingebracht.

Bei den **gebundenen Wirbeln** handelt es sich um die aerodynamische Simulation der Tragflügel, die zur Vereinfachung durch einen einzelnen Stabwirbel BC(2) s. **Bild 8.9**, ersetzt werden.

Bei den **freien Wirbeln** handelt es sich um Wirbel (1) und (3), die durch die Kantenumströmung der Tragflügel an den Stellen (B) und (C) entstehen (Ausgleichsströmung von der unteren Flügel**druckseite** auf die obere Flügel**saugseite**). Die freien Wirbel setzen sich bis zum Ort des **Anfahrwirbels** (4) fort, der die beiden Wirbel (1) und (3) verbindet.

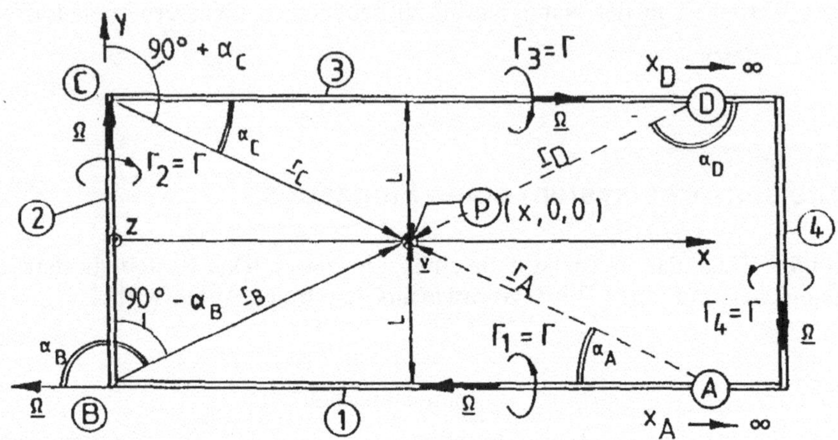

Bild 8.9 Vereinfachte Darstellung des Hufeisenwirbelsystems (vereinfachte Draufsicht zu Bild 8.8)

Im Folgenden sollen die Geschwindigkeitsinduktionen des Hufeisenwirbelsystems näher untersucht werden. Hierbei geht man von den beiden Fällen aus, dass der Aufpunkt (P) einmal auf der x-Achse, wie in den **Bildern 8.8 und 8.9** dargestellt, und einmal auf der y- Achse liegt, wie in **Bild 8.11** dargestellt. Es sollen im Folgenden die beiden Fälle untersucht werden.

1.Fall: (P) auf der x-Achse

Gegeben:

- Zirkulation $\Gamma = \Gamma_1 = \Gamma_2 = \Gamma_3$ und
- Abstand der freien Wirbel (1) und (3): 2L.

Vorausgesetzt:

- Die Wirkung des Anfahrwirbels (4) ist wegen der sehr großen räumlichen Entfernung vernachlässigbar klein: $\underline{v}_4 = \underline{0}$,
- Es treten nur *z*-Komponenten von v auf: $\underline{v} = (0{,}0, v_z)$ und
- Die vom Wirbel (1) induzierten Geschwindigkeiten sind genau so groß, wie die vom Wirbel (3) induzierten: $v_{1.z} = v_{3.z}$.

Gesucht:

v_z in (P) auf der x-Achse

Lösung:
Die induzierte Geschwindigkeit setzt sich aus der Induktion der freien Wirbel (1) und (3) sowie aus der Induktion des gebundenen Wirbels (2) zusammen: $\underline{v} = \underline{v}_1 + \underline{v}_2 + \underline{v}_3$, $v = v_z = 2v_{1.z} + v_{2.z}$. So folgt mit Gl.(8.6) und $\alpha_A \to 0°$:

$$v_{1.z} = \frac{\Gamma}{4\pi L}(\cos\alpha_A - \cos\alpha_B) = -\frac{\Gamma}{4\pi L}\left(1 + \frac{x}{\sqrt{x^2 + L^2}}\right),$$

$$v_{2.z} = \frac{\Gamma}{4\pi\, x}\left[\cos(\alpha_B - 90°) - \cos(90° + \alpha_c)\right] = -\frac{\Gamma}{4\pi\, x}\frac{2L}{\sqrt{x^2 + L^2}}.$$

So folgt weiter:

$$\boxed{v = v_z = -\frac{\Gamma}{2\pi L}\left(1 + \frac{\sqrt{x^2 + L^2}}{x}\right)}. \tag{8.21}$$

Im Fernfeld für $x \to -\infty$ gilt: $v = 0\ m/s$.

Bild 8.10 zeigt die graphische Darstellung von Gl.(8.21). Im Fernfeld x>>L geht Gl.(8.21) über in:

$$\boxed{\underset{x \to +\infty}{v_z} = -\frac{\Gamma}{\pi L}}. \tag{8.22}$$

Die hiermit berechnete induzierte Abwärtsgeschwindigkeit wird praktisch schon in einer Entfernung von ein bis zwei Flugzeuglängen hinter dem Flugzeug erreicht. Man bezeichnet diese Grenzgeschwindigkeit als „Geschwindigkeit des induzierten Abwindes" oder kurz als „Abwind". Der Abwind kann z.B. bei Strahltriebwerken durch deutliche Abwärtsbewegungen der Abgase beobachtet werden.

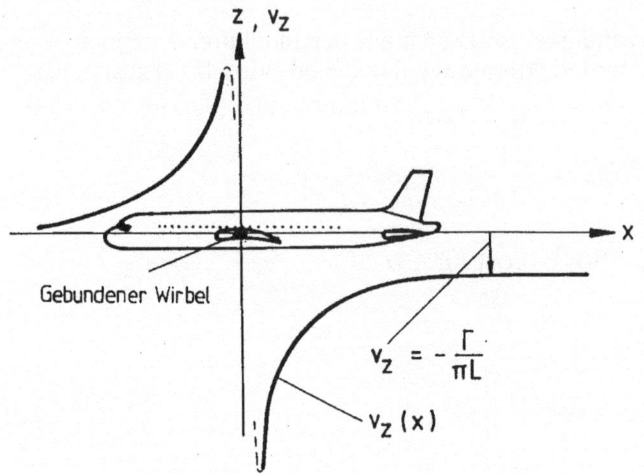

Bild 8.10 Induzierte Geschwindigkeit $v_z(x)$ längs der x-Achse

2.Fall: (P) auf y-Achse

In diesem Falle (**Bild 8.11**) befindet sich der Aufpunkt (P) auf der Tragflügelachse (y-Achse). Hierbei ist zu beachten, dass der gebundene Wirbel auf (P) keinen Einfluss ausüben kann. Die Geschwindigkeiten werden also allein aufgrund der Wirkung der freien Wirbel induziert. Die Eckpunkte (B) und (C) stellen singuläre Punkte dar.

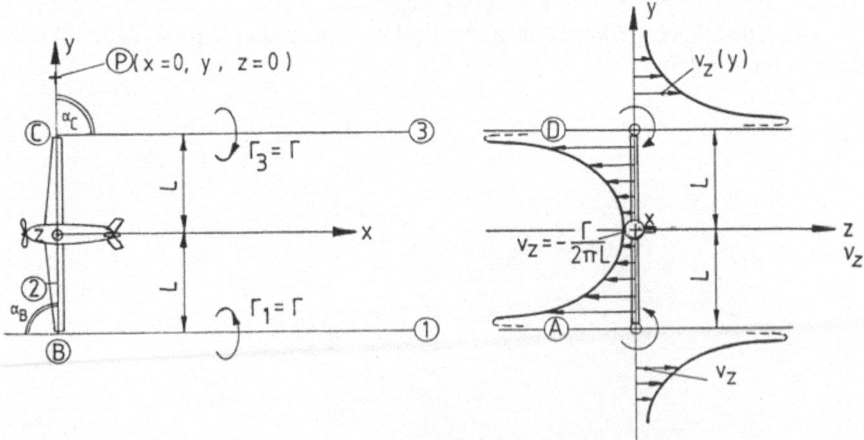

Bild 8.11 Induzierte Geschwindigkeit $v_z(y)$ längs der y-Achse nur unter Einfluss der freien Wirbel (1) und (3)

Bild 8.11 zeigt eine exemplarische Lage des Aufpunktes (P) auf der y-Achse. Das Bild gibt in seinem rechten Teil in geeigneter graphischer Darstellung die zu berechnende Geschwindigkeitsverteilung $v_z(y)$ wieder.

Gegeben:

- Zirkulation $\Gamma = \Gamma_1 = \Gamma_2 = \Gamma_3$ und
- Abstand der freien Wirbel (1) und (3): 2L.

Vorausgesetzt:

- Die Wirkung des Anfahrwinkels ist wegen der sehr großen räumlichen Entfernung vernachlässigbar klein,
- Es treten nur *z*-Komponenten von v auf: $\underline{v} = (0{,}0, v_z)$ und
- Ein Wirbel kann auf seiner eigenen Achse keine Geschwindigkeiten induzieren.

Gesucht:
v_z in (P) auf der y-Achse

Lösung:
Die induzierte Geschwindigkeit setzt sich aus der Induktion der beiden freien Wirbel (1) und (3) zusammen:
$\underline{v} = \underline{v}_1 + \underline{v}_3$, $v = v_z = v_{1.z} + v_{3.z}$ mit

$$v_z = -\frac{\Gamma}{4\pi(y+L)}(\cos\alpha_A - \cos\alpha_B) + \frac{\Gamma}{4\pi(y-L)}(\cos\alpha_C - \cos\alpha_D)\ .$$

Mit $\alpha_A = 0°$, $\alpha_B = 90°$, $\alpha_C = 90°$ und $\alpha_D = 180°$ folgt:

$$\boxed{v_z = \frac{\Gamma}{2\pi}\frac{L}{y^2 - L^2}}\ . \tag{8.23}$$

8.6 Ebene Wirbelschicht

Man geht von einem einzelnen unendlich langen Wirbelfaden der Zirkulation Γ aus, der parallel zur z,ζ-Achse durch den Punkt (Q) $(\xi, \eta = 0\text{ m}, \zeta = 0\text{ m})$ verlaufen soll. **Bild 8.12** zeigt diesen Zusammenhang.

In dem Aufpunkt (P) (x,y,z = 0 m) wird folgende Geschwindigkeit induziert, s. Gl.(8.9) mit $\eta = 0$ m:

$$\boxed{\underline{v} = \frac{\Gamma}{2\pi}\frac{(-y, x-\xi, 0)}{a^2}} \tag{8.24}$$

mit

$$a^2 = (x-\xi)^2 + y^2 .$$

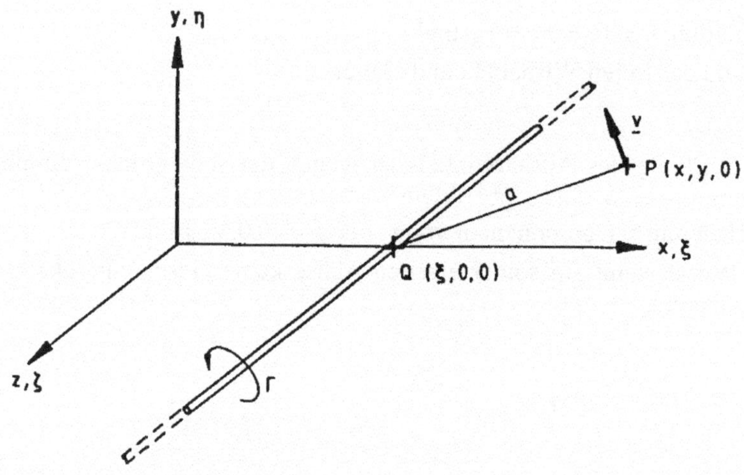

Bild 8.12. Einzelner unendlich langer gebundener Wirbelfaden parallel zur z, ζ-Achse

Verteilt man nun die diskrete Zirkulation Γ auf eine ebene Wirbelschicht mit $-L \le \xi \le +L$ und $\eta = 0\,\mathrm{m}$, so ergibt sich folgender in **Bild 8.13** dargestellter Zusammenhang.

Bezeichnet man die Gesamtzirkulation der ebenen Wirbelschicht mit Γ, Einheit m²/s, die örtliche Zirkulation je Länge mit γ, Einheit m/s, so ergeben sich folgende Relationen:

$$\boxed{\mathrm{d}\Gamma = \gamma\,\mathrm{d}\xi} \tag{8.25}$$

und

$$\boxed{\Gamma = \int_{\xi=-L}^{\xi=+L} \gamma\,\mathrm{d}\xi} . \tag{8.26}$$

Somit ist die Geschwindigkeitsinduktion nach Gl.(8.9) in P(x,y,0):

$$\boxed{\underline{v} = \frac{1}{2\pi}\int_{-L}^{+L} \gamma\,\mathrm{d}\xi\,\frac{(-y, x-\xi, 0)}{(x-\xi)^2 + y^2}} \tag{8.27}$$

mit

$$\boxed{a^2 = (x-\xi)^2 + y^2}\,. \tag{8.28}$$

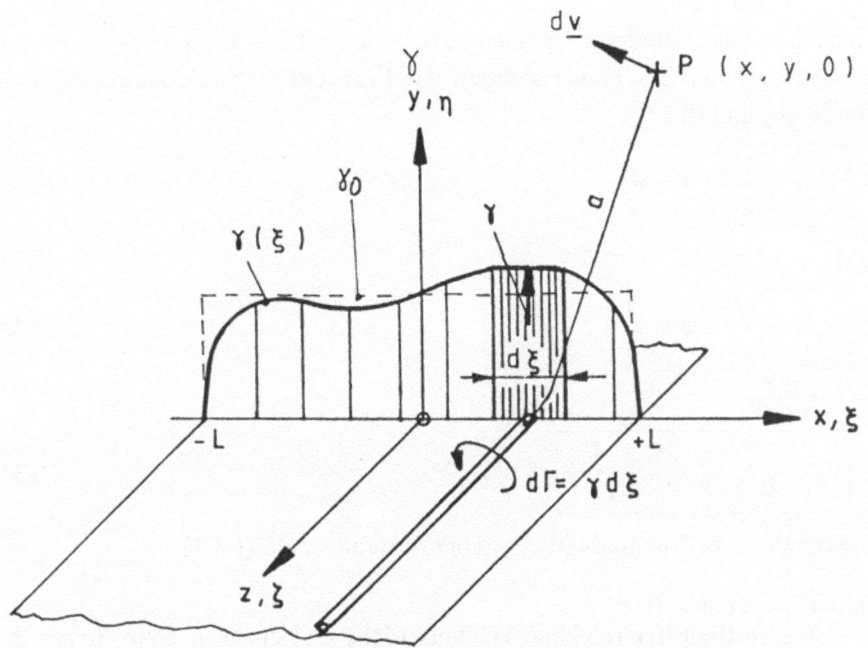

Bild 8.13 Zur Erläuterung der ebenen Wirbelschicht

Betrachtet man nun den **Sonderfall, dass γ konstant über ξ verteilt ist**, d.h. $\gamma(\xi) = \gamma_0 = \text{const} \rightarrow \Gamma = 2\mathrm{L}\gamma_0$,
so ergibt sich für die induzierte Geschwindigkeit aus Gl.(8.27):

$$\boxed{\underline{\mathrm{v}} = \frac{\gamma_0}{2\pi} \int_{-\mathrm{L}}^{+\mathrm{L}} \frac{(-y, x-\xi, 0)}{(x-\xi)^2 + y^2}\,\mathrm{d}\xi} \tag{8.29}$$

mit den Komponenten (s. BRONSTEIN-SEMENDJAJEW: Taschenbuch der Mathematik):

$$\boxed{\mathrm{v_x} = -\frac{\gamma_0}{2\pi}\left(\arctan\frac{L-x}{y} + \arctan\frac{L+x}{y}\right)}\,, \tag{8.30}$$

$$\mathrm{v_y} = -\frac{\gamma_0}{4\pi}\ln\frac{(x-L)^2+y^2}{(x+L)^2+y^2} \tag{8.31}$$

und

$$\mathrm{v_z} = 0\, m/s\,. \tag{8.32}$$

Führt man nun Zylinderkoordinaten r, φ, z ein, mit x= r cos φ, y = r sin φ und $\mathrm{r}^2 = x^2 + y^2$ und beschränkt sich auf das **Fernfeld** r >> L, so ergibt sich aus Gln.(8.30) und (8.31) :

$$\mathrm{v_x} = -\frac{2L\gamma_0}{2\pi\, r}\sin\varphi \tag{8.33}$$

und

$$\mathrm{v_y} = +\frac{2L\gamma_0}{2\pi\, r}\cos\varphi\,, \tag{8.34}$$

und es folgt:

$$\mathrm{v}_\varphi = \sqrt{\mathrm{v_x}^2 + \mathrm{v_y}^2} = \frac{\Gamma}{2\pi\, r}\,, \tag{8.35}$$

wie bereits vom Potentialwirbelfeld her bekannt, s. Gl. (I-8.3).

Damit ist festzustellen:

1. Eine **endlich breite** ebene **Wirbelschicht** und ein in Γ äquivalenter **Potentialwirbel** haben die **gleiche Fernwirkung**,
2. Während ein einzelner Wirbel auf sich selbst keinen Einfluss nehmen kann, so unterliegt die **endlich breite** ebene **freie** Wirbelschicht ihren **eigenen Induktionen** mit folgenden x-abhängigen Geschwindigkeiten, s. Gl. (8.31) mit y = 0 m:

$$\mathrm{v_y}(x, y=0) = -\frac{\gamma_0}{2\pi}\ln\frac{|\mathrm{L} - \mathrm{x}|}{|L+x|}\,. \tag{8.36}$$

Hiermit kann auch das typische Aufrollen von Wirbelschichten erklärt werden, vgl. Ornamente spätminoischer Kultur in Knossos(Kreta). **Bild 8.14** zeigt im oberen Teil den Beginn des Aufrollens und im unteren Teil Endzustände des Aufrollens, künstlerisch verfeinert.

3. Eine **unendlich breite streng ebene** Wirbelschicht induziert keine $\mathrm{v_y}$-Komponenten, da gilt:

$$v_y = -\frac{\gamma_0}{4\pi} \lim_{\substack{L\to\infty \\ y=0}} \left[\ln \frac{(x-L)^2 + y^2}{(x+L)^2 + y^2} \right] = 0 .$$

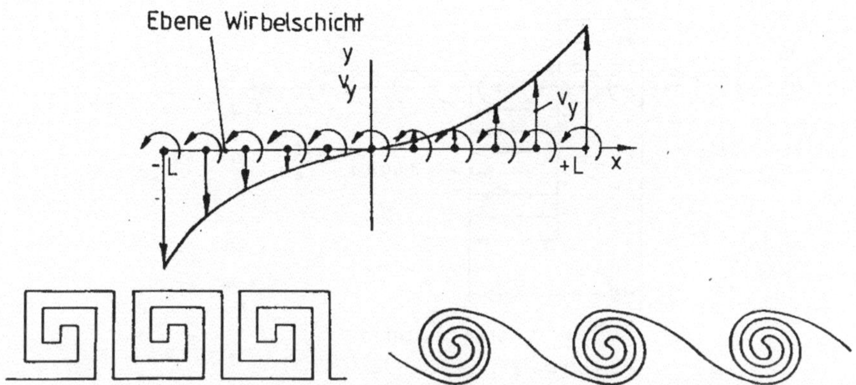

Bild 8.14 Zum Aufrollen einer ebenen Wirbelschicht. Im unteren teil des Bildes Ornamente spätminoischer Kultur (Knossos, Kreta)

4. Eine **unendlich breite streng ebene** Wirbelschicht induziert nur v_x - Komponenten. Mit

$$v_x = -\frac{\gamma_0}{2\pi} \lim_{L\to\infty} \left(\arctan\frac{L-x}{y} + \arctan\frac{L+x}{y} \right)$$

$$= -\frac{\gamma_0}{2\pi} 2 \lim_{L\to\infty} \left(\arctan\frac{L}{y} \right) = -\frac{\gamma_0}{2\pi} 2 \frac{\pi}{2} \operatorname{sign}(y)$$

folgt:

$$\boxed{v_x = -\frac{\gamma_0}{2} \operatorname{sign}(y)} \,. \tag{8.37}$$

So stellt **Bild 8.15** eine ebene Wirbelschicht mit der konstanten Zirkulation γ_0 dar, wobei sich an der Oberseite der Wirbelschicht eine Geschwindigkeit $v_{x.oben} = -\gamma_0 / 2$ und an der Unterseite $v_{x.unten} = +\gamma_0 / 2$ einstellen. Die Geschwindigkeitsdifferenz beträgt $-\gamma_0$.

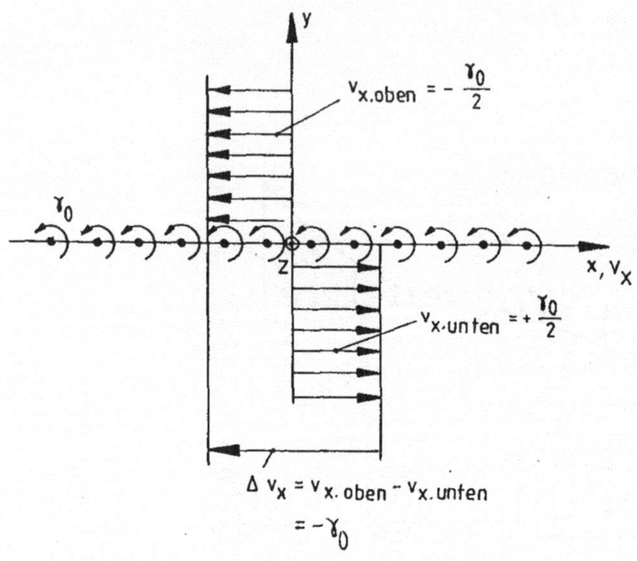

Bild 8.15 Geschwindigkeitsinduktionen $v_{x.oben}$ und $v_{x.unten}$ einer unendlich breiten ebenen Wirbelschicht

Eine **unendlich breite ebene** Wirbelschicht der konstanten lokalen Zirkulation γ_0 stellt eine Unstetigkeitsfläche (Diskontinuitätsfläche) dar, an der die Tangentialgeschwindigkeit v_x einen Sprung von $\Delta v_x = -\gamma_0$ aufweist. Das **Bild 8.16** gibt zwei bekannte Beispiele für freie Wirbelschichten als Unstetigkeitsflächen wieder: Die Umströmung eines Tragflügels und den Freistrahl aus ebener Düse.

Wie aus **Bild 8.16** unten ersichtlich, ist die Geschwindigkeit außerhalb des Freistrahls wegen des Mitreißens des Umgebungsfluids nicht exakt Null.
Man nennt dieses Mitreißen „Entrainment“ (s. oberes und unteres Entrainment im Bild). Verhindert man z.B. das untere Entrainment durch eine Wand, so legt sich der Freistrahl durch Unterdruckwirkung an diese Wand an (**COANDA-Effekt**[15]). Auch das Nachfolgen der Strömung mit $v_{t.oben}$ im **Bild 8.16** auf der konvex gekrümmten Tragflügelseite ist auf den COANDA-Effekt zurückzuführen. Die gleiche Wirkung hat der Finger an einem dünnen Wasserstrahl, der den Strahl um den Finger lenkt. Bei geringer Strömungsgeschwindigkeit ist der beschriebene Effekt zusätzlich auf Adhäsionskräfte zurückzuführen.

[15] COANDA, Henri (1886 - 1972), rumänischer Ingenieur und Flugpionier.

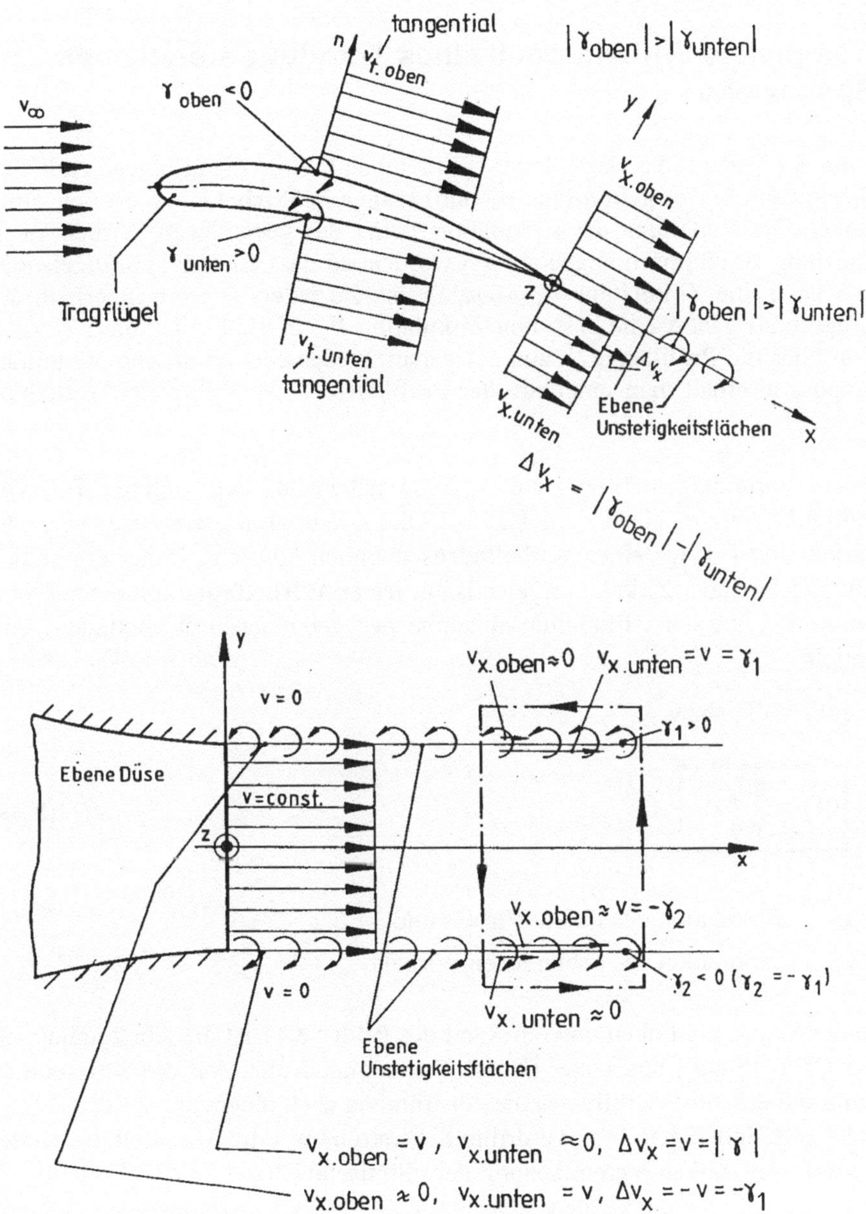

Bild 8.16 Beispiele freier Wirbelschichten als ebene Unstetigkeitsflächen. Oben Umströmung eines Tragflügels, unten Ausblasen eines Freistrahls aus einer ebenen Düse

8.7 Komplettes Wirbelmodell eines Tragflügels endlicher Spannweite

Bild 8.17 zeigt das komplette Wirbelmodell eines Tragflügels endlicher Spannweite b. Der **gebundene** (bound) **tragende Wirbel** simuliert den Tragflügel. Die Verteilung der Zirkulation $\Gamma_b(\eta)$ des gebundenen Wirbels in η-Richtung ist elliptisch angenommen worden, so dass an den Tragflügelenden $\eta = \pm b/2$ die Zirkulation $\Gamma_b = 0\,m^2/s$ ist. Zu jedem Wert η innerhalb des Tragflügels gehört eine bestimmt Zirkulation Γ_b. Verteilt man diese Zirkulation über die Profillänge l und setzt man wieder eine elliptische Verteilung voraus, so erhält man innerhalb der Profillänge l die Zirkulationsverteilung $\gamma_b(\xi,\eta)$.

Beide Verteilungen $\Gamma_b(\eta)$ und $\gamma_b(\xi,\eta)$ gehen aus dem unteren Teil von **Bild 8.17** hervor. Nach dem HELMHOLTZ-Wirbelsatz, Gl.(I-8.13), ist die Zirkulation Γ längs eines Wirbelfadens räumlich konstant. Daher ergibt sich mit abnehmender Zirkulation jeweils ein **freier Wirbelfaden** mit einer Zirkulation Γ_f, die der Zirkulationsabnahme des gebundenen Wirbelfadens entspricht:

$$\boxed{\mathrm{d}\Gamma_f = \mathrm{d}\Gamma_b} \text{ bzw.}$$

$$\boxed{\mathrm{d}\Gamma_f = \frac{\mathrm{d}\Gamma_b}{\mathrm{d}\eta}\mathrm{d}\eta} \tag{8.38}$$

mit

Γ_f Zirkulation des freien Wirbels und

Γ_b Zirkulation des gebundenen Wirbels.

In der Skizze am linken unteren Rand des **Bildes 8.17** ist die Abströmung auf der Ober- (Saug-) und Unter-(Druck-) seite angedeutet. Auf der Saugseite ist aufgrund des Wirbeleinflusses die Abströmung nach innen und auf der Druckseite nach außen gerichtet (verdrillte Scherströmung). Im Mittelteil des Bildes ist trotz der starken Vereinfachung der elliptische Charakter der Zirkulationsverteilung $\Gamma_b(\eta)$ zu erkennen.

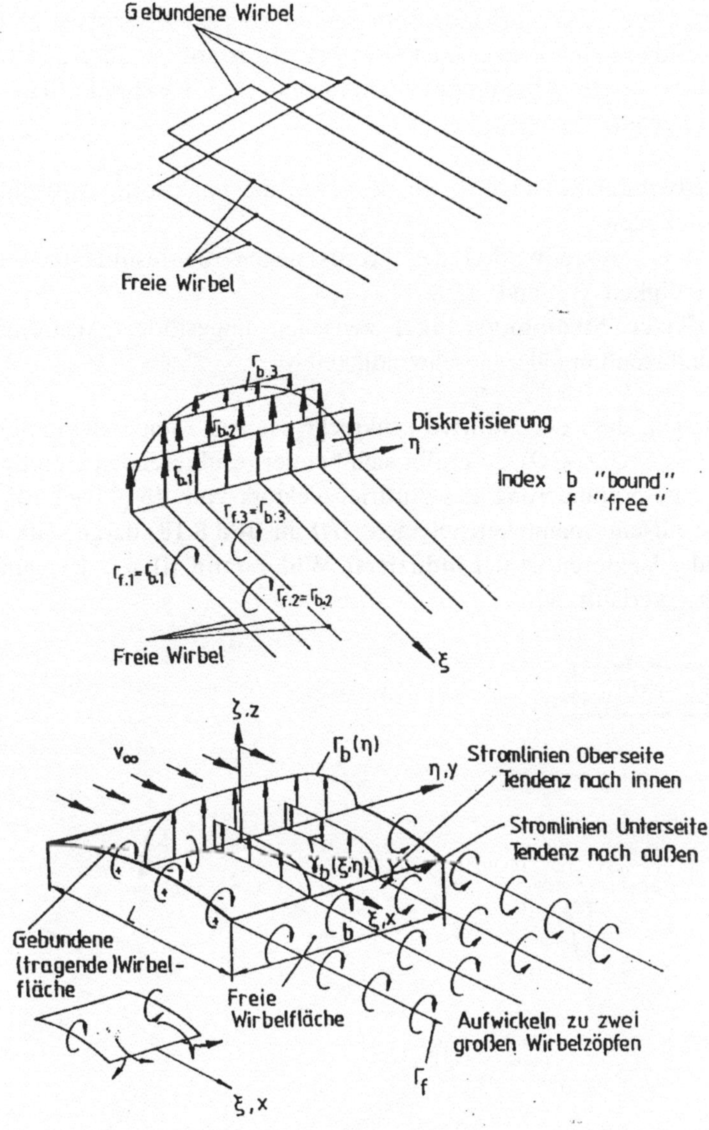

Bild 8.17. Zur Erklärung des kompletten Wirbelmodells eines Tragflügels endlicher Spannweite

Wie bereits erwähnt ergibt sich durch die Induktion der freien Wirbel hinter dem Tragflügel eine **induzierte Abwärtsgeschwindigkeit** $\underline{v}_i$ am Ort des gebundenen Wirbels (s. **Bild 8.18**). Diese Geschwindigkeit addiert mit der Anströmgeschwindigkeit $\underline{v}_\infty$, ergibt eine resultierende Geschwindigkeit $\underline{v}_{res}$. Die ungestörte Anströmrichtung wird durch $\underline{v}_\infty$ unter dem Anstellwinkel α

charakterisiert. Durch das Vorhandensein der induzierten Abwärtsgeschwindigkeit $\underline{v}_i$ verringert sich dieser Anstellwinkel von α auf α_e, der die Richtung der resultierenden Anströmgeschwindigkeit $\underline{v}_{res}$ beschreibt. Hiermit ergeben sich folgende Anstellwinkel:

α **Anstellwinkel** des Profils, Sehne gegen die ungestörte Anströmgeschwindigkeit $\underline{v}_\infty$,

α_e **effektiver Anstellwinkel** des Profils gegen die resultierende Geschwindigkeit $\underline{v}_{res}$ und

α_i **induzierter Strömungswinkel** zwischen ungestörter Anströmung $\underline{v}_\infty$ und resultierender Geschwindigkeit $\underline{v}_{res}$.

Erinnert man sich, dass der Auftrieb senkrecht zur Anströmgeschwindigkeit $\underline{v}_\infty$ gerichtet ist, s. Gl.(I-7.9), so ergibt sich bei der resultierenden Geschwindigkeit $\underline{v}_{res}$ eine Veränderung des Auftriebsvektors von $d\underline{F}_A$ nach $d\underline{F}_{res}$. Dieser Fall ist für ein Spannweitenelement $d\eta$ in **Bild 8.18** dargestellt. Die Differenz beider Vektoren ist der **induzierte Widerstand** $d\underline{F}_{W.i}$, der parallel zum Vektor $\underline{v}_\infty$ verläuft, d.h.

$$\boxed{d\underline{F}_{res} = d\underline{F}_A + d\underline{F}_{W.i}} \,. \tag{8.39}$$

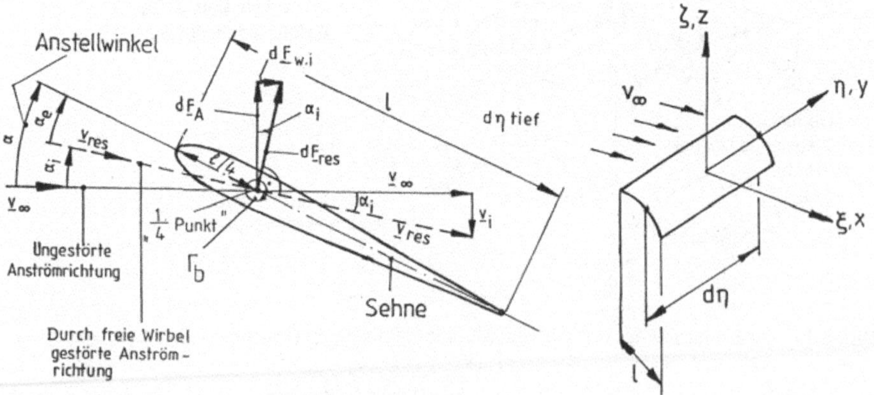

Bild 8.18 Ungewölbtes, um α angestelltes Profil

Aus den kongruenten Dreiecken in **Bild 8.18** folgt:

$$\boxed{dF_{W.i} = dF_A \tan\alpha_i = dF_A \frac{v_i}{v_\infty}} \tag{8.40}$$

und nach Erweiterung mit $d\eta$ und Integration über Spannweite b:

$$\boxed{F_{W.i} = \frac{1}{v_\infty} \int_{-b/2}^{+b/2} \frac{dF_A}{d\eta} v_i d\eta} \; . \tag{8.41}$$

Unter Verwendung des Satzes von KUTTA-JOUKOWSKI, Gl.(I.7.9),

$$\boxed{\frac{dF_A}{d\eta} = \rho v_\infty \Gamma_b} \tag{8.42}$$

ergibt sich der gesamte induzierte Widerstand des Tragflügels zu:

$$\boxed{F_{W.i} = \rho \int_{-b/2}^{+b/2} v_i \Gamma_b d\eta} \; . \tag{8.43}$$

PRANDTL konnte zeigen, dass für eine elliptische Verteilung (s. **Bild 8.19**) in der Form:

$$\boxed{\Gamma_b(\eta) = \Gamma_0 \sqrt{1 - \left(2\frac{\eta}{b}\right)^2}} \tag{8.44}$$

bei einem gegebenen Auftrieb F_A der induzierte Widerstand des Tragflügels ein Minimum annimmt.

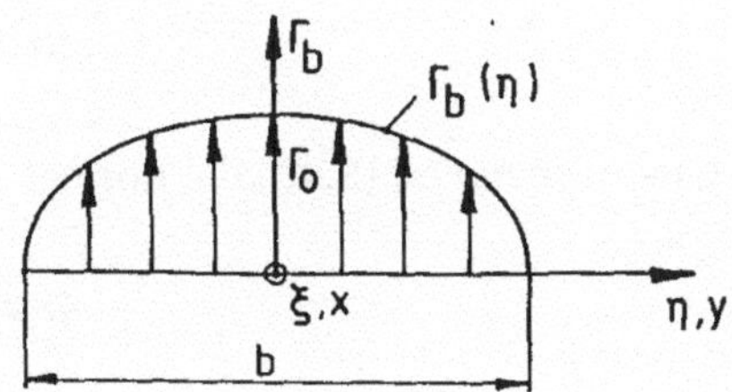

Bild 8.19 Elliptische Zirkulationsverteilung $\Gamma_b(\eta)$

Für die elliptische Zirkulationsverteilung wird die induzierte Abwärtsgeschwindigkeit:

$$\mathrm{v_i}(y) = -\frac{\Gamma_0}{2\pi b}\int\limits_{-b/2}^{+b/2}\frac{2\frac{\eta}{b}}{\sqrt{1-\left(2\frac{\eta}{b}\right)^2}}\frac{\mathrm{d}\eta}{y-\eta} = \frac{\Gamma_0}{2b} = \mathrm{const}$$

Die Lösung dieses Integrals ist nachzulesen in GLAUERT, H.: The elements of Airfoil and Airscrew Theory. 2. Aufl., Cambridge University Press, 1959.

Für den induzierten Widerstand folgt nach Gl.(8.43):

$$\boxed{\mathrm{F_{W.i}} = \rho\frac{\Gamma_0}{2b}\int\limits_{-b/2}^{+b/2}\Gamma_\mathrm{b}(\eta)\mathrm{d}\eta = \frac{\pi}{8}\rho\Gamma_0^{\,2}} \tag{8.45}$$

und der Auftrieb ist nach KUTTA-JOUKOWSKI, Gl.(8.42):

$$\boxed{\mathrm{F_A} = \rho\,\mathrm{v}_\infty\int\limits_{-b/2}^{+b/2}\Gamma_\mathrm{b}(\eta)\mathrm{d}\eta = \frac{\pi}{4}\rho\mathrm{v}_\infty\Gamma_0 b}\,. \tag{8.46}$$

Beschreibt man den Auftrieb mit der bekannten Ingenieurformel:

$$\boxed{\mathrm{F_A} = \zeta_\mathrm{A}\frac{\rho}{2}\mathrm{v}_\infty^{\,2}A} \tag{8.47}$$

mit

ζ_A Auftriebsbeiwert und

A Flügelgrundrissfläche A = b l,

so ergibt sich mit Gl.(8.46) für den Auftriebsbeiwert:

$$\boxed{\zeta_\mathrm{A} = \frac{\pi}{2}\frac{\Gamma_0}{\mathrm{v}_\infty}\frac{b}{A}}\,. \tag{8.48}$$

Verwendet man nun für den Widerstand entsprechend Gl.(8.47) die Formel

$$\boxed{\mathrm{F_W} = \zeta_\mathrm{W}\frac{\rho}{2}\mathrm{v}_\infty^{\,2}A} \tag{8.49}$$

bzw. für den induzierten Widerstand die Formel:

$$\boxed{\mathrm{F_{W.i}} = \zeta_\mathrm{W.i}\frac{\rho}{2}\mathrm{v}_\infty^{\,2}A}\,, \tag{8.50}$$

so erhält man aus Gl.(8.45) zunächst

$$\zeta_{W.i} = \frac{\pi}{4} \frac{\Gamma_0^{\,2}}{v_\infty^{\,2} A}$$

und mit dem Seitenverhältnis

$$\Lambda = \frac{b^2}{A} = \frac{b}{l}$$

und unter Verwendung von Gl.(8.48) den Zusammenhang

$$\boxed{\zeta_{W.i} = \frac{\zeta_A^{\,2}}{\pi\Lambda}} \,. \tag{8.51}$$

Nun setzt sich der Gesamtwiderstand eines Tragflügels aus dem reibungsbedingten Profilwiderstand (Index P) und dem induzierten Widerstand (Index i) zusammen und entsprechend auch der Widerstandsbeiwert:

$$\boxed{\zeta_W = \zeta_{W.P} + \zeta_{W.i}} \,. \tag{8.52}$$

Es ist interessant festzustellen, dass bei den üblichen Seitenverhältnissen Λ der Verkehrsflugzeugprofile der Koeffizient $\zeta_{W.i}$ des induzierten Widerstands die gleiche Größenordnung wie der Koeffizient $\zeta_{W.P}$ des Profilwiderstands annimmt. Bei einem unendlich langen Flügel mit $\Lambda \rightarrow \infty$ ergibt sich nach Gl.(8.51) zwingend $\zeta_{W.i} = 0$.

Der induzierte Widerstand lässt sich auch energetisch erklären: Am Tragflügel mit endlicher Spannweite b werden sowohl im reibungsfreien als auch im reibungsbehafteten Fluid neue freie Wirbelstrecken je Zeiteinheit erzeugt. Es wird daher ständig eine Leistung $P_{W.i}$ aufgebracht. Diese Leistung dient zur Überwindung des induzierten Widerstandes und beträgt:

$$\boxed{P_{W.i} = F_{W.i} v_\infty} \,. \tag{8.53}$$

8.8 Polardiagramm

Die im vorhergehenden Abschnitt erwähnten Auftriebsbeiwerte ζ_A, s. Gl.(8.48), und Widerstandsbeiwerte ζ_W, s. Gl. (8.52), werden für die Belange der Praxis nach **Bild 8.20** exemplarisch für eine Profilklasse dargestellt. Der Parameter ist der ebenfalls im vorhergehenden Kap. erwähnte Anstellwinkel α.

In neuer Zeit wird **Bild 8.20** in die Form $\zeta_A(\zeta_W)$ bzw. $\zeta_i(\zeta_W)$ transformiert und als **Polardiagramm Bild 8.21** dokumentiert. Der Bestpunkt (BEP) ergibt sich, wenn man eine Tangente vom Nullpunkt an die Polare $\zeta_A(\zeta_W)$ legt. Für diesen Fall ist ζ_W / ζ_A ein Minimum. **Bild 8.21** gibt auch den Zusammenhang wieder, dass sich der induzierte Widerstandsbeiwert $\zeta_{W.i}$ in der gleichen Größenordnung wie der Widerstandsbeiwert $\zeta_{W.P}$ des Profilwiderstands bewegt.

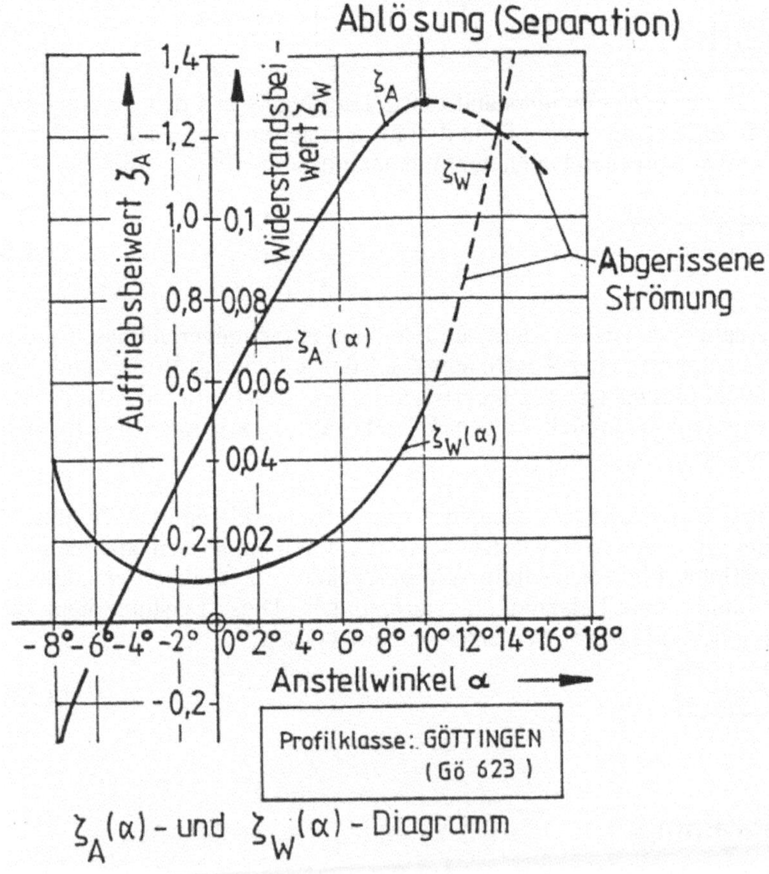

Bild 8.20 Auftriebsbeiwert ζ_A und Widerstandsbeiwert ζ_W in Abhängigkeit vom Anstellwinkel α für das unendlich lange Profil Gö 623

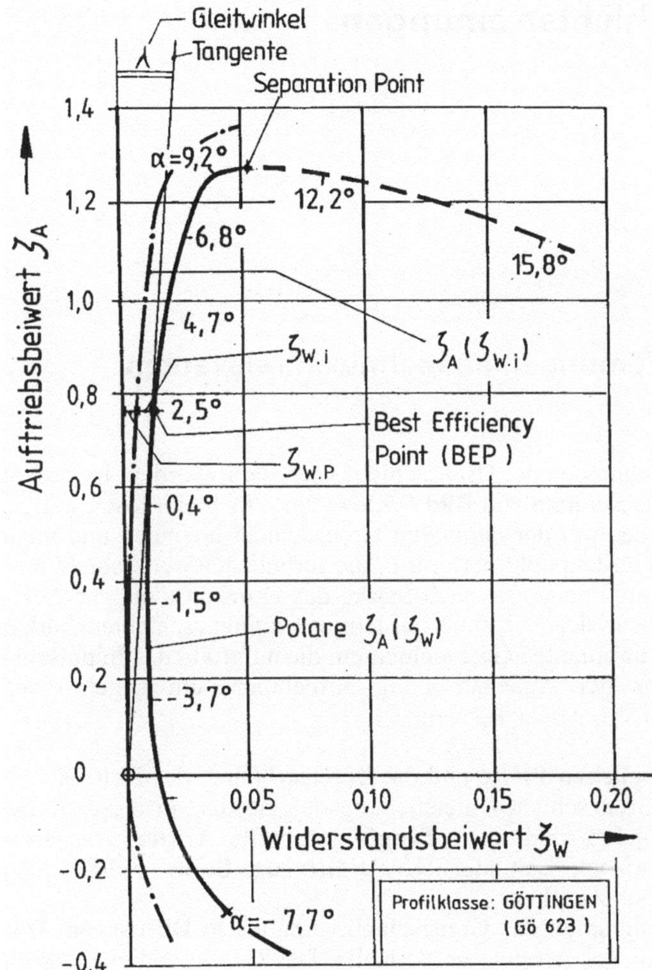

Bild 8.21 Polardiagramm mit Polaren $\zeta_A(\zeta_W)$ und $\zeta_A(\zeta_{W.i})$ für das Profil Gö 623 mit dem Seitenverhältnis b/l=30

Übungsaufgaben zu diesem Kapitel finden sich unter:
www.tu-berlin.de/~fsd

9 Grenzschichtströmungen

9.1 Grenzschichtströmungen an technisch relevanten Körpern

In Kap (I-9) ist das Phänomen der Grenzschicht vorgestellt worden. In diesem Zusammenhang ist das Studium von **Bild I-9.3** wichtig. Es bleibt festzustellen, dass alle Grenzschichten mit der laminaren Grenzschicht beginnen und mehr oder weniger weit vom Staupunkt entfernt in die turbulente Grenzschicht umschlagen. Grenzschichten neigen je nach Stärke des Druckanstiegs zur Ablösung, wobei die Tendenz der Ablösung bei laminaren Grenzschichten stärker ausgeprägt ist als bei turbulenten Grenzschichten, die aufgrund des Impulsaustausches Energie aus der Außenströmung aufnehmen, um gegen einen „Druckberg" weiter anströmen zu können.

Die Umströmung der **ebenen Platte** und die Durchströmung des **Rohres** stellen zwei klassische Grenzschicht-Untersuchungsobjekte dar. In dieser Reihe der Untersuchungsobjekte sind auch **Tragflügelprofile**, **Gitter** von Strömungsmaschinen (Lauf- und Leiträder), **Kraftfahrzeug- Bahn**-, **Schiffs**- und **Flugzeug**umströmungen zu sehen.
Bei der Durchströmung spielt das Grenzschichtverhalten in **Diffusoren**, **Düsen** und **Kanälen** jeglicher Art eine große Rolle. Das Geschwindigkeitsprofil der Rohrströmung kann auch als das Zusammenwachsen der Grenzschichten bis zur Rohrmitte aufgefasst werden (laminares und turbulentes Geschwindigkeitsprofil einer Rohrströmung). Die Grenzschichtberechnungen lassen sich heute weitgehend mit CFD (Computational Fluid Dynamics) durchführen, sowohl stationär als auch instationär. Auch die Messtechnik hat bei Grenzschichtströmungen an technisch relevanten Körpern enorme Fortschritte durch Einsatz der Lasertechnik erfahren. Das Interesse an der Grenzschichtforschung wächst besonders unter dem Zwang der Widerstandsminimierung von Jahr zu Jahr.

9.2 Wandschubspannung und Reibungswiderstand

Es wird wieder eine längsangeströmte, unendlich dünne Platte betrachtet, s. Kap. I-9. **Bild 9.1** zeigt eine derartige Platte mit dem entsprechenden Geschwindigkeitsprofilen $v_x(y)$ auf der Ober- und Unterseite der Platte.

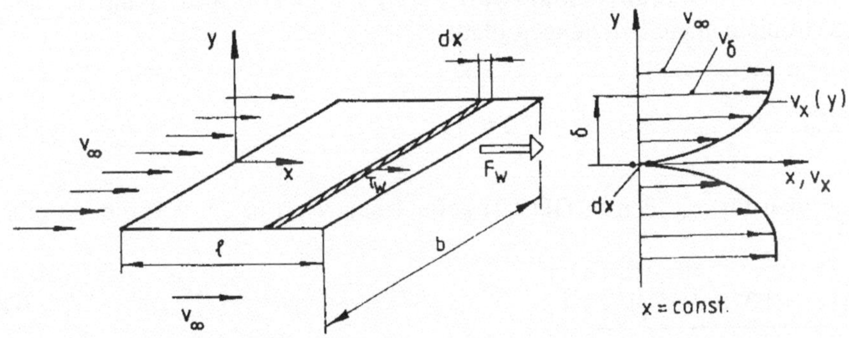

Bild 9.1 Wandschubspannung τ_W in der BLASIUS-Plattengrenzschicht

Lässt man die in Kap. I-9.2 gemachten Voraussetzungen zu den PRANDTL-Grenzschichtgleichungen gelten, dann ergibt sich die Wandschubspannung τ_W nach dem NEWTON-Schubspannungsgesetz:

$$\boxed{\tau_W(x) = \eta\left(\frac{\partial v_x}{\partial y}\right)_{y=0}} \quad . \tag{9.1}$$

Man beachte, dass die Wandschubspannung der Steigung des Geschwindigkeitsprofils $v_x(y)$ an der Wand y = 0 direkt proportional ist. Die **BLASIUS-Plattengrenzschicht** ist, s. Kap. I-9.3, für die laminare Grenzschicht mit p (x,y) = const gültig. Hier kann direkt eine theoretische Lösung gefunden werden, die meist in dimensionsloser Form in der Literatur angegeben wird:

$$\boxed{\frac{\tau_W}{\rho\, v_\infty^{\;2}} = \frac{0{,}332}{\sqrt{Re_x}}} \tag{9.2}$$

mit

$$\mathrm{Re_x} = \frac{x \cdot \mathrm{v}_\infty}{\nu} .$$

Für x = 0 m würde $\mathrm{Re_x} = \frac{x \cdot \mathrm{v}_\infty}{\nu} = 0$ und $\tau \to \infty$ folgen; der Bereich kleiner x-Werte muss also in jedem Fall ausgespart bleiben. $\mathrm{Re_x} = 0$ widerspricht auch der in Kap. I-9.2 gemachten Voraussetzung $\mathrm{Re_x} >> 1$.

So beträgt der **Gesamtreibungswiderstand** F_W einer beidseitig mit v_∞ längs angeströmten unendlich dünnen Platte:

$$\boxed{F_\mathrm{W} = 2b\int_0^l \tau_\mathrm{W}\,\mathrm{d}x = \xi_\mathrm{W}\,\frac{\rho}{2}\mathrm{v}_\infty{}^2\,2\,b\,l} . \tag{9.3}$$

Setzt man für τ_W den in Gl.(9.2) gefundenen Wert in Gl.(9.3) ein, so erhält man:

$$\boxed{F_\mathrm{W} = 1{,}328\;b\,\rho\sqrt{\nu\,\mathrm{v}_\infty{}^3 l}} . \tag{9.4}$$

bzw.

$$\boxed{\xi_\mathrm{W} = \frac{1{,}328}{\sqrt{\mathrm{Re}_l}}} . \tag{9.5}$$

mit

$$\mathrm{Re_l} = \frac{\mathrm{v}_\infty\, l}{\nu} .$$

Setzt man den Impulsstromverlust (s. Kap. I-9.4.4) mit dem Reibungswiderstand an **einer** Plattenseite gleich, d.h. mit

$$F_\mathrm{W} = b\int_0^l \tau_W\,\mathrm{d}x ,$$

so ergibt sich eine wichtige Beziehung der Grenzschichttheorie:

$$F_\mathrm{W} = \dot{I}_\text{Potentialströmung} - \dot{I}_\text{Realströmung} = \int_0^\delta \mathrm{v}_\delta\,\mathrm{d}\dot{m} - \int_0^\delta \mathrm{v_x}\,\mathrm{d}\dot{m}$$

$$= v_\delta \underbrace{\rho\, b\, \delta_2 v_\delta}_{\dot{m}} = b \int_0^l \tau_W \, dx$$

mit δ_2 Impulsverlustdicke, s. Gl. (I-9.14). Hieraus folgt:

$$F_W = b \int_0^l \tau_W \, dx = \rho\, b\, \delta_2 v_\delta^2 \text{ und } \int_0^l \tau_W \, dx = \rho\, v_\delta^2 \delta_2(x).$$

Wird letztgenannte Gleichung differenziert, so erhält man

$$\boxed{\tau_W(x) = \rho v_\delta^2 \frac{d\delta_2}{dx}} \tag{9.6}$$

mit der Konstanten $\rho\, v_\delta^2$ und

der Steigung $\frac{d\delta_2}{dx}$ der Impulsverlustdicke $\delta_2(x)$.

Gleichung (9.6) stellt den **Impulssatz für die Plattengrenzschicht** mit dp/dx = 0 Pa/m dar.

9.3 Einfluss des Druckgradienten auf das Geschwindigkeitsprofil in der Plattengrenzschicht

Führt man in die NAVIER-STOKES-Bewegungsgleichung, s. Gl. (I-9.1), die Wandhaftbedingungen ein, d.h. $v_x = 0\ m/s$ und $v_y = 0\ m/s$, so folgt:

$$\boxed{0 = -\frac{1}{\rho}\frac{dp}{dx} + \nu\left(\frac{\partial^2 v_x}{\partial y^2}\right)_{y=0}}\ . \tag{9.7}$$

Aus dieser Gleichung ergibt sich in Verbindung mit Gl.(I-9.4):

$$\boxed{\nu\left(\frac{\partial^2 v_x}{\partial y^2}\right)_{y=0} = \frac{1}{\rho}\frac{dp}{dx} = -v_\delta \frac{dv_\delta}{dx}}\ . \tag{9.8}$$

Zur Krümmung k des Profils $v_x(y)$ an der Wand y = 0 m ist anzugeben:

$$k = \frac{\left(\dfrac{\partial^2 v_x}{\partial y^2}\right)_{y=0}}{\left[1+\left(\dfrac{\partial v_x}{\partial y}\right)^2_{y=0}\right]^{3/2}} .$$

Da der Nenner dieses Ausdrucks immer positiv ist, gibt der Zähler stets das Vorzeichen der Krümmung k an, d.h. der Druckgradient dp/dx bestimmt nach Gl.(9.8), ob es sich um eine konvexe ($k > 0$) oder konkave ($k < 0$) Krümmung handelt, s. **Bild 9.2**.

Diskutiert man Gl.(9.8) jeweils für fallenden, konstanten und steigenden Druckgradienten dp/dx, d.h. für Düsenströmung, Parallelströmung und Diffusorströmung, so erhält man für die Wandströmung die in **Bild 9.3** oben dargestellten Krümmungen des Geschwindigkeitsprofils, die konkav oder konvex sein können. Für die Außenströmung ergibt sich entsprechend ein positiver Geschwindigkeitsgradient (Geschwindigkeit nimmt zu), ein Null-Geschwindigkeitsgradient (Geschwindigkeit bleibt konstant) oder ein negativer Geschwindigkeitsgradient (Geschwindigkeit nimmt ab).

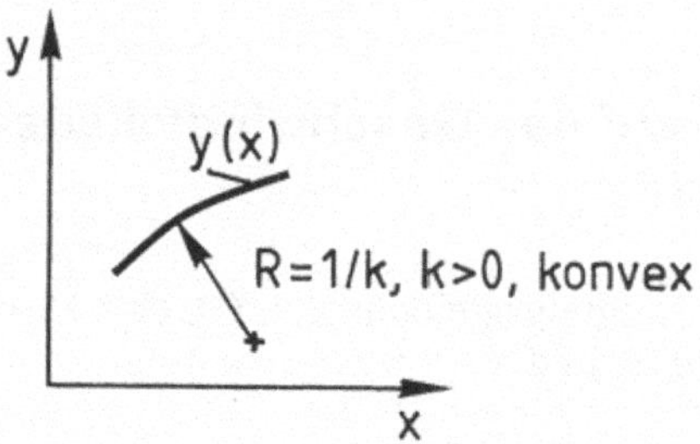

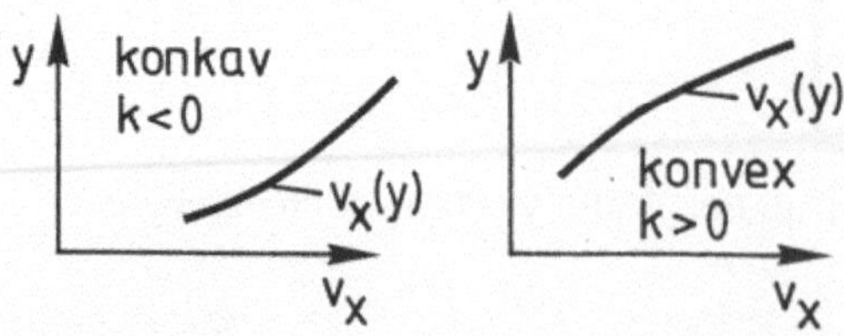

Bild 9.2 Konkave und konvexe Krümmung k einer Funktion y(x) bzw. einer Funktion $v_x(y)$. Krümmungsradius R über 1/k mit Krümmung gekoppelt

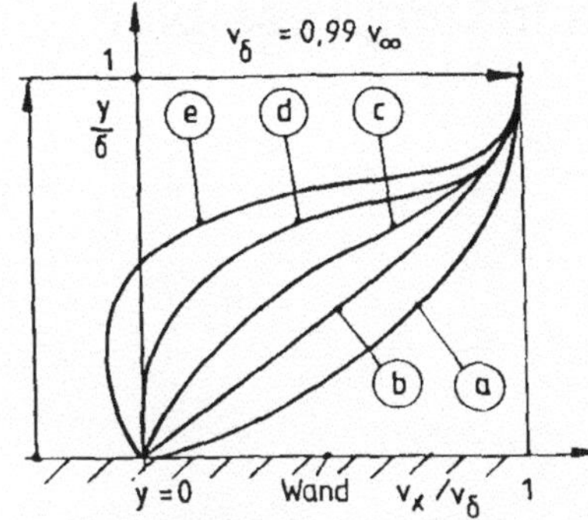

Geschwindigkeitsprofile in der Grenzschicht für verschiedene Druckgradienten dp/dx

	Bauteil	Druckgradient	Wandströmung	Außenströmung
a		$\frac{dp}{dx} < 0$ Düsenströmung	$\left(\frac{\partial^2 v_x}{\partial y^2}\right)_{y=0} < 0$ Krümmung konkav	$\frac{dv_\delta}{dx} > 0$ v_δ beschleunigt
b		$\frac{dp}{dx} = 0$ Parallelströmung	$\left(\frac{\partial^2 v_x}{\partial y^2}\right)_{y=0} = 0$ Krümmung=0	$\frac{dv_\delta}{dx} = 0$ v_δ = const.
c		$\frac{dp}{dx} > 0$ Diffusorströmung	$\left(\frac{\partial^2 v_x}{\partial y^2}\right)_{y=0} > 0$ Krümmung konvex	$\frac{dv_\delta}{dx} < 0$ v_δ verzögert
d		$\frac{dp}{dx} > 0$ Diffusorströmung	wie (c) und $\left(\frac{\partial v_x}{\partial y}\right)_{y=0} = 0$ senkrechte Tangente, Ablösungsprofil	wie (c)
e		$\frac{dp}{dx} > 0$ Diffusorströmung	wie (c) Profil einer abgelösten Strömung, Rückströmung	wie (c)

Bild 9.3 Grenzschichtprofile a...e für Düsen-, Parallel- und Diffusorströmung mit tabellarischer Zusammenfassung

Übungsaufgaben zu diesem Kapitel finden sich unter: www.tu-berlin.de/~fsd

10 Turbulente Strömungen inkompressibler Fluide

10.1 Grundgleichungen für turbulente Strömung

10.1.1 Kontinuitätsgleichung

Nach Gl.(I-2.9) lautet die Kontinuitätsgleichung für inkompressibles Fluid in instationärer und stationärer Strömung:

$$\boxed{\frac{\partial \mathrm{v_x}}{\partial x} + \frac{\partial \mathrm{v_y}}{\partial y} + \frac{\partial \mathrm{v_z}}{\partial z} = 0} \,. \tag{10.1}$$

Dieser Zusammenhang muss nun auch für den zeitlichen Mittelwert gelten, d.h.

$$\overline{\frac{\partial \mathrm{v_x}}{\partial x} + \frac{\partial \mathrm{v_y}}{\partial y} + \frac{\partial \mathrm{v_z}}{\partial z}} = 0$$

oder nach Einsetzen von Gln.(I-10.3):

$$\overline{\frac{\partial\left(\overline{\mathrm{v_x}} + \mathrm{v'_x}\right)}{\partial x} + \frac{\partial\left(\overline{\mathrm{v_y}} + \mathrm{v'_y}\right)}{\partial y} + \frac{\partial\left(\overline{\mathrm{v_z}} + \mathrm{v'_z}\right)}{\partial z}} = 0 \quad \text{oder}$$

$$\overline{\frac{\partial \overline{\mathrm{v}}_\mathrm{x}}{\partial x} + \frac{\partial \mathrm{v'_x}}{\partial x}} + \overline{\frac{\partial \overline{\mathrm{v}}_\mathrm{y}}{\partial y} + \frac{\partial \mathrm{v'_y}}{\partial y}} + \overline{\frac{\partial \overline{\mathrm{v}}_\mathrm{z}}{\partial z} + \frac{\partial \mathrm{v'_z}}{\partial z}} = 0 \,.$$

Nun sind aber die zeitlichen Mittelwerte der Schwankungsgrößen Null, s. Bild I-10.4, so dass sich ergibt:

$$\boxed{\frac{\partial \overline{\mathrm{v}}_\mathrm{x}}{\partial x} + \frac{\partial \overline{\mathrm{v}}_\mathrm{y}}{\partial y} + \frac{\partial \overline{\mathrm{v}}_\mathrm{z}}{\partial z} = 0} \,. \tag{10.2}$$

Subtrahiert man diese Gleichung von der Kontinuitätsgleichung (10.1), so folgt:

$$\frac{\partial v_x}{\partial x} - \frac{\partial \overline{v}_x}{\partial x} + \frac{\partial v_y}{\partial y} - \frac{\partial \overline{v}_y}{\partial y} + \frac{\partial v_z}{\partial z} - \frac{\partial \overline{v}_z}{\partial z} = 0 .$$

Mit dieser Gleichung ergibt sich schließlich:

$$\boxed{\frac{\partial v'_x}{\partial x} + \frac{\partial v'_y}{\partial y} + \frac{\partial v'_z}{\partial z} = 0} . \tag{10.3}$$

Die Kontinuitätsgleichung in der Form von Gl.(10.2) und (10.3) gilt also sowohl für die zeitlichen Mittelwerte als auch für die Schwankungswerte.

10.1.2 REYNOLDS-Gleichungen

Die REYNOLDS-Gleichungen spielen insbesondere bei der CFD eine entscheidende Rolle. Führt man in die NAVIER-STOKES-Bewegungsgleichungen (I-6.14)...(I-.6.16) die Gln. $v_x = \overline{v}_x + v'_x$, $v_y = \overline{v}_y + v'_y$ und $v_z = \overline{v}_z + v'_z$ ein, so erhält man für die x-Komponente:

$$\frac{\partial(\overline{v}_x + v'_x)}{\partial t} + (\overline{v}_x + v'_x)\frac{\partial(\overline{v}_x + v'_x)}{\partial x} + (\overline{v}_y + v'_y)\frac{\partial(\overline{v}_x + v'_x)}{\partial y} + (\overline{v}_z + v'_z)\frac{\partial(\overline{v}_x + v'_x)}{\partial z}$$

$$= \bar{f}_x - \frac{1}{\rho}\frac{\partial(\overline{p} + p')}{\partial x} + \nu\left[\frac{\partial^2(\overline{v}_x + v'_x)}{\partial x^2} + \frac{\partial^2(\overline{v}_x + v'_x)}{\partial y^2} + \frac{\partial^2(\overline{v}_x + v'_x)}{\partial z^2}\right]. \tag{10.4}$$

Für die y- und z- Komponente lautet die Gl. (10.4) entsprechend.

Gleichung (10.4) wird nun in fünf Schritten weiterbehandelt:

1. Wegen $\overline{v}_x \neq f(t)$ wird $\partial \overline{v}_x / \partial t = 0$ gesetzt.
2. Auf der linken Seite wird folgendes Glied hinzugefügt:

   $$v'_x\left(\frac{\partial v'_x}{\partial x} + \frac{\partial v'_y}{\partial y} + \frac{\partial v'_z}{\partial z}\right) = 0 \text{, s. Gl.(10.3).}$$

3. Die so erweiterte Gleichung (10.4) wird zeitlich gemittelt.
4. In der so entstandenen Gleichung ergeben sich die folgenden Ausdrücke zu Null:

   $$\overline{v'_x} = 0\, m/s,\ \overline{\frac{\partial v'_x}{\partial t}} = 0\, m/s^2,\ \overline{v'_y} = 0\, m/s,\ \overline{v'_z} = 0\, m/s,\ \overline{p'} = 0\, Pa .$$

5. Schließlich wird gesetzt: $\bar{f}_x = f_x, \bar{f}_y = f_y, \bar{f}_z = f_z$.

Ebenso werden die Gl.(I-6.12) und (I-6.16) für die *y*- und *z*- Komponenten behandelt. Damit erhält man die zeitlich gemittelten **REYNOLDS-Gleichungen**:

$$\bar{v}_x \frac{\partial \bar{v}_x}{\partial x} + \bar{v}_y \frac{\partial \bar{v}_x}{\partial y} + \bar{v}_z \frac{\partial \bar{v}_x}{\partial z} = f_x - \frac{1}{\rho}\frac{\partial \bar{p}}{\partial x} + \nu\left(\frac{\partial^2 \bar{v}_x}{\partial x^2} + \frac{\partial^2 \bar{v}_x}{\partial y^2} + \frac{\partial^2 \bar{v}_x}{\partial z^2}\right) + Z_x \quad (10.5)$$

$$\bar{v}_x \frac{\partial \bar{v}_y}{\partial x} + \bar{v}_y \frac{\partial \bar{v}_y}{\partial y} + \bar{v}_z \frac{\partial \bar{v}_y}{\partial z} = f_y - \frac{1}{\rho}\frac{\partial \bar{p}}{\partial y} + \nu\left(\frac{\partial^2 \bar{v}_y}{\partial x^2} + \frac{\partial^2 \bar{v}_y}{\partial y^2} + \frac{\partial^2 \bar{v}_y}{\partial z^2}\right) + Z_y \quad (10.6)$$

$$\bar{v}_x \frac{\partial \bar{v}_z}{\partial x} + \bar{v}_y \frac{\partial \bar{v}_z}{\partial y} + \bar{v}_z \frac{\partial \bar{v}_z}{\partial z} = f_z - \frac{1}{\rho}\frac{\partial \bar{p}}{\partial z} + \nu\left(\frac{\partial^2 \bar{v}_z}{\partial x^2} + \frac{\partial^2 \bar{v}_z}{\partial y^2} + \frac{\partial^2 \bar{v}_z}{\partial z^2}\right) + Z_z . \quad (10.7)$$

Abgesehen von der Mittelwertbildung treten, verglichen mit den NAVIER-STOKES-Bewegungsgleichungen (I.6.14)...(I-6.16), bei turbulenten Strömungen inkompressibler Fluide noch folgende **Zusatzterme** Z auf:

$$Z_x = -\frac{\partial}{\partial x}\left(\overline{v_x'^2}\right) - \frac{\partial}{\partial y}\left(\overline{v_x' v_y'}\right) - \frac{\partial}{\partial z}\left(\overline{v_x' v_z'}\right), \quad (10.8)$$

$$Z_y = -\frac{\partial}{\partial x}\left(\overline{v_x' v_y'}\right) - \frac{\partial}{\partial x}\left(\overline{v_y'^2}\right) - \frac{\partial}{\partial z}\left(\overline{v_y' v_z'}\right) \text{ und} \quad (10.9)$$

$$Z_z = -\frac{\partial}{\partial x}\left(\overline{v_x' v_z'}\right) - \frac{\partial}{\partial y}\left(\overline{v_y' v_z'}\right) - \frac{\partial}{\partial z}\left(\overline{v_z'^2}\right). \quad (10.10)$$

Das in Gl.(10.8) auftretende Glied $-\frac{\partial}{\partial y}\left(\overline{v_x' v_y'}\right)$ ist bei allen turbulenten ebenen Grenzschichten dominant. Die Zusatzterme Gl.(10.8)...(10.10) besitzen den Charakter von **zusätzlichen Zähigkeitskräften** bei turbulenten Strömungen.

Die geschlossene Lösung des komplizierten Gleichungssystems, bestehend aus den REYNOLDS-Gleichungen (10.5)...(10.7) mit den Zusatzgliedern (10.8)...(10.10) und den Kontinuitätsgleichungen (10.2)...(10.3), ist bis heute nicht möglich. Bei **Grenzschichtströmungen** kann man die schwierigen Gleichungen durch die Voraussetzung ebener Strömung vereinfachen. In diesem Fall kommen nur die Gln. (10.5) und(10.6), (10.8) und (10.9) in der *x*-, *y*-

Ebene mit $\overline{\mathrm{v}}_{\mathrm{z}} = 0\, m/s$ zur Anwendung. In derartigen Strömungen ist in erster Näherung alleine das Glied

$$-\frac{\partial}{\partial y}\left(\overline{\mathrm{v}'_{\mathrm{x}}\mathrm{v}'_{\mathrm{y}}}\right)$$

von Bedeutung. Diese Tatsache erleichtert erheblich den Lösungsweg zur Bestimmung der Geschwindigkeitsverteilungen und letztlich der Strömungsverluste aus den REYNOLDS-Gleichungen.

10.1.3 BOUSSINESQ-Gleichung

Der französische Forscher BOUSSINESQ[16] hat die ebene Grenzschichtströmung eingehend untersucht. Beschränkt man sich nur auf diese Grenzschichtströmung mit den in Kap. (I-9.2) gemachten elf Voraussetzungen, so wird aus der Grenzschichtgleichung (I-9.1) mit Gl.(10.5)

$$Z_{\mathrm{x}} = -\frac{\partial}{\partial y}\left(\overline{\mathrm{v}'_{\mathrm{x}}\mathrm{v}'_{\mathrm{y}}}\right)$$

die v_{x}-Komponente der turbulenten ebenen Grenzschichtströmung:

$$\boxed{\overline{\mathrm{v}}_{\mathrm{x}}\frac{\partial\overline{\mathrm{v}}_{\mathrm{x}}}{\partial x} + \overline{\mathrm{v}}_{\mathrm{y}}\frac{\partial\overline{\mathrm{v}}_{\mathrm{x}}}{\partial y} = -\frac{1}{\rho}\frac{\mathrm{d}\overline{p}}{\mathrm{d}x} + \frac{\eta}{\rho}\frac{\partial^2\overline{\mathrm{v}}_{\mathrm{x}}}{\partial y^2} - \frac{\partial}{\partial y}\left(\overline{\mathrm{v}'_{\mathrm{x}}\mathrm{v}'_{\mathrm{y}}}\right)}\,. \tag{10.11}$$

Diese Gleichung kann wie folgt umgeschrieben werden:

$$\boxed{\overline{\mathrm{v}}_{\mathrm{x}}\frac{\partial\overline{\mathrm{v}}_{\mathrm{x}}}{\partial x} + \overline{\mathrm{v}}_{\mathrm{y}}\frac{\partial\overline{\mathrm{v}}_{\mathrm{x}}}{\partial y} = -\frac{1}{\rho}\frac{\mathrm{d}\overline{p}}{\mathrm{d}x} + \frac{1}{\rho}\frac{\partial}{\partial y}\left[\eta\frac{\partial\overline{\mathrm{v}}_{\mathrm{x}}}{\partial y} - \rho\left(\overline{\mathrm{v}'_{\mathrm{x}}\mathrm{v}'_{\mathrm{y}}}\right)\right]}\,. \tag{10.12}$$

Gl. (10.12) ist die an die turbulente ebene Grenzschichtströmung angepasste **REYNOLDS-Gleichung** (10.5). In der eckigen Klammer entspricht der erste Term dem NEWTON-Schubspannungsansatz Gl.(I-6.1), wobei entsprechend der Herleitung zwischen v_{x} und $\overline{\mathrm{v}}_{\mathrm{x}}$ kein Unterschied besteht. Offensichtlich kommt dem zweiten Term in der eckigen Klammer die Bedeutung einer **turbulenten Zusatzspannung** τ_{t} zu, die auch **REYNOLDS-Spannung** genannt wird. Nach physikalischem Verständnis ist der erste Term auf **molekulare Diffusion** (s. Kap. I-6.1), der zweite auf **turbulente Diffusion** (s. Kap.I-10.1)

[16] BOUSSINESQ, Valentin Joseph. (1842-1929) geb. in Lille , gest. Paris. Physiker und Mathematiker, Professor der Mathematik und Strömungstechnik in Lille und Paris. Théorie de l'écoulement tourbillonnant et tumultueux des liquides dans les lits rectilignés à grandes sections. Paris: Gauthier-Villars, 1897

zurückzuführen. Der erste Term τ_l soll die laminare Grundschubspannung, der zweite Term τ_t die turbulente Zusatzspannung darstellen, also:

$$\boxed{\tau = \tau_l + \tau_t} \tag{10.13}$$

mit der laminaren Grundschubspannung

$$\boxed{\tau_l = \eta \frac{\partial \overline{v}_x}{\partial y}} \tag{10.14}$$

und der turbulenten Zusatzspannung, der sog. **REYNOLDS-Spannung**,

$$\boxed{\tau_t = -\rho\left(\overline{v'_x v'_y}\right)}. \tag{10.15}$$

Der Ausdruck $\overline{v'_x v'_y}$ ist, wie im Folgenden Kapitel gezeigt, stets negativ. So tritt also bei turbulenten Grenzschichtströmungen stets eine reibungserhöhende Schubspannung auf.

Aus messtechnischen Gründen ist es wichtig, darauf hinzuweisen, dass

$$\left(\overline{v'_x v'_y}\right) = \left(\overline{v_x v_y}\right) - \overline{v}_x \overline{v}_y \tag{10.16}$$

ist, wovon man sich folgendermaßen überzeugen kann:

$$\left(\overline{v_x v_y}\right) = \overline{\left(\overline{v}_x + v'_x\right)\left(\overline{v}_y + v'_y\right)} = \overline{v}_x \overline{v}_y + \overline{v'_x v'_y}$$

mit $\overline{v'_x} = 0\ m/s$ und $\overline{v'_y} = 0\ m/s$.
Hieraus folgt Gl.(10.16), q.e.d.

Schließlich wird aus Gl.(10.12) mit Gln.(10.13)...(10.15):

$$\boxed{\overline{v}_x \frac{\partial \overline{v}_x}{\partial x} + \overline{v}_y \frac{\partial \overline{v}_x}{\partial y} = -\frac{1}{\rho}\left(\frac{d\overline{p}}{dx} - \frac{\partial \tau}{\partial y}\right)}. \tag{10.17}$$

Dies ist die sog. **REYNOLDS-Grenzschichtgleichung** für ebene turbulente Grenzschichten.

Nach einer Idee von BOUSSINESQ (1896) lässt sich Gl.(10.13) wie folgt deuten:

$$\boxed{\tau = \rho\left(\nu + \nu_t\right)\frac{\partial \overline{v}_x}{\partial y}} \tag{10.18}$$

mit ν **Stoffwert** (kinematische Zähigkeit),
ν_t **Strömungswert** (Wirbelzähigkeit) und

$$\rho\, \nu_t \frac{\partial \overline{v}_x}{\partial y} = -\rho \left(\overline{v'_x v'_y}\right) = \tau_t \text{ (REYNOLDS-Spannung).}$$

Gleichung (10.18) wird auch **BOUSSINESQ-Gleichung** genannt. Sie gilt für zweidimensionale Grenzschichtströmungen in der x-,y-Ebene. Es muss beachtet werden, dass die hiermit definierte Wirbelzähigkeit ν_t im Gegensatz zu ν kein Stoffbeiwert, sondern ein von der Turbulenzstruktur abhängiger Parameter ist.

TAYLOR (1915) und PRANDTL (1925) schlugen für die Bestimmung der Wirbelzähigkeit einen sog. Mischungswegansatz (s. Kap. 10.2) der folgenden Form vor:

$$\boxed{\frac{-\left(\overline{v'_x v'_y}\right)}{\partial \overline{v}_x / \partial y} = \nu_t = l_m{}^2 \left|\frac{\partial \overline{v}_x}{\partial y}\right|} \tag{10.19}$$

mit l_m Mischungsweglänge, d.h. mittlere Weglänge in m, auf der ein Turbulenzballen seinen Impuls behält und

ν_t **Wirbelzähigkeit** in m²/s.

Bei der physikalischen Bestimmung der Mischungsweglänge gingen TAYLOR und PRANDTL von unterschiedlichen Vorstellungen aus: zum einen von der Erhaltung der Wirbelstärke, zum anderen von der Erhaltung der Impulses des Turbulenzballens. Im Folgenden soll der PRANDTL-Mischungsweg (Erhaltung des Impulses) erläutert werden.

10.2 PRANDTL-Mischungsweg

Bild 10.1 zeigt die Geschwindigkeitsverteilung in der Nähe einer Wand und die Lage eines Turbulenzballens in der Grenzschichthöhe y_1. Der Turbulenzballen bewege sich mit der Geschwindigkeit v'_y längs der freien Querweglänge l mit konstantem x-Impuls. Die PRANDTL-Modellvorstellung setzt voraus:

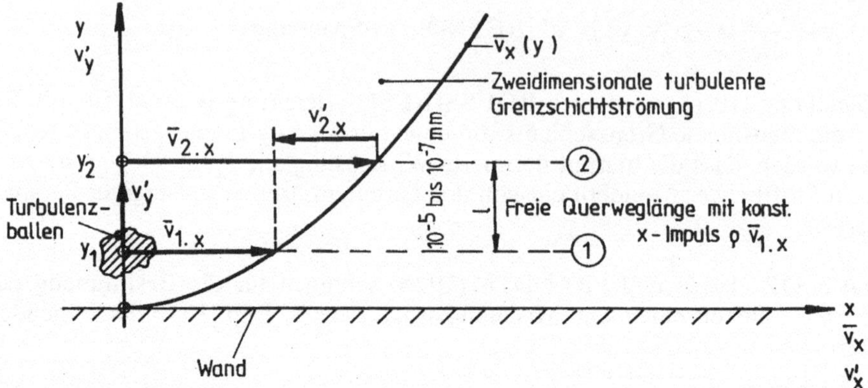

Bild 10.1 Turbulenzballen in einer zweidimensionalen turbulenten Grenzschichtströmung zum Verständnis des PRANDTL-Mischungswegs

1. Es handelt sich um eine Parallelströmung mit $\overline{\mathrm{v}}_{\mathrm{x}} = \overline{\mathrm{v}}_{\mathrm{x}}(y)$, $\overline{\mathrm{v}}_{\mathrm{y}} = 0\, m/s$ und $\overline{\mathrm{v}}_{\mathrm{z}} = 0\, m/s$.
2. Der Turbulenzballen mit $\mathrm{v}'_{\mathrm{y}} > 0\, m/s$ behält seinen mittleren spezifischen (pro m³) x- Impuls $\rho\, \overline{\mathrm{v}}_{1.\mathrm{x}}$ über die freie Querweglänge l bei,
3. Die Geschwindigkeitsdifferenz $\overline{\mathrm{v}}_{1.\mathrm{x}} - \overline{\mathrm{v}}_{2.\mathrm{x}}$ wird als Schwankungsgeschwindigkeit $\mathrm{v}'_{2.\mathrm{x}} < 0$ m/s gedeutet.
4. Die Absolutbeträge der Schwankungsgeschwindigkeiten in x- und y-Richtung sind von gleicher Größenordnung: $|\mathrm{v}'_{2.\mathrm{x}}| = |\mathrm{v}'_{\mathrm{x}}| \approx |\mathrm{v}'_{\mathrm{y}}|$.

Nach der dritten Voraussetzung kann also die Geschwindigkeitsschwankung gedeutet werden als:

$$\mathrm{v}'_{2.\mathrm{x}} = \overline{\mathrm{v}}_{1.\mathrm{x}} - \overline{\mathrm{v}}_{2.\mathrm{x}} < 0 \text{ m/s für } \mathrm{v}'_{\mathrm{y}} > 0 \text{ m/s.}$$

Daraus folgt: $\mathrm{v}'_{\mathrm{x}}\mathrm{v}'_{\mathrm{y}} < 0\ (\mathrm{m/s})^2$ und auch $\overline{\mathrm{v}'_{\mathrm{x}}\mathrm{v}'_{\mathrm{y}}} < 0\ (\mathrm{m/s})^2$.

Erinnert man sich an die TAYLOR-Reihenentwicklung für f(x) im Intervall x_0 bis $x_0 + h$:

$$f(x_0 + h) = f(x_0) + \frac{h^1}{1!} f'(x_0) + \frac{h^2}{2!} f''(x_0) + \ldots$$

und wendet diese Rechenvorschrift auf die Geschwindigkeitsverteilung $\overline{\mathrm{v}}_{\mathrm{x}}(y)$ im Intervall y_1 bis $\mathrm{y}_1 + l$ an, so ergibt sich:

$$\underbrace{\overline{v}_x(y_1+l)}_{\overline{v}_{2.x}} = \underbrace{\overline{v}_x(y_1)}_{\overline{v}_{1.x}} + \left(l\left.\frac{\partial \overline{v}_x}{\partial y}\right|_{y_1} + \frac{l^2}{2}\left.\frac{\partial^2 \overline{v}_x}{\partial y^2}\right|_{y_1} + \ldots \right).$$

Für kleinere Werte von l $(10^{-5}...10^{-7}\,mm)$ bricht man die Reihe nach dem ersten Glied ab und erhält:

$$\boxed{v'_{2.x} = \overline{v}_{1.x} - \overline{v}_{2.x} = -l\frac{\partial \overline{v}_x}{\partial y}}. \tag{10.20}$$

Aus **Bild 10.1** und aus dieser Gleichung können zwei wichtige Schlüsse gezogen werden:

1. $\overline{v'_x v'_y} < 0$ für $\partial \overline{v}_x / \partial y > 0$ und

2. $|v'_x| \approx |v'_y|$ und damit $v'_x v'_y \sim -l^2 \left|\frac{\partial \overline{v}_x}{\partial y}\right| \frac{\partial \overline{v}_x}{\partial y}$ bzw. $v'_x v'_y = -l_m{}^2 \left|\frac{\partial \overline{v}_x}{\partial y}\right| \frac{\partial \overline{v}_x}{\partial y}$,

wobei l_m im Vergleich mit l den Proportionalitätsfaktor enthält. l_m trägt den Namen **Mischungsweglänge** und ist ein Maß für die mittlere Weglänge eines Turbulenzballens mit konstanten strömungsphysikalischen Größen.

Der Ausdruck $l_m{}^2 \left|\frac{\partial \overline{v}_x}{\partial y}\right|$ stellt die bereits eingeführte Wirbelzähigkeit dar.

Setzt man die Wirbelzähigkeit ν_t in Gl.(10.18) ein, so erhält man für die Gesamtschubspannung

$$\tau = \rho\left(\nu + l_m{}^2\left|\frac{\partial \overline{v}_x}{\partial y}\right|\right)\frac{\partial \overline{v}_x}{\partial y}$$

mit der laminaren Schubspannung $\tau_l = \rho\,\nu\,\frac{\partial \overline{v}_x}{\partial y}$ und

der turbulenten Schubspannung

$$\boxed{\tau_t = \rho\, l_m{}^2 \left|\frac{\partial \overline{v}_x}{\partial y}\right| \frac{\partial \overline{v}_x}{\partial y}}. \tag{10.21}$$

Mit der BOUSSINESQ-Gl.(10.18) kann die Gesamtschubspannung in turbulenter Grenzschichtströmung wie folgt zusammenfassend geschrieben werden:

$$\tau = \eta\frac{\partial \overline{v}_x}{\partial y} - \rho\,\overline{v'_x v'_y} = \eta\frac{\partial \overline{v}_x}{\partial y} - \frac{\rho\overline{v'_x v'_y}}{\partial \overline{v}_x/\partial y}\frac{\partial \overline{v}_x}{\partial y}$$

$$= \rho\left(\nu - \frac{\overline{v'_x v'_y}}{\partial \overline{v}_x / \partial y}\right)\frac{\partial \overline{v}_x}{\partial y} = \rho\left(\nu + l_m{}^2\left|\frac{\partial \overline{v}_x}{\partial y}\right|\right)\frac{\partial \overline{v}_x}{\partial y} .$$

Es ist also:

$$\boxed{\tau = \rho\left(\nu\frac{\partial \overline{v}_x}{\partial y} + \nu_t\frac{\partial \overline{v}_x}{\partial y}\right) = \rho\,\nu_{ges}\frac{\partial \overline{v}_x}{\partial y}} \tag{10.22}$$

mit $\nu_{ges} = \nu + \nu_t$.

An der Wand y = 0 m gilt für die **Wandschubspannung**:

$$\boxed{\tau_W = \rho\,\nu_{ges.W}\left(\frac{\partial \overline{v}_x}{\partial y}\right)_W} . \tag{10.23}$$

Bezieht man die nach Gl.(10.18) berechnete Schubspannung auf den wandnahen Strömungsbereich, so erhält man die sog. Wandschubspannung τ_W. Bildet man den Ausdruck $v_\tau = \sqrt{|\tau_W| / \rho}$, so ergibt sich hierfür die Einheit m/s. Man bezeichnet wegen dieser Einheit den o.a. Ausdruck mit **Wandschubspannungsgeschwindigkeit** v_τ für turbulente Grenzschichten, d.h.

$$\boxed{v_\tau = \sqrt{\frac{|\tau_W|}{\rho}}} \tag{10.24}$$

mit $$\tau_W = \underbrace{\rho\nu\left(\frac{\partial \overline{v}_x}{\partial y}\right)_W}_{\tau_{l.W}} + \underbrace{\rho\, l_m{}^2\left|\frac{\partial \overline{v}_x}{\partial y}\right|_W\left(\frac{\partial \overline{v}_x}{\partial y}\right)_W}_{\tau_{t.W}}$$

und $\tau_{l.W}$ laminarer Anteil der Wandschubspannung und

$\tau_{t.W}$ turbulenter Anteil der Wandschubspannung.

Für v_τ existieren Näherungen a und b an die experimentell ermittelte reale Verteilung c. Dieser Zusammenhang ist in **Bild 10.2** schematisch dargestellt. Hier bedeuten:

a Gesetz der zähen Unterschicht:

$$\boxed{\frac{\overline{v}_x}{v_\tau} = \frac{y v_\tau}{\nu}} , \tag{10.25}$$

b Logarithmisches Wandgesetz:

$$\boxed{\frac{\overline{\mathrm{v}}_{\mathrm{x}}}{\mathrm{v}_{\tau}} = K_1 \ln \frac{y \mathrm{v}_{\tau}}{\nu} + K_2} \qquad (10.26)$$

mit $K_1 \approx 2{,}5$ und $K_2 \approx 5{,}0$ und

c Reale Verteilung (experimentell ermittelt).

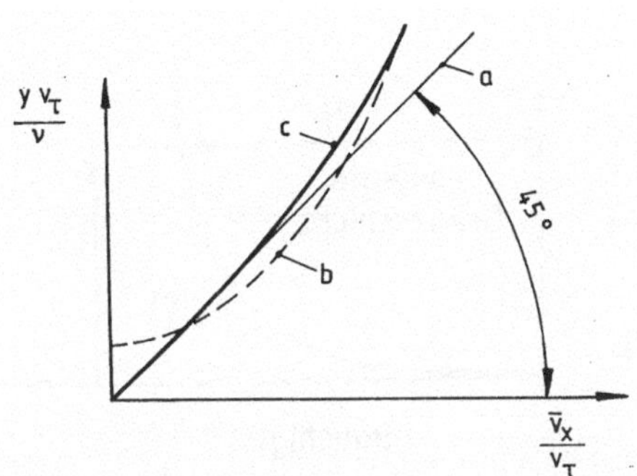

a Gesetz der zähen Unterschicht $\overline{\mathrm{v}}_\mathrm{x} / \mathrm{v}_\tau = y \mathrm{v}_\tau / \nu$

b Logarithmisches Wandgesetz $\overline{\mathrm{v}}_\mathrm{x} / \mathrm{v}_\tau = \underset{\text{ca. 2,5}}{K_1} \ln \frac{y \mathrm{v}_\tau}{\nu} + \underset{\text{ca. 5,0}}{K_2}$

c Reale Verteilung

Bild 10.2. Zur Ermittlung der Wandschubspannungsgeschwindigkeit v_τ in turbulenten Grenzschichten mit den Näherungen a und b an die reale Verteilung c

10.3 Dreibereichsmodell für turbulente Grenzschichten

Bekanntlich zeigen die laminaren und turbulenten Wandgrenzschichten charakteristische Geschwindigkeitsverteilungen auf, die in **Bild 10.3** beispielhaft dargestellt sind. Die parabelförmige Form der laminaren Grenzschicht ergibt einen kleineren Geschwindigkeitsquergradienten $\partial \mathrm{v}_\mathrm{x} / \partial y$ als die bauchige Form der turbulenten Grenzschicht. Dies erklärt auch die Tatsache, dass Profile mit laminaren Grenzschichten einen geringeren Widerstand aufweisen als Profile mit vorwiegend turbulenten Grenzschichten (laminares und turbulentes Tragflügelprofil).

Der bereits erwähnte Umschlag der laminaren Grenzschicht in die turbulente findet bei der Umströmung der ebenen Platte mit dp/dx = 0 Pa/m bei der sog. **Umschlags-REYNOLDS-Zahl** statt, mit:

$$Re_x = \frac{x_{\text{laminar}} v_\infty}{\nu} = K \cdot 10^5 \qquad (10.27)$$

mit
K = 3,2 bei hohen Turbulenzgraden, bis K = 5,0 bei niedrigen Turbulenzgraden; Turbulenzgrad s. Gl. (I-10.8).

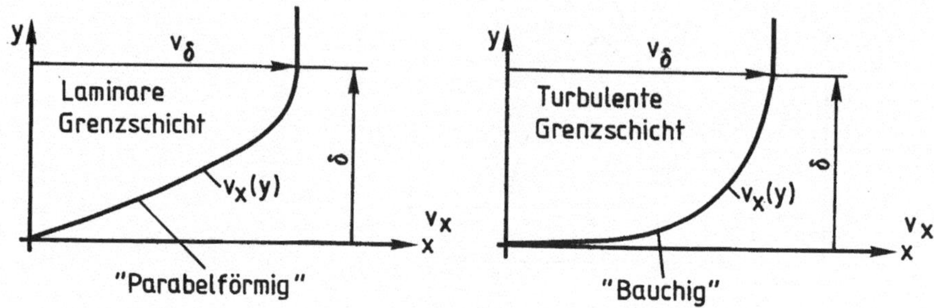

Bild 10.3 Zur Form laminarer und turbulenter Grenzschichten

Dieser Zusammenhang ist in **Bild 10.4** schematisch dargestellt.

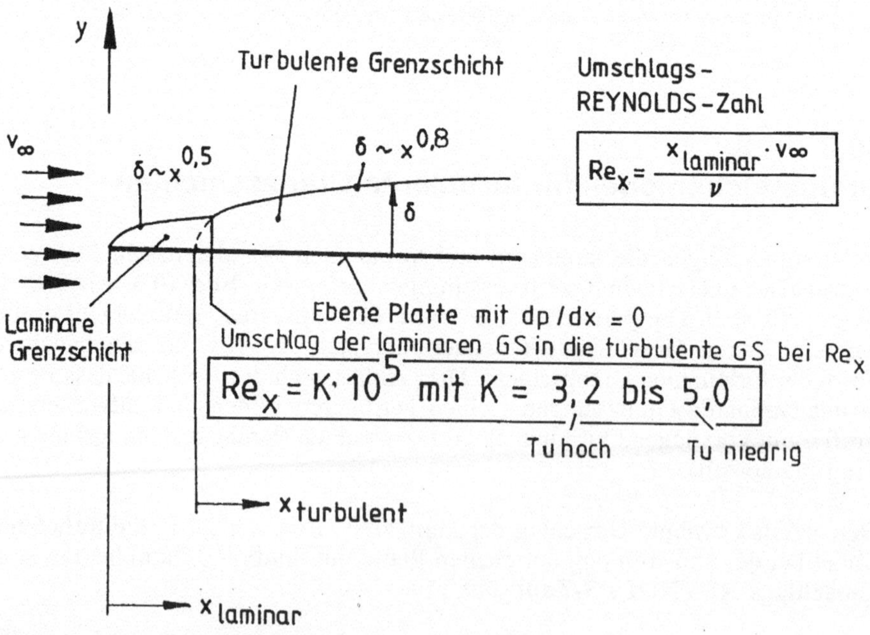

Bild 10.4. Zur Umschlags-REYNOLDS-Zahl

Bild 10.5 zeigt für eine turbulente Grenzschicht die Verteilung der Schubspannung. Es ergibt sich ein sog. „**Dreibereichsmodell**" mit den Bereichen:

1. Wandnächster Bereich (zähe Unterschicht),
2. Wandnaher Bereich und
3. Außenbereich

mit den Indizes
l laminare Grundschubspannung und
t turbulente Zusatzspannung.

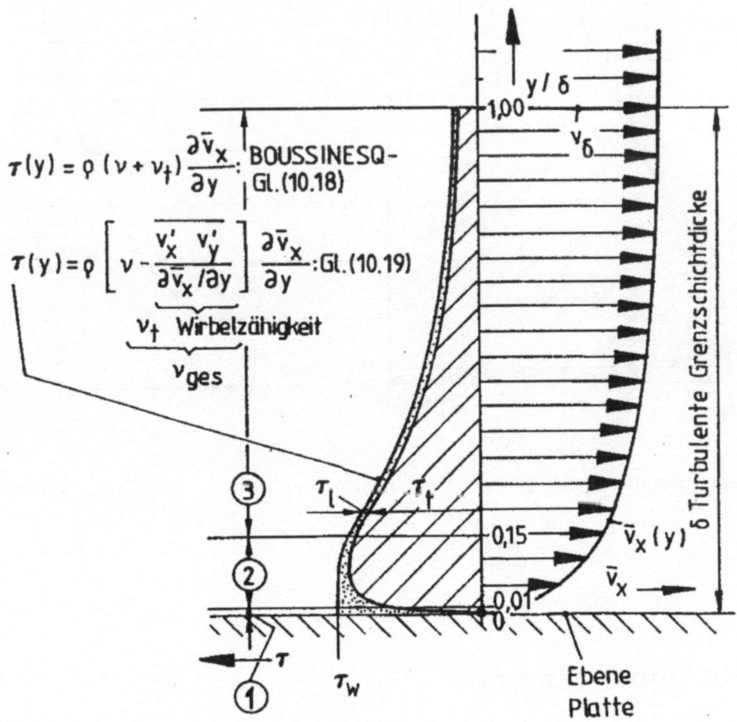

Bild 10.5. Dreibereichsmodell. Bereich (1) $\tau_t << \tau_l$, Bereich (2) $\tau_t > \tau_l$ und Bereich (3) $\tau_t >> \tau_l$

Für die einzelnen Bereiche lassen sich aus Kenntnis der Schwankungsgeschwindigkeiten und der BOUSSINESQ-Gl.(10.18) folgende Relationen ableiten:

Bereich (1): $\tau_t << \tau_l$,

Bereich (2): $\tau_t > \tau_l$ und

Bereich (3): $\tau_t >> \tau_l$.

Aus diesen drei Relationen besteht das sog. **Dreibereichsmodell** wie in **Bild 10.5** dargestellt. **Bild 10.6** zeigt eine vergrößerte Darstellung des wandnahen Bereichs.

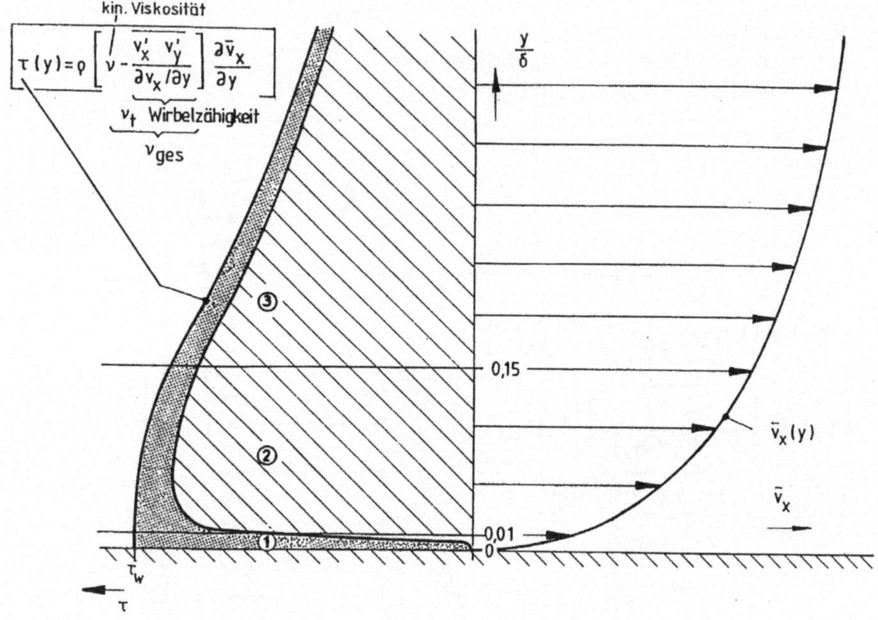

Bild 10.6. Schubspannungsverteilung in einer turbulenten Grenzschicht, vergrößerter wandnaher Bereich nach Bild 10.5

10.4 Turbulente Rohrströmung

Der turbulente Impulsaustausch aufgrund der Schwankungswerte v′ bewirkt bei der turbulenten Rohrströmung eine Vergleichmäßigung des Geschwindigkeitsprofils in der Rohrmitte. **Bild 10.7** zeigt für ein und denselben volumetrischen Mittelwert der Strömungsgeschwindigkeit

$$\boxed{v_{vol} = \frac{4\dot{V}}{\pi\, d^2}} \tag{10.28}$$

mit $\dot{V}$ Volumenstrom durch das kreisrunde Rohr und
d Rohrdurchmesser

ein turbulentes Geschwindigkeitsprofil im Vergleich zu einem laminaren Geschwindigkeitsprofil, s. Kap. I-11.3.2.

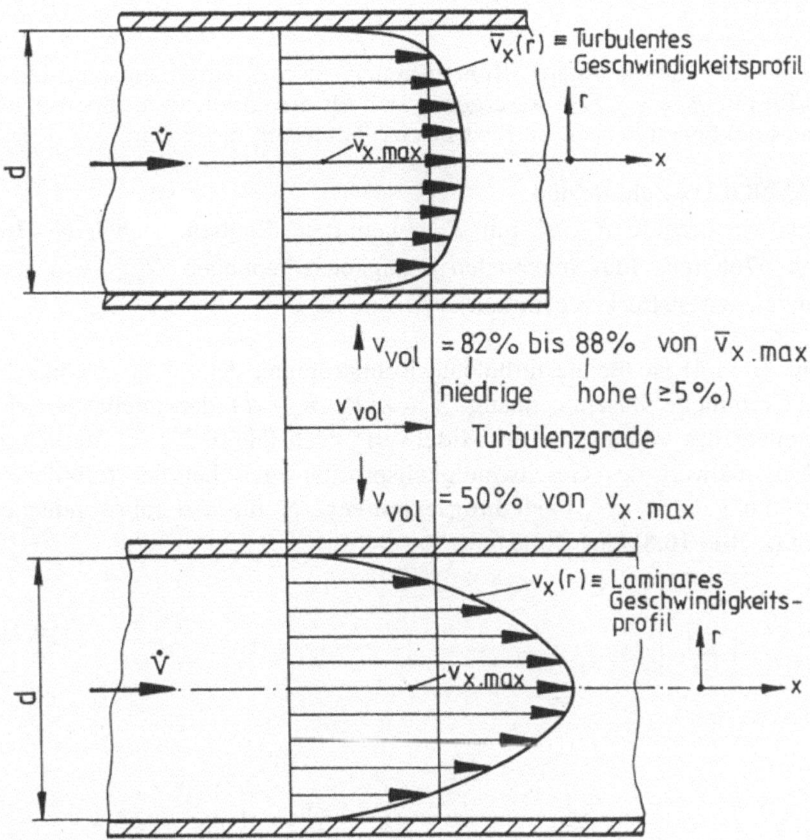

Bild 10.7. Turbulente und laminare Rohrströmung mit volumetrisch gemittelter Geschwindigkeit v_{vol}

Bei der laminaren Rohrströmung kann eine streng analytische Lösung für $\dot{V}, \overline{v}_x = v_{vol}$ und $v_x(r)$ angegeben werden, insbesondere auch das Verhältnis

$$\boxed{\left(\frac{v_{vol}}{v_{x.max}}\right)_{lam} = 0{,}5} \,. \tag{10.29}$$

Es erhebt sich nun die Frage, wie sich dieses Verhältnis bei der turbulenten Rohrströmung darstellt. Die Lösung ist relativ kompliziert, da sich in der Praxis unterschiedliche Beziehungen für das Geschwindigkeitsprofil in Rohrwandnähe ergeben. In Anlehnung an die Druckverlust-Gln. (I-11.8) für laminare Rohrströmung soll für die turbulente Rohrströmung analog angesetzt werden:

$$\boxed{\Delta p_J = \lambda \frac{l}{d} \frac{\rho}{2} v_{vol}^2} . \qquad (10.30)$$

Während für die laminare Rohrströmung der Rohrreibungskoeffizient λ = 64/Re mit $Re = v_{vol} d / \nu$ ist, ergeben sich für die turbulente Rohrströmung mehrere Funktionen je nach Einfluss zweier Parameter, die lauten:

- REYNOLDS-Zahl *Re* und
- Relative Rautiefe R_z / d mit R_z = gemittelte Rautiefe nach DIN 4764 und 4766 (aus fünf maximalen Rauigkeitserhebungen R_{max} von fünf Rauigkeitsteststrecken gemittelt).

Im Kap. (I-11.4) ist für die turbulente Rohrströmung der für die technische Belange ermittelte Zusammenhang $\lambda = \lambda(Re, R_z / d)$ dargestellt. Bei der Bestimmung des volumetrischen Mittelwerts nach Gl.(10.27) im Verhältnis zum Maximalwert des Geschwindigkeitsprofils spielt bei der turbulenten Rohrströmung ein sog. **„Verteilungsexponent“** N für den rohrwandnahen Bereich (s. **Bild 10.8**) eine Rolle mit

$$\boxed{\frac{\overline{v}_x(z)}{\overline{v}_{x.max}} = \left(\frac{z}{R}\right)^{\frac{1}{N}}} . \qquad (10.31)$$

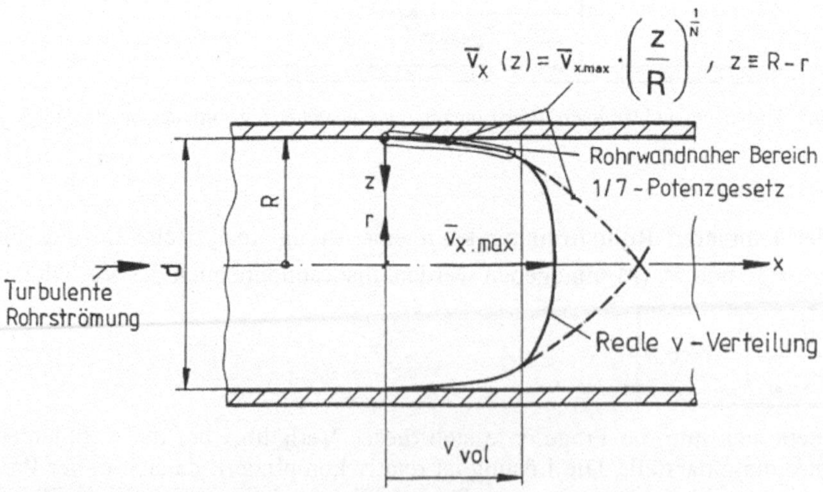

Bild 10.8. Näherung für die turbulente Geschwindigkeit $\overline{v}_x$ im rohrwandnahen Bereich

In der Praxis ist für N = 7 das sog. „1/7-Potenzgesetz" für den rohrwandnahen Bereich als charakteristisch für Rohrströmungs-REYNOLDS-Zahlen um $Re = 10^5$ bekannt. Aus Experimenten weiß man, dass in guter Näherung gilt (VDI/VDE 2640, Blatt 1):

$$m = \left(\frac{v_{vol}}{\bar{v}_{x.max}} \right)_{turb} = \frac{2N^2}{(N+1)(2N+1)}.$$

Der Kurvenverlauf m (*Re*) sowie N (*Re*) ist in **Bild 10.9** dargestellt.

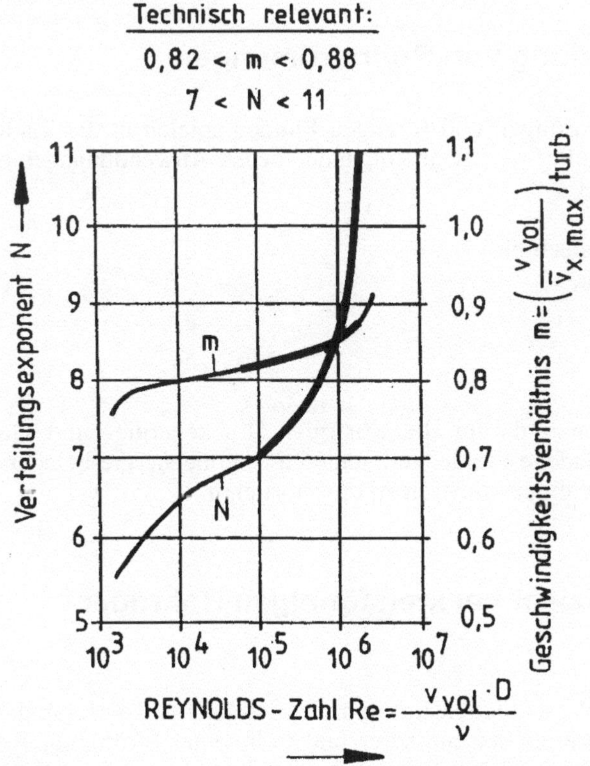

Bild 10.9. Technisch relevante Verteilungsexponenten N und Geschwindigkeitsverhältnisse m für turbulente Rohrströmungen in Abhängigkeit von der REYNOLDS-Zahl *Re*

Übungsaufgaben zu diesem Kapitel finden sich unter:
www.tu-berlin.de/~fsd

11 Strömung inkompressibler Fluide in Rohrleitungen

11.1 Technische Anwendung von Rohrströmungen

Rohrströmungen mit gasförmigen und flüssigen Fluiden spielen in der Technik eine entscheidende Rolle, so z.B. in folgenden sechs Anwendungsgebieten:

1. Energietechnik,
2. Wasserwirtschaftstechnik,
3. Verfahrenstechnik,
4. Schiffstechnik
5. Haustechnik und
6. Antriebstechnik.

Hier handelt es sich einmal darum, Lageenergie- Druckenergie- und Geschwindigkeitsenergie-beladene Fluide, zum anderen Chemieenergie-beladene Fluide von einem Punkt zu einem anderen zu transportieren.

11.2 Rohrreibungskoeffizient bei kreisförmigen Rohrquerschnitten

Hier handelt es sich im Wesentlichen um den Druckabfall in Rohrleitungen mit kreisförmigem Querschnitt bei laminarer und turbulenter Strömung. Bei laminarer Strömung wird auf das Kap. 6.3, sowie auf das MOODY-Diagramm, Kap. I-11.4, verwiesen. Man mache sich klar, dass die REYNOLDS-Zahl als Abszisse mit dem Rohrdurchmesser d gebildet wird, d.h. mit dem Durchmesser eines kreisförmigen Rohrquerschnitts. Nun existieren aber in der Technik auch Rohre mit nichtkreisförmigen Rohrquerschnitten, insbesondere bei Rohren, die bautechnisch (Betonrohre und Betonkanäle) erstellt werden. Wie in diesem Falle die REYNOLDS-Zahl gebildet wird, gibt das nächste Kapitel Auskunft.

11.3 Rohrreibungskoeffizient bei nichtkreisförmigen Rohrquerschnitten

In der Rohrleitungstechnik zeigen sich vielfältige Beispiele für nichtkreisförmige Strömungsquerschnitte, z.B. Rechteckkanäle, Schlitze, teilgefüllte Abwasserrohre. Für diese Strömungsquerschnitte ist das MOODY-Diagramm nicht sofort anwendbar. Hier ist zunächst eine Umrechnung des nichtkreisförmigen Strömungsquerschnitts auf einen reibungsäquivalenten Kreisquerschnitt erforderlich. Man setzt voraus, dass die Wandschubspannung τ_W im nichtkreisförmigen wie im kreisförmigen Strömungsquerschnitt gleich sind. Aus **Bild 11.1** geht hervor, dass folgendes Gleichgewicht zwischen Druck- und Reibungskräften besteht

$$(p_1 - p_2)A - \tau_W U l = 0 \tag{11.1}$$

mit A nichtkreisförmige Strömungsquerschnittsfläche und
U benetzter Umfang des Strömungsquerschnitts.

Berechnet man aus Gl.(11.1) die Druckdifferenz und deutet diese als **Druckverlust** Δp_J, so ist:

$$p_1 - p_2 = \Delta p_J = \frac{\tau_W U l}{A}. \tag{11.2}$$

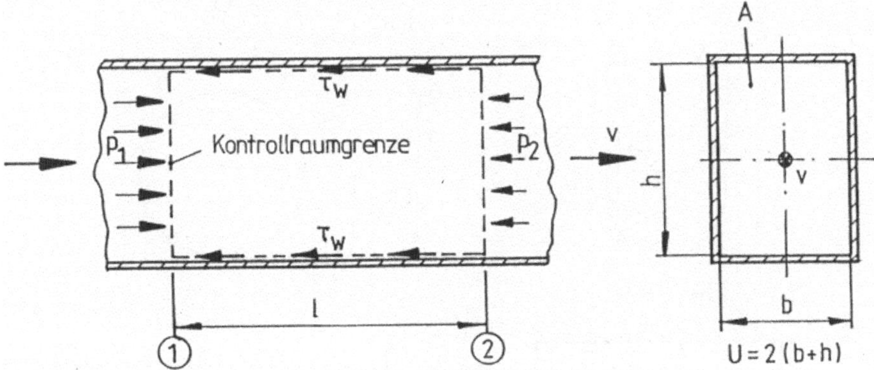

Bild 11.1 Geometrie des Rechteckkanalabschnitts (1)...(2) zur Herleitung des hydraulischen Durchmessers

Diese Gleichung lautet für das **reibungsäquivalente Rohr** mit kreisförmigem Querschnitt und der gleichen Rohrlänge l:

$$\Delta p_J = \tau_W \frac{\pi d l}{\pi d^2/4} = \frac{\tau_W 4l}{d} \tag{11.3}$$

mit $U = \pi d$ und
$A = \pi d^2/4$.

Die Gleichsetzung der Gln.(11.2) und (11.3) liefert:

$$\frac{\tau_W U l}{A} = \frac{\tau_W 4l}{d}$$

und aufgelöst nach d: $d = 4A/U$.

Dieser derart ermittelt Durchmesser heißt **hydraulischer Durchmesser** d_{hydr} und lautet:

$$\boxed{d_{\text{hydr}} = \frac{4 \times \text{Strömungsquerschnittsfläche}}{\text{Benetzter Umfang}} = \frac{4A}{U}}. \tag{11.4}$$

Es ist sofort einleuchtend, dass für den voll benetzten Umfang eines kreisförmigen Rohrquerschnitts der hydraulische Durchmesser mit dem wirklichen Innendurchmesser identisch ist. Im Folgenden sollen für einige technisch wichtige Strömungsquerschnitte der Strömungstechnik die hydraulischen Durchmesser bestimmt werden, s. **Bild 11.2**:

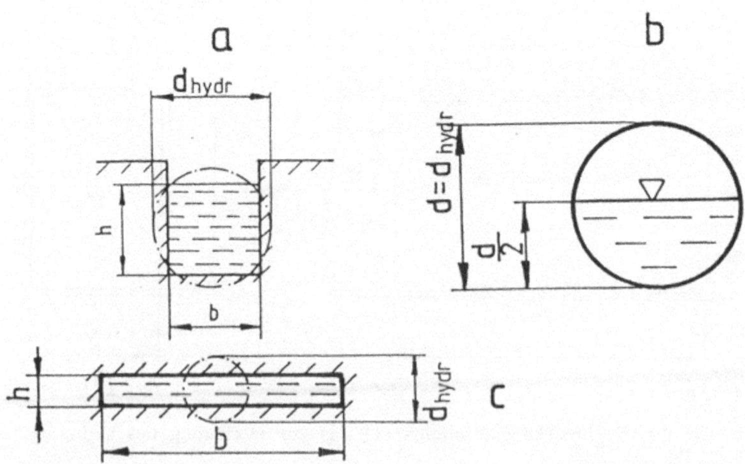

Bild 11.2 Hydraulische Durchmesser d_{hydr} von verschiedenen nichtkreisförmigen Strömungsquerschnitten; a Offener Rechteckkanal, b Halbgefülltes kreisförmiges Abwasserrohr, c Geschlossener Rechteckschlitz

a) Offener Rechteckkanal:
Mit b = 1 m und H = 1 m ergibt sich

$$d_{\text{hydr}} = \frac{4bh}{2h+b} = 1{,}333\ m\,.$$

b) Halbgefülltes kreisförmiges Abwasserrohr:

$$d_{\text{hydr}} = \frac{4\pi d^2/8}{\pi d/2} = d$$

Es ist interessant festzustellen, dass in diesem Fall der hydraulische mit dem geometrischen Durchmesser identisch ist, jedoch die Strömung nur den halben Rohrquerschnitt einnimmt.

c) Geschlossener Rechteckschlitz:
Mit b = 0,200 m und h = 0,030 m folgt:

$$d_{\text{hydr}} = \frac{4bh}{2(b+h)},$$

bei h<< b ist näherungsweise:

$$d_{\text{hydr}} = \frac{4bh}{2b} = 2h = 0{,}060\ m\,.$$

11.4 Druckverluste durch Sekundärströmungen in Rohrleitungen

In gekrümmten Rohrleitungen mit kreisförmigem Querschnitt treten sog. **Sekundärströmungen erster Art** auf, die sich der axialen Translationsströmung überlagern. Aufgrund der radialen Druckgleichung (I-3.5) ist auf den äußeren Strombahnen ein höherer statischer Druck als auf den inneren Strombahnen festzustellen. **Bild 11.3** zeigt, dass sich der höhere Druck zum Unterdruckgebiet über die wandnahen Strömungszonen niederer Geschwindigkeit ausgleicht. Die Erklärung dieses Phänomens ist in Kap.I-3.4 gegeben; man erinnere sich auch an die Teetassenströmung, s. Bild I-3.8. Im **Bild 11.3** sind auch die Ablösungsgebiete in Gebieten bei steigendem Druckgradienten eingezeichnet, vgl. Bild I-3.7.

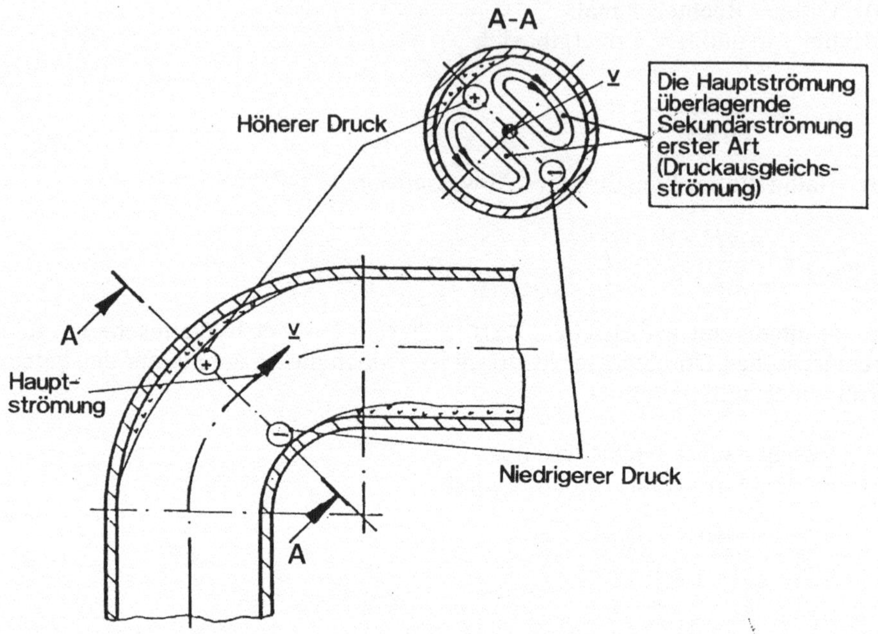

Bild 11.3. Rohrbogen mit Darstellung der Sekundärströmung erster Art (Druckausgleichsströmung)

Es gibt aber auch **Sekundärströmungen zweiter Art**. Diese treten bei nichtkreisförmigen Rohrquerschnitten, wie in **Bild 11.4** gezeigt, auf. Diese Sekundärströmung wird auch die „Tote Ecken ausfüllende Strömung" genannt, da aufgrund der erhöhten Reibung in den Ecken das strömende Fluid in diese Ruhegebiete ausweichen will. Es überlagert sich also die zellenartige Sekundärströmung zweiter Art der Translationsströmung. Im streng mathematischen Sinn ist allerdings eine Überlagerung zweier Strömungen nur bei Potentialströmungen, s. Kap. 7 und I-7, gültig.

Wie am Beispiel der Rohrbogenströmung gezeigt, können erhebliche Druckverluste durch Ablösung der Strömung bei steigendem statischem Druck hervorgerufen werden. Die Ablösungszonen verursachen starke Verluste und Sekundärströmungen erster und zweiter Art.

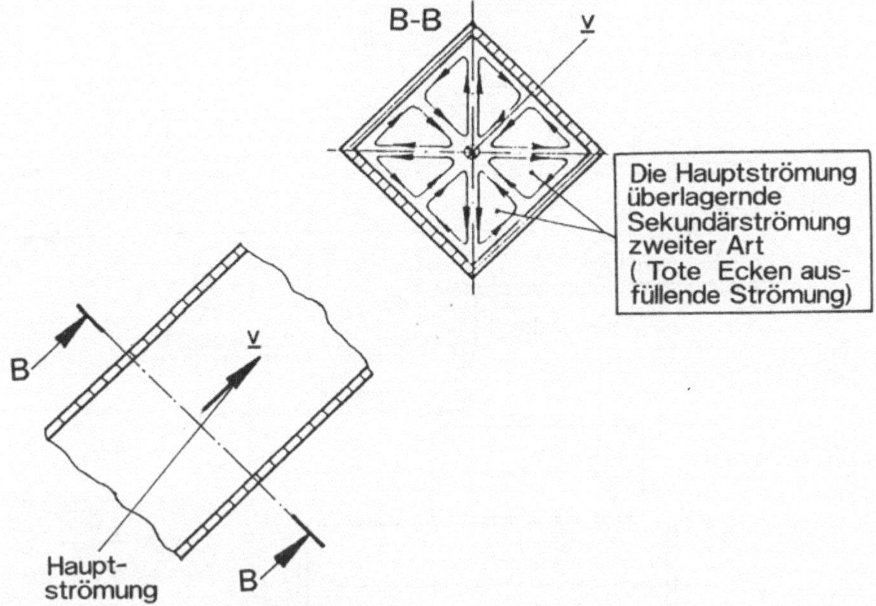

Bild 11.4. Rohr mit quadratischem Querschnitt und Darstellung der Sekundärströmung zweiter Art (Tote Ecken ausfüllende Strömung)

Erhebliche Strömungsablösungsverluste treten auch bei den beiden folgenden strömungstechnischen Bauteilen auf.

CARNOT[17] -Stoßdiffusor

Bilder 11.5 (oben) und **11.6** zeigen die wesentlichen Zusammenhänge, die zu dem Druckverlust $\Delta p_J \,/\, \rho$ eines Stoßdiffusors führen.

[17] CARNOT, Nicolas Leonardi Sardi, geb. 1796 in Paris, gest. 1832 in Paris. Physiker, beschäftigte sich mit der Wärmestofftheorie, Umwandelbarkeit von Wärme und Arbeit (s. 1. Hauptsatz der Thermodynamik). Wichtigstes Werk: Reflexions sur la puissance motrice du feu, 1824. Aus einigen Quellen geht hervor, dass der CARNOT-Stoßdiffusor seinem Vater Lazare Nicolas Marguérite, geb. 1753 in Nolay (Burgund), gest. 1823 in Magdeburg, Physiker und Politiker, zugeschrieben werden muss.

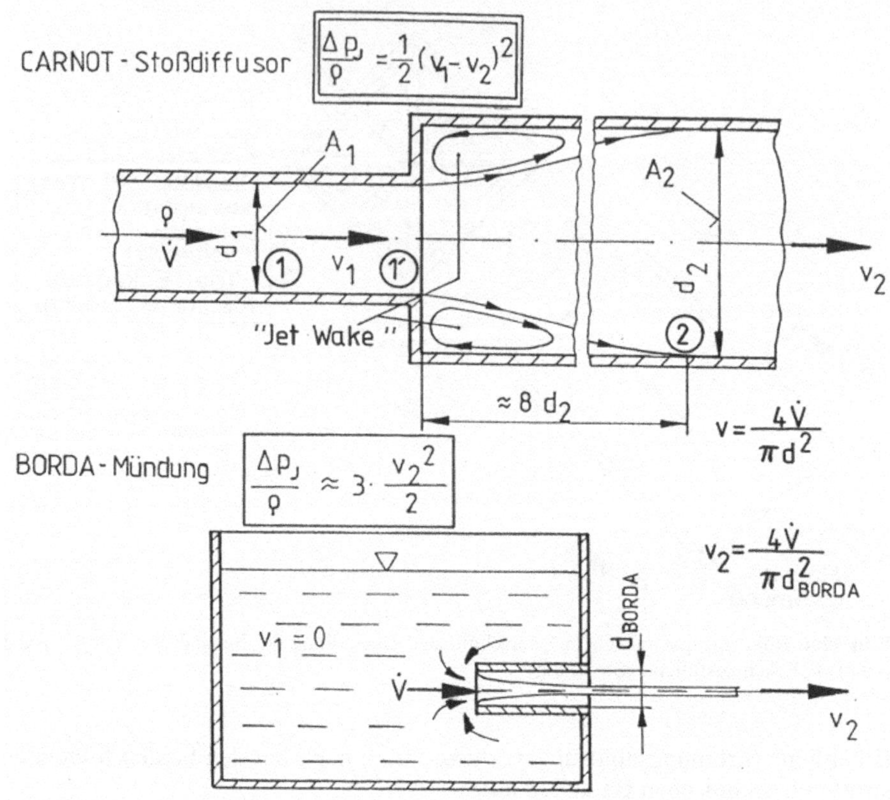

Bild 11.5. Druckverluste Δp_J bei CARNOT-Stoßdiffusor und BORDA-Mündung

Die Herleitung von $\Delta p_J / \rho = 1/2(\mathrm{v}_1 - \mathrm{v}_2)^2$ für den **CARNOT-Stoßdiffusor** in horizontaler Einbaulage mit ρ = const gestaltet sich wie folgt:

a) BERNOULLI-Gl., **ohne** Verluste, $p_2^{\,+}$ = Druck nach idealer (verlustloser) Druckumsetzung:

$$\frac{p_1}{\rho} + \frac{\mathrm{v}_1^{\,2}}{2} = \frac{p_2^{\,+}}{\rho} + \frac{\mathrm{v}_2^{\,2}}{2} \,,$$

$$\boxed{\frac{p_2^{\,+}}{\rho} = \frac{p_1}{\rho} + \frac{1}{2}\left(\mathrm{v}_1^{\,2} - \mathrm{v}_2^{\,2}\right)} \,. \tag{11.5}$$

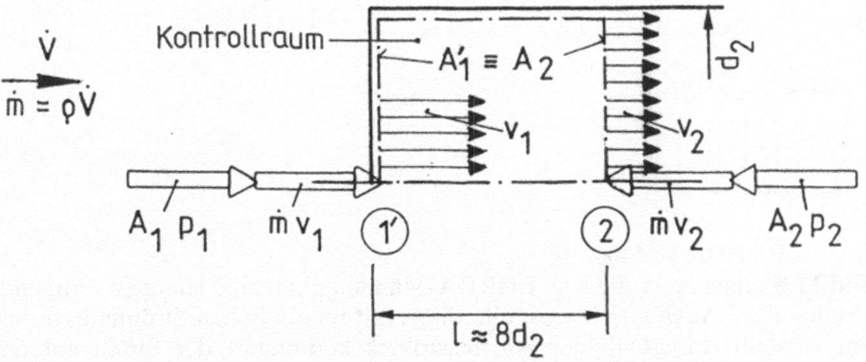

Bild 11.6. Zur Herleitung des Druckverlusts bei dem CARNOT-Stoßdiffusor

b) Impulssatz mit Strömungsverlusten, p_2 = Druck nach realer (verlustbehafteter) Druckumsetzung beträgt in Anlehnung an Gl. (I-5.33) und nach **Bild 11.6**:

$$p_1 A_1 + \dot{m} v_1 = p_2 A_2 + \dot{m} v_2 , \; A_1 \equiv A_2 , \; \dot{m} = \rho \, v_2 A_2 ,$$

$$A_2 (p_2 - p_1) = \rho A_2 v_2 (v_1 - v_2), \text{ hieraus folgt:}$$

$$\boxed{\frac{p_2}{\rho} = \frac{p_1}{\rho} + v_2 (v_1 - v_2)}, \tag{11.6}$$

c) Ansatz für den Druckverlust
Es wird angenommen, dass der Druckverlust sich aus der Differenz der beiden Drücke aus der Gl. (11.5), Druck ohne Verluste, und aus Gl.(11.6), Druck mit Verlusten, zusammensetzt, d.h.:

$$\frac{\Delta p_J}{\rho} = \frac{p_2^{+} - p_2}{\rho} = \frac{1}{2}\left(v_1^{2} - v_2^{2}\right) - v_2 (v_1 - v_2) \text{ oder:}$$

$$\boxed{\frac{\Delta p_J}{\rho} = \frac{1}{2}(v_1 - v_2)^2}. \tag{11.7}$$

Gleichung (11.7) kann auch wie folgt geschrieben werden:

$$\frac{\Delta p_J}{\rho} = \frac{1}{2}(v_1 - v_2)^2 = \varsigma_k \frac{v_2^{\,2}}{2}$$

mit ς_k CARNOT-Stoßverlustzahl.

Mit $v_1 / v_2 = A_2 / A_1$ und $\frac{\Delta p_J}{\rho} = \left(\frac{A_2}{A_1} - 1\right)^2 \frac{v_2^2}{2}$ ist ς_k

$$\boxed{\varsigma_K = \left(\frac{A_2}{A_1} - 1\right)^2} . \tag{11.8}$$

2. BORDA[18]-Mündung

Bild 11.5 unten zeigt die sog. BORDA-Mündung, die eine leicht zu fertigende Lösung eines Ausflussstutzens, allerdings mit relativ hohen Strömungsverlusten, darstellt. Innerhalb der Ausflussrohres kontrahiert der Strahl auf den Durchmesser d_{BORDA} mit einer relativ hohen Ausflussgeschwindigkeit

$$v_2 = \frac{4\dot{V}}{\pi\, d^2{}_{\text{BORDA}}} . \tag{11.9}$$

Vielfältige Messungen haben folgende empirische Abschätzung für den Druckverlust ergeben:

$$\boxed{\frac{\Delta p_J}{\rho} = 3\,\frac{v_2^2}{2}} . \tag{11.10}$$

Hiermit ist ς_k der BORDA-Mündung in der Größenordnung von 3.

11.5 Kennlinien von Rohrleitungen und Arbeitsmaschinen

Unter Arbeitsmaschinen seien in diesem Kapitel **Pumpen** und **Ventilatoren** verstanden, also Maschinen, die eine mechanische Leistung in eine Strömungsleistung umwandeln. Die Kompressoren mit einem Druckverhältnis von $p_{\text{Druckstutzen}} / p_{\text{Saugstutzen}} > 1{,}3$ seien in diesem Kapitel ausgenommen, da hier in allen Fällen ein inkompressibles Fluid vorausgesetzt wird.

Bild 11.7 zeigt ein Rohrleitungssystem mit einer Arbeitsmaschine, in diesem Fall mit einer **Kreiselpumpe**. Das System wird aus einem saugseitigen Kessel gespeist, in dem der Systemeintritt mit (e) bezeichnet wird. Die saugseitige Anlage endet am Saugstutzen (s) der Kreiselpumpe. Die druckseitige Anlage beginnt am Druckstutzen (d) der Kreiselpumpe und endet nach einer längeren

[18] BORDA, Jean-Charles, geb. 1733 in Dax, gest. 1799 in Paris. Physiker und Mathematiker, arbeitete auf dem Gebiet der Strömungstechnik, entwickelte Instrumente für Navigation und Geodäsie, widersprach NEWTONs Theorie des Strömungswiderstands. Wichtigste Werke in : Mémoires de l´Académie des sciences, Jg. 1763,1766...69

Rohrleitungsstrecke im druckseitigen Kessel, in dem der Systemaustritt mit (a) bezeichnet ist.

Im Folgenden sollen die Kennlinien der Anlage und der Kreiselpumpe (bzw. des Ventilators) sowie der Betriebspunkt abgeleitet werden.

Gegeben:

(e)→(s) Saugseitige Anlage,

(d)→(a) Druckseitige Anlage.
Unter der saug- und druckseitigen Anlage wird im Wesentlichen die Rohrleitung verstanden. Die relativ kurzen Kesselstrecken werden wegen der geringen Strömungsgeschwindigkeiten als quasi verlustfreie Rohrstrecken vernachlässigt. Dies gilt allerdings nicht für die CARNOT-Stoßverluste und die BORDA-Mündungsverluste.

(s)→(d) Kreiselpumpe für ein quasi inkompressibles Fluid.
Kreiselpumpen können reine Flüssigkeiten oder Gemische mit vorwiegend flüssigen Mischungsanteilen fördern. Man spricht von Ventilatoren, wenn es sich um Gase oder Gemische mit vorwiegend gasförmigen Mischungsanteilen handelt. Hierbei darf das Druckverhältnis p_d / p_s nur $\leq 1{,}3$ sein.

Vorausgesetzt:

- Stationäre Strömung,
- Reale Strömung und
- Quasi inkompressibles Fluid, d.h. Fehler, die durch vernachlässigte Kompressibilitätseffekte hervorgerufen werden, liegen unter 5%.

Gesucht:

1. Kennlinie der Anlage,
2. Kennlinie der Pumpe bzw. des Ventilators und
3. Betriebspunkt.

Lösung:

Zu 1.:

Wendet man die BERNOULLI-Gl. (I-11.1) zwischen den Referenzpunkten (e) und (s) bzw. (d) und (a) an, so ergibt sich:

$$\boxed{\frac{p_e}{\rho} + \frac{v_e^2}{2} + g z_e = \frac{p_s}{\rho} + \frac{v_s^2}{2} + g z_s + \left(\frac{\Delta p_J}{\rho}\right)_{e,s}} \tag{11.11}$$

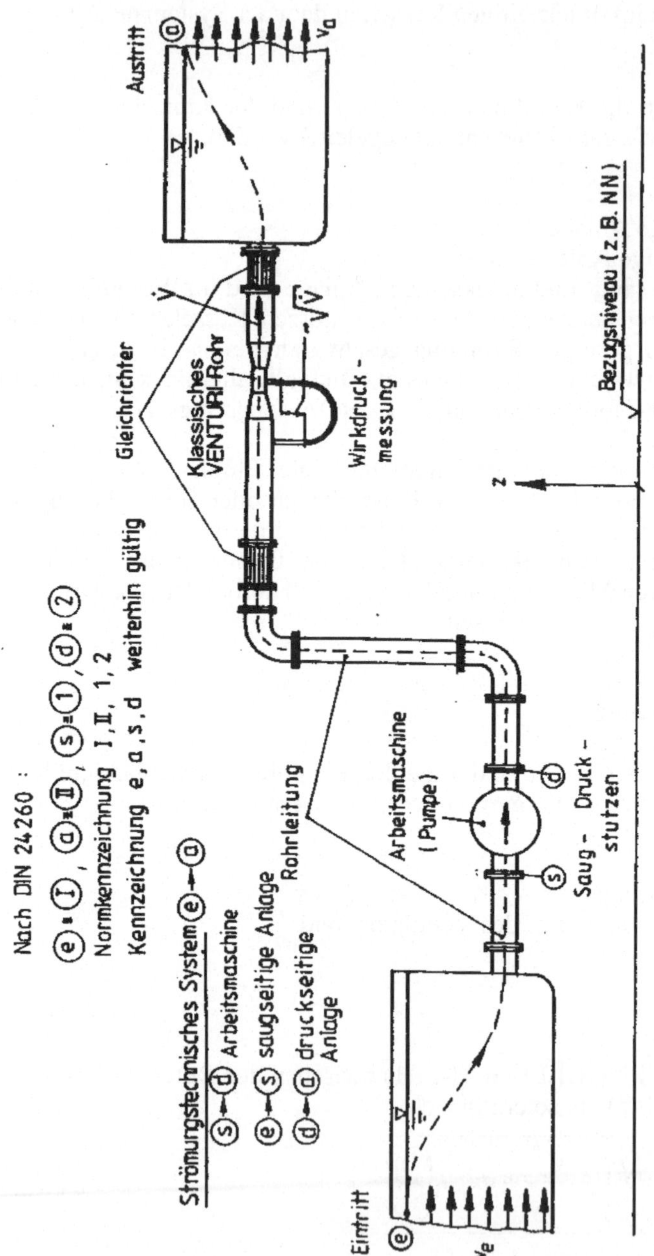

Bild 11.7. Strömungstechnisches System (e) bis (a) mit Arbeitsmaschine (s) bis (d) saugseitiger Anlage (e) bis (s) und druckseitiger Anlage (d) bis (a)

bzw.

$$\frac{p_\mathrm{d}}{\rho}+\frac{\mathrm{v_d}^2}{2}+gz_\mathrm{d}=\frac{p_\mathrm{a}}{\rho}+\frac{\mathrm{v_a}^2}{2}+gz_\mathrm{a}+\left(\frac{\Delta p_J}{\rho}\right)_{d,a}. \tag{11.12}$$

Führt man für den Ausdruck $\frac{p}{\rho}+\frac{\mathrm{v}^2}{2}+gz$ die sog. **Spezifische Leistung** $Y=\frac{p_\mathrm{tot}}{\rho}$ ein, mit Y in m²/s² = W/(kg s), so folgt:

$$Y_\mathrm{d}=Y_\mathrm{a}+\left(\frac{\Delta p_J}{\rho}\right)_{d,a}, \tag{11.13}$$

$$Y_\mathrm{s}=Y_\mathrm{e}-\left(\frac{\Delta p_J}{\rho}\right)_{e,s}. \tag{11.14}$$

Subtrahiert man Gl.(11.14) von Gl.(11.13), so erhält man für die spezifische Leistung der Anlage:

$$Y_\mathrm{A}=Y_\mathrm{d}-Y_\mathrm{s}=Y_\mathrm{a}-Y_\mathrm{e}+\left(\frac{\Delta p_J}{\rho}\right)_{e,s}+\left(\frac{\Delta p_J}{\rho}\right)_{d,a}. \tag{11.15}$$

Mit

ς_k Einbauteil-Druckverlustzahl, s. Gl. (I-11.3) und

λ_i Rohrreibungskoeffizient, s. Kap. (I-11.3) folgt:

$$\left(\frac{\Delta p_J}{\rho}\right)_{e,s}+\left(\frac{\Delta p_J}{\rho}\right)_{d,a}=\sum_i \lambda_\mathrm{i}\frac{l_\mathrm{i}}{d_\mathrm{i}}\frac{\mathrm{v_i}^2}{2}+\sum_k \varsigma_\mathrm{k}\frac{\mathrm{v_k}^2}{2}. \tag{11.16}$$

Bild 11.8 zeigt die Verlustquellen durch Einbauteile und gerade Rohrstrecken. Der Index A in den folgenden Gleichungen steht für „Anlage", so dass Y_A die spezifische (bezogen auf Massenstrom) Leistung der Anlage im Sinne von Leistungsverbrauch der saugseitigen und druckseitigen Anlage ist. Damit ist die Kennlinie der Anlage definiert als:

$$Y_\mathrm{A}=\frac{p_\mathrm{a}-p_\mathrm{e}}{\rho}+\frac{\mathrm{v_a}^2-\mathrm{v_e}^2}{2}+g(z_\mathrm{a}-z_\mathrm{e})+\sum_i \lambda_\mathrm{i}\frac{l_\mathrm{i}}{d_\mathrm{i}}\frac{\mathrm{v_i}^2}{2}+\sum_k \varsigma_\mathrm{k}\frac{\mathrm{v_k}^2}{2}. \tag{11.17}$$

Die spezifische Leistung der Anlage kann auch gedeutet werden als:

$$Y_\mathrm{A}=\frac{\overset{a}{\underset{e}{\Delta}}\, p_{tot}}{\rho}. \tag{11.18}$$

Setzt man für die Geschwindigkeit den volumetrischen Mittelwert $v = v_{vol} = \dot{V} / A$ ein, und bezeichnet den Ausdruck $\boxed{\frac{p_a - p_e}{\rho} + g(z_a - z_e) = Y_{stat}}$, so folgt für die Kennlinie $Y_A(\dot{V})$ der Anlage:

$$\boxed{Y_A(\dot{V}) = Y_{stat} + \underbrace{\frac{1}{2}\left(\frac{1}{A_a^2} - \frac{1}{A_e^2} + \sum_i \lambda_i \frac{l_i}{d_i A_i^2} + \sum_k \varsigma_k \frac{1}{A_k^2}\right)}_{K} \dot{V}^2} \tag{11.19}$$

Setzt man K für den Vorfaktor von $\dot{V}^2$, so kann Gl.(11.19) auch geschrieben werden als:

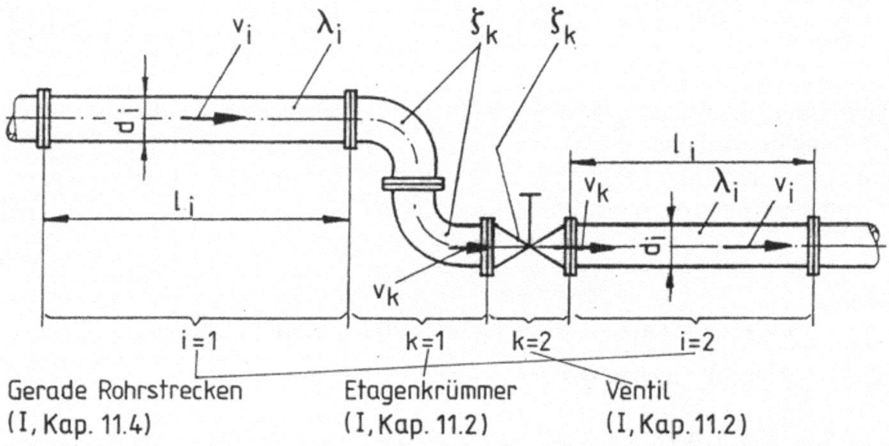

Bild 11.8. Beispiel für die Kennzeichnung: Index i für gerade Rohrstrecken und Index k für Bauteile

$$\boxed{Y_A = Y_{stat} + K\dot{V}^2} \tag{11.20}$$

mit

$$Y_{stat} = \frac{p_a - p_e}{\rho} + g(z_a - z_e) \text{und}$$

$$K = \frac{1}{2}\left(\frac{1}{A_a^2} - \frac{1}{A_e^2} + \sum_i \lambda_i \frac{l_i}{d_i A_i^2} + \sum_k \xi_k \frac{1}{A_k^2}\right).$$

Die Kennlinie $Y_A(\dot{V})$ der Anlage ist also eine Parabel zweiten Grades. Im Folgenden sollen drei Fälle von Anlagenkennlinien mit unterschiedlichem Y_{stat} diskutiert werden. So zeigt **Bild 11.9** drei Beispiele mit Fall 1: $Y_{stat} > 0$ m²/s², Fall 2: $Y_{stat} = 0$ m²/s² und Fall 3: $Y_{stat} < 0$ m²/s². In den drei Fällen tritt als Parameter die Konstante K auf. Für alle drei Fälle gibt es bekannte technische Bespiele, s. **Bild 11.10**:

- Fall 1: Wasserturmanlage mit $Y_{stat} = g(z_a - z_e) > 0\, m^2/s^2$,
  $Y_A = g(z_a - z_e) + K\dot{V}^2$,
- Fall 2: Betrieb einer Umwälzanlage mit $Y_{stat} = 0\, m^2/s^2$
  $Y_A = K\dot{V}^2$ und
- Fall 3: Feuerbekämpfung im Keller mit $Y_{stat} = g(z_a - z_e) < 0\, m^2/s^2$
  $Y_A = g(z_a - z_e) + K\dot{V}^2$.

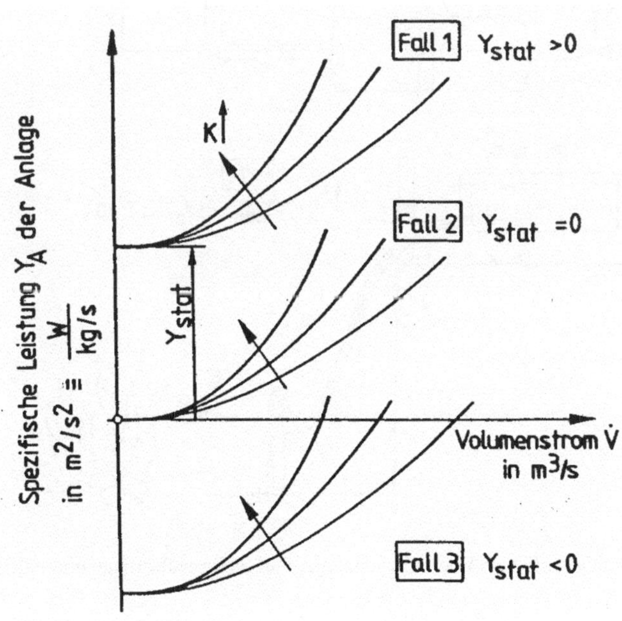

Bild 11.9. Spezifische Leistung Y_A in Abhängigkeit vom Volumenstrom $\dot{V}$ für drei Fälle, s. Bild 11.10

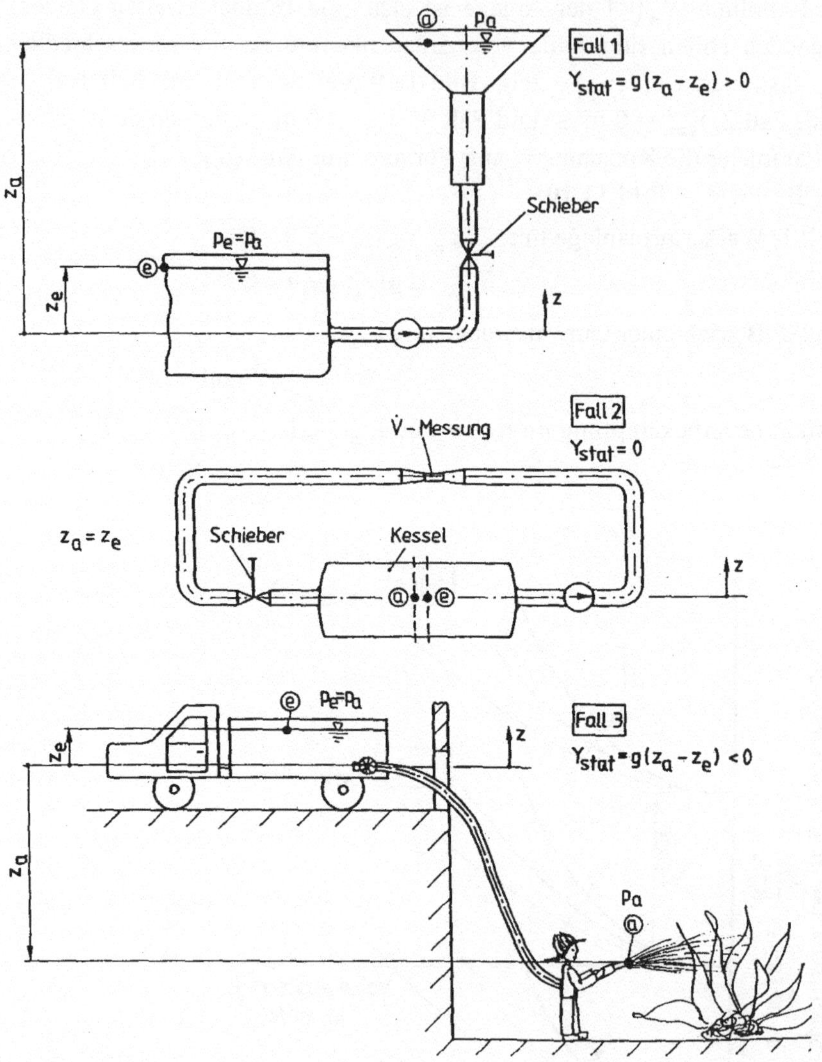

Bild 11.10. Drei Fälle von Anlagen: Fall 1: Wasserturmanlage, Fall 2: Umwälzanlage und Fall 3: Feuerlöschanlage

Zu 2.:

Im Folgenden wird die Kennlinie der Pumpe bzw. des Ventilators beschrieben.

Die **Bilder 11.11...11.14** zeigen den Zusammenhang zwischen der Bauart der Pumpe bzw. des Ventilators und den zugehörigen Kennlinien.

Die Kennlinie der Pumpe bzw. des Ventilators wird durch folgende Gleichung beschrieben (Leistungsbilanz zwischen Druckstutzen d und Saugstutzen s):

$$Y = \frac{\overset{d}{\underset{s}{\Delta}} p_{\text{tot}}}{\rho} = Y_{\text{d}} - Y_{\text{s}} = \frac{p_{\text{d}} - p_{\text{s}}}{\rho} + g(z_d - z_s) + \frac{v_{\text{d}}^2 - v_{\text{s}}^2}{2} \quad . \tag{11.21}$$

Gleichung (11.21) stellt den Zusammenhang zwischen spezifischer Förderleistung Y und den physikalischen Größen Druck p, geodätischer Höhe z und der volumetrisch gemittelten Geschwindigkeit v her.

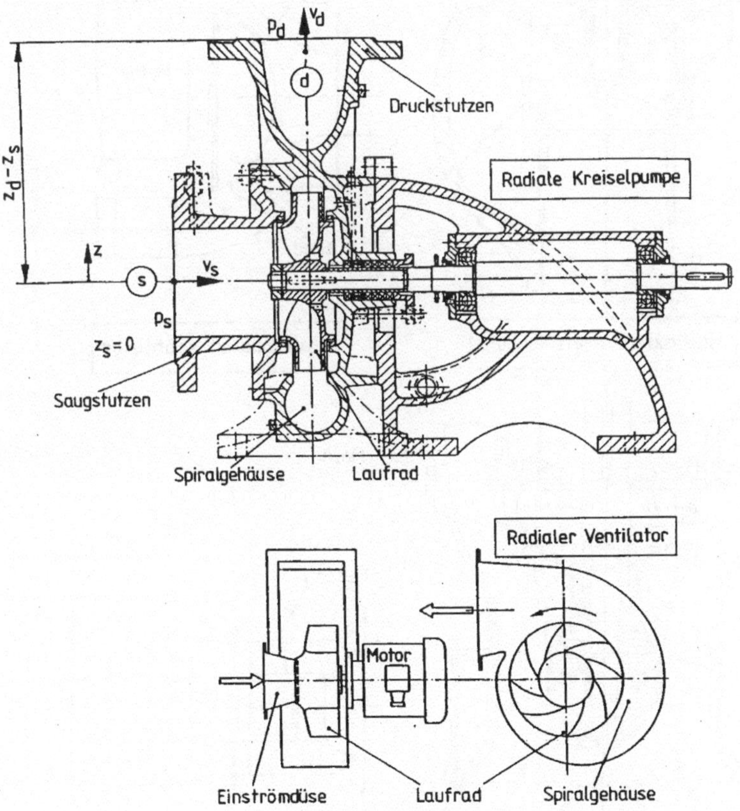

Bild 11.11. Beispiele radialer Strömungsmaschinen (Arbeitsmaschinen)

Die am häufigsten existierenden radialen Strömungsarbeitsmaschinen (ca. 4 Mrd. in der Welt) sind durch die radiale Kreiselpumpe und den radialen Ventilator vertreten, s. **Bild 11.11**. Die halbaxialen und axialen Arbeitsmaschinen (Kreiselpumpen und Ventilatoren) sind in **Bild 11.12** dargestellt, die einfach und doppeltwirkende Hubkolbenpumpe als hydraulische Hochdruckarbeitsmaschine in **Bild 11.13**; sie steht als Vertreterin weiterer Verdrängungsarbeitsmaschinen, wie Zahnrad-, Drehkolben-, Wasserring- und Schraubenspindelpumpen.

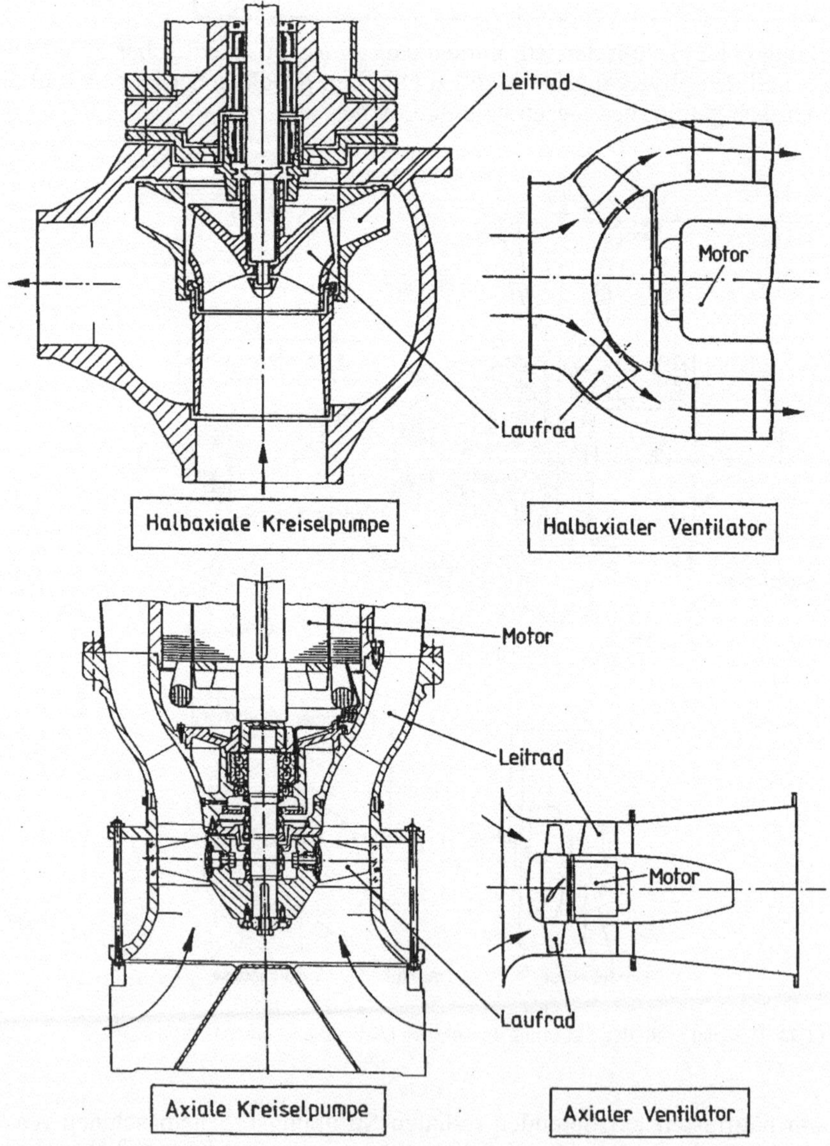

Bild 11.12. Beispiele halbaxialer und axialer Strömungsmaschinen (Arbeitsmaschinen)

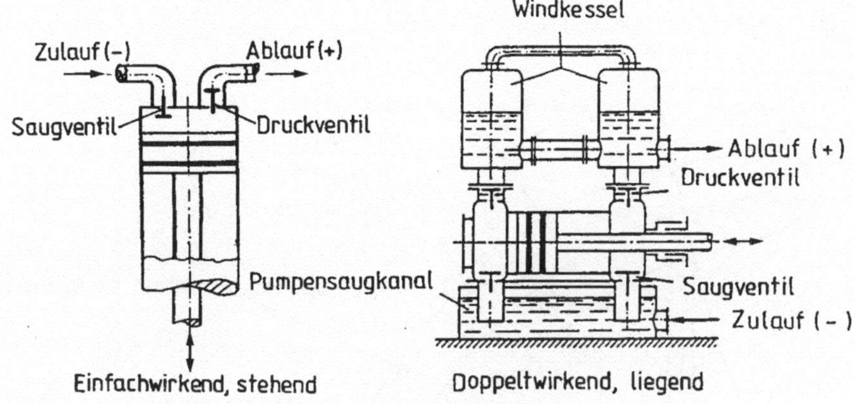

Bild 11.13. Einfach- und doppeltwirkende Hubkolbenpumpe

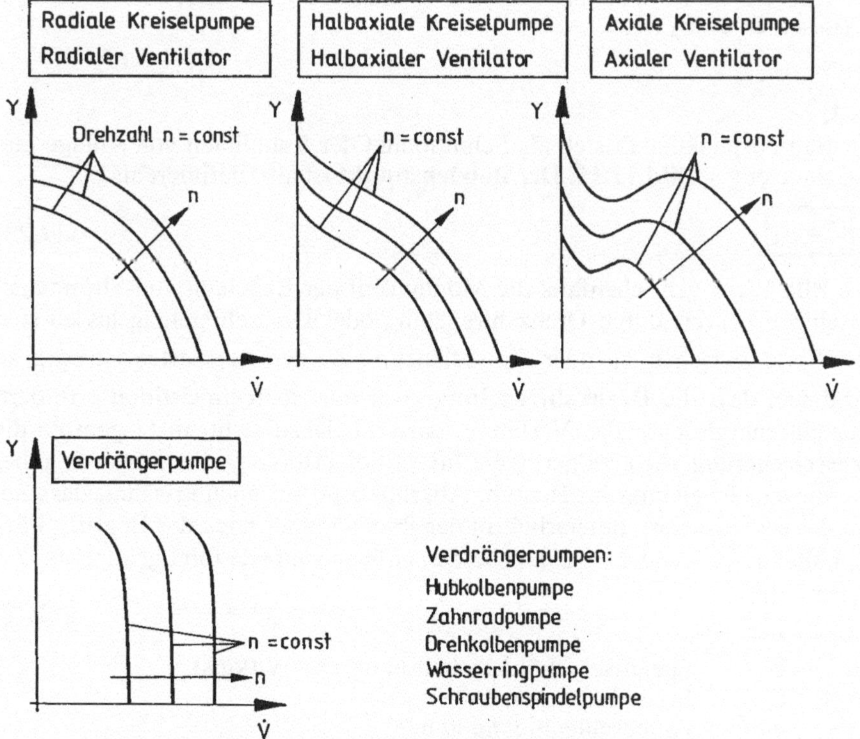

Bild 11.14. Spezifische Förderarbeit Y in Abhängigkeit vom geförderten Volumenstrom $\dot{V}$ für die Arbeitsmaschinen, Bilder 11.11...11.13

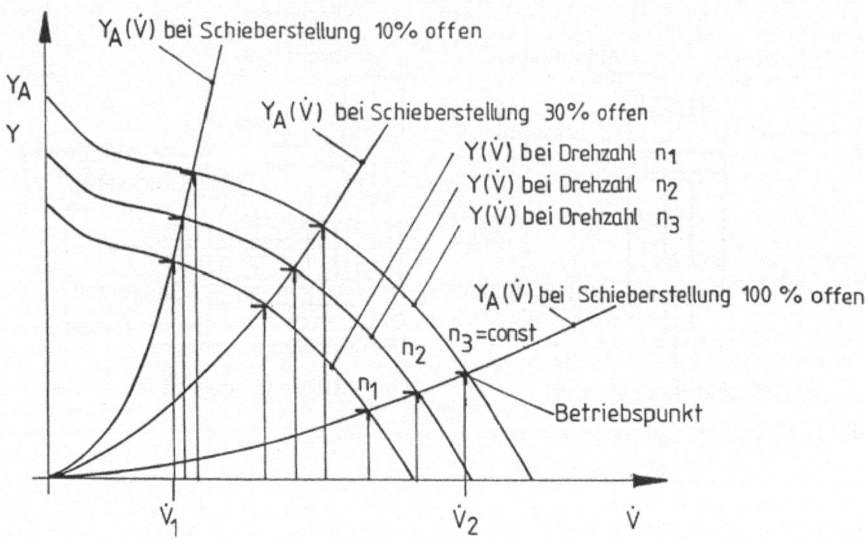

Bild 11.15. Zur Definition des Betriebspunktes als Schnittpunkt der Kurven $Y(\dot{V})$ der Strömungsmaschine mit $Y_A(\dot{V})$ der Anlage

Zu 3:
Der Betriebspunkt stellt sich als Schnittpunkt der Kennlinien von Anlage und Maschine ein, s. **Bild 11.15**. Der **Betriebspunkt** ist also definiert als:

$$\boxed{Y = Y_A} \, . \tag{11.22}$$

Aus **Bild 11.15** geht ebenfalls die Möglichkeit der Regelung von Strömungsmaschinen hervor: durch Drehzahlregelung oder Drosselregelung lassen sich alle Werte zwischen $\dot{V}_1$ oder $\dot{V}_2$ realisieren. Zu den Regelarten ist noch zu erwähnen, dass die **Drehzahlregelung** zwar eine teure Investition erfordert, aber ein energiesparendes Verfahren darstellt. Dazu steht im Gegensatz die **Drosselregelung**, die eine geringere Investition erfordert, allerdings mit hoher Energieverschwendung im Betrieb. Abschließend sei noch erwähnt, dass neben der spezifischen Förderarbeit in der Praxis immer noch der Begriff „**Förderhöhe**“ H verwendet wird. Die beiden Größen sind wie folgt gekoppelt:

$$\boxed{Y = gH} \tag{11.23}$$

mit Y Spezifische Förderarbeit in m²/s² = W/(kg/s),
H Förderhöhe in m und
g Fallbeschleunigung in m/s².

Übungsaufgaben zu diesem Kapitel finden sich unter:
www.tu-berlin.de/~fsd

12 Umströmung und Durchströmung von Körpern

12.1 Körper geringsten Widerstands

In diesem Kapitel wird vorausgesetzt, dass es sich um einen Tragflügel in einer Unterschallströmung handelt, wie in **Bild 12.1** dargestellt.

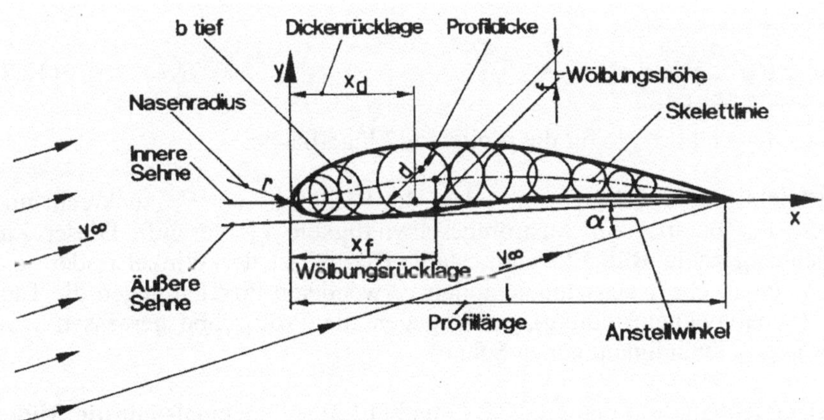

Bild 12.1 Tragflügelprofil mit geometrischen Beziehungen: b Profilbreite, senkrecht zur Bildebene, l Profillänge

Ein typisches Tragflügelprofil für technische Anwendungen bei Axialkompessoren und Axialpumpen ist das Profil NACA 65-1210

Mit	NACA	**N**ational **A**dvisory **C**ommittee for **A**eronautics (heute NASA)
	6	Kennzeichnung der Profilreihe mit vorgegebener Dickenverteilung $x_d / l = 40\%$,
	5	Lage des Druckminimums, $p_{\min}$ bei $x / l = 50\ \%$,

12 $(10\ \zeta_{\text{A.Nenn}})$, mit $\zeta_{\text{A.Nenn}} = 1{,}2$ und
10 Dickenverhältnis d/l = 10 %.

Es ist $\zeta_{\text{A.nenn}} = 1{,}2$, wobei der Quotient $\zeta_{\text{W}} / \zeta_{\text{A}}$ minimal ist. Zur Lage der maximalen Profildicke d: Bei dieser Profilfamilie liegt x_{d} bei 40 % der Profillänge. Bei den neuzeitlichen **Laminarprofilen** („laminar" bezieht sich in diesem Fall auf die Profil-Grenzschichtstruktur) ist die sog. **Dickenrücklage** bei 50% der Profillänge.

Die wesentlichen Kräfte an einem umströmten Tragflügelprofil sind der **Auftrieb** F_{A} und der **Widerstand** F_{W}. Beide Größen werden durch denAuftiebsbeiwert ζ_{A} und **Widerstandsbeiwert** ζ_{W} mit folgenden Definitionsgleichungen charakterisiert:

$$F_{\text{A}} = \zeta_{\text{A}} \frac{\rho}{2} \text{v}_{\infty}^{2} A_{\text{Fl}} \tag{12.1}$$

und

$$F_{\text{W}} = \zeta_{\text{W}} \frac{\rho}{2} \text{v}_{\infty}^{2} A_{\text{Fl}} \tag{12.2}$$

mit $A_{\text{Fl}} = \text{b l}$ für die projizierte Flügelfläche.

Es ist wichtig daraufhinzuweisen, dass die Richtung von F_{A} senkrecht und die von F_{W} parallel zur Anströmgeschwindigkeit v_{∞} verläuft. Dieser Zusammenhang ist in **Bild 12.2** dargestellt. Hierbei ist der Winkel α der sog. Anstellwinkel, der in maschinenbaulich verwendeten Profilen gegen die Tangente (Schabloneneinstellung), sonst gegen die Profilsehne gemessen wird (Anströmgeschwindigkeit gegen Sehne).

In Zusammenhang mit den Gln.(12.1) und (12.2) sei nochmals auf **die Bilder 8.20** und **8.21** verwiesen, die typische Darstellungen des strömungstechnischen Verhaltens axialer Strömungsprofile zeigen. Im **Bild 8.20** ist die Abhängigkeit des Auftriebsbeiwerts ζ_{A} und des Widerstandbeiwerts ζ_{W} in Abhängigkeit vom Anstellwinkel α dargestellt. Auffällig sind der quasi lineare ζ_{A}-Bereich für kleine bzw. negative α-Werte und der steile Anstieg der ζ_{W}-Kurve im Bereich großer Anstellwinkel α. Wird der Anstellwinkel α über einen gewissen Grenzwert gesteigert, so spricht man von einer „abgerissenen Strömung" auf der Saugseite des Profils bzw. von einem „überzogenen" Profil; in diesem Fall sinkt der ζ_{A}-Wert gegen Null, und der ζ_{W}-Wert steigt gegen Unendlich.

In **Bild 8.21** ist die Abhängigkeit des Auftriebsbeiwerts ζ_A vom Widerstandsbeiwert ζ_W mit dem Parameter α graphisch dargestellt. Das so erhaltene Diagramm heißt **Polardiagramm.**

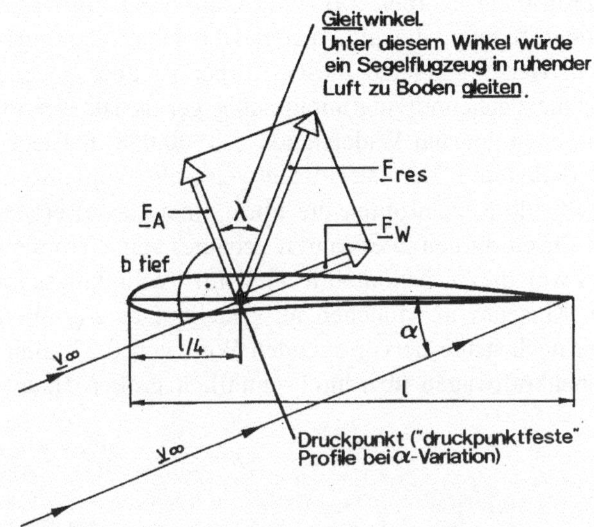

Bild 12.2. Kräfte am Tragflügelprofil, Auftrieb $\underline{F}_A$ senkrecht und Widerstand $\underline{F}_W$ parallel zur Anströmgeschwindigkeit v_∞

Es wird in der Praxis der Tragflügelprofile häufiger verwendet als das $\zeta_A(\alpha)$ bzw. das $\zeta_W(\alpha)$-Diagramm. Der Grund liegt darin, dass im Polardiagramm der Nennwert (**B**est-**E**fficency **P**oint, BEP) deutlich erkennbar wird. Legt man nämlich vom Nullpunkt eine Tangente an die Kurve $\zeta_A(\zeta_W)$, so erhält man im BEP den größten Auftriebsbeiwert bei kleinstem Widerstandsbeiwert.

Die Tangente von Null an die Kurve $\zeta_A(\zeta_W)$ ergibt den minimalen Gleitwinkel λ_{min}, wenn unter dem Tangens des Gleitwinkels das Verhältnis des Widerstands zum Auftrieb bzw. des Widerstandsbeiwerts zum Auftriebsbeiwert verstanden wird, s. **Bild 8.21**.

$$\text{Gleitzahl } \varepsilon = \tan\lambda = \frac{F_W}{F_A} = \frac{\zeta_W \frac{\rho}{2} v_\infty^2 bl}{\zeta_A \frac{\rho}{2} v_\infty^2 bl} = \frac{\zeta_W}{\zeta_A}. \tag{12.3}$$

So ist aus dem Polardiagramm **Bild 8.21** für den BEP abzulesen:

$\zeta_{A.BEP} = 0{,}76$, $\zeta_{W.BEP} = 0{,}01$, $(\zeta_W / \zeta_A)_{BEP} = 0{,}013 = tan\ \lambda_{min}$ mit
$\lambda_{min} \approx 1°$ (aus **Bild 8.21** wegen Maßstabsverzerrung nicht ablesbar).

Zu der Gruppe der Körper geringsten Widerstands gehören auch die rotationssymmetrischen, längs angeströmten, Körper, z.B. Flugzeugrümpfe. **Bild 12.3** gibt eine Auswahl derartiger Körper, die alle die gleiche Hauptspantquerschnittsfläche A aufweisen. Der Widerstand dieser Körper ist überwiegend Druckwiderstand., da die Oberflächenreibung anteilmäßig gering ist. Der im **Bild 12.3** dargestellte Körper geringsten Widerstands $\zeta_W = 0{,}058$ hat technisch eine relativ geringe Bedeutung. Die fälschlicherweise als Tropfenform (in Wirklichkeit hat der fallende Regentropfen die Form einer Linse) eingestufte Kontur war Vorbild für ein in den 20er Jahren gebautes sog. „Tropfenauto“ von RUMPLER[19]. Zwei dieser Automobile sind im Technikmuseum Berlin und im Deutschen Museum in München ausgestellt. Der ζ_W-Wert dieses Automobils hat den noch heute hervorragenden Wert von 0,27, allerdings bei einer für Personenkraftwagen überdurchschnittlich großen Hauptspantfläche.

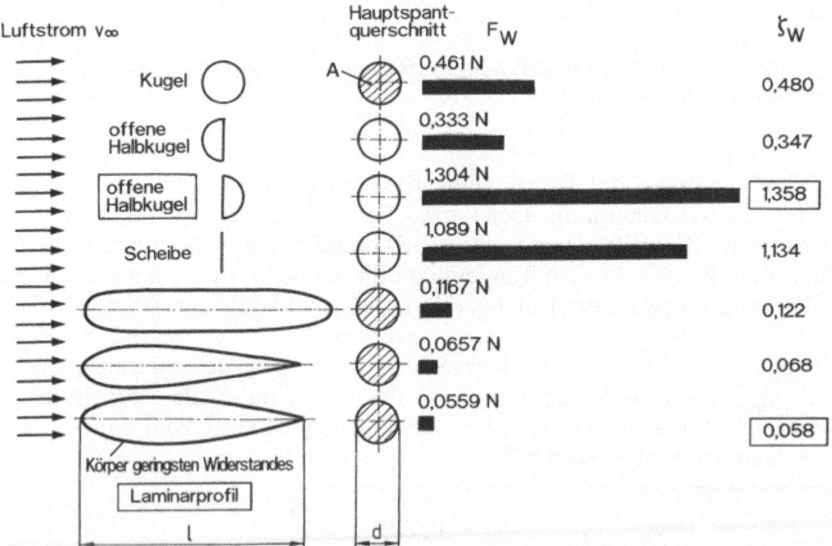

Bild 12.3. Widerstand F_W von rotationssymmetrischen Körpern gleichen Hauptspantquerschnitts A(d = 0,143 m) in einem Luftstrom mit der Anströmgeschwindigkeit v_∞=10 m/s (REYNOLDS-Zahl $Re = 1 \cdot 10^5$ nach KALIDE: Technische Strömungslehre, Hanser Verlag, München, Wien)

[19] RUMPLER, Elias Edmund, geb. 1872 in Wien, gest. 1940 in Züsow (Mecklenburg). Selbstständiger Konstrukteur von Automobilen und Flugbooten.

Die gegen die Strömung offene Halbkugel hat erwartungsgemäß den größten ζ_W-Wert mit 1,358. In der anderen Richtung angeströmt, ergibt sich für diesen Körper 0,347. Man nutzt diese Tatsache zum Bau eines sog. Schalenkreuz-Anemometers (Windgeschwindigkeitsmesser) aus.

Der Widerstandsbeiwert spielt bei der **Automobil-Aerodynamik**, soweit es sich um Geschwindigkeitsbereiche oberhalb von 100 km/h handelt, eine große Rolle. Allerdings sollte gleichzeitig auch die Größe der Hauptspantfläche angegeben werden. Vielfach sieht man in der Fachliteratur daher die Angabe des Produkts $\zeta_W \cdot A_{\text{Hauptspantfläche}}$. Bleibt man bei dem ζ_W-Wert des Automobils, so besteht der Weltrekord für ein fahrtüchtiges Automobil mit einem Forschungsauto der VW-AG, einem sog. ARVW (Aerodynamic-Research-Volkswagen) bei $\zeta_W = 0{,}15$ (zum Vergleich: VW Golf 0,40). Das Produkt $\zeta_W \cdot A_{\text{Hauptspantfläche}}$ beträgt für dieses Fahrzeug 0,11 m^2. Während man in dem o.g. Tropfenauto von RUMPLER fast stehen kann, so ist die Fahrhaltung im ARVW eher als liegend zu bezeichnen.

Aus einer Veröffentlichung der Automobilfirma BMW geht z.B. hervor, dass ein Modell als Grundmodell einen ζ_W-Wert von 0,32 aufweist, s **Bild 12.4**. Verwendet man jedoch statt der normalen Reifen 175/70 die breiteren Reifen 195/65, so erhöht sich der ζ_W-Wert um 3,5 Prozentpunkte, zwei hinten installierte Schmutzfänger erhöhen den ζ_W-Wert um 4,5 Prozentpunkte, um den gleichen Betrag wird der ζ_W-Wert jedoch durch Front-und Heckspoiler verringert.

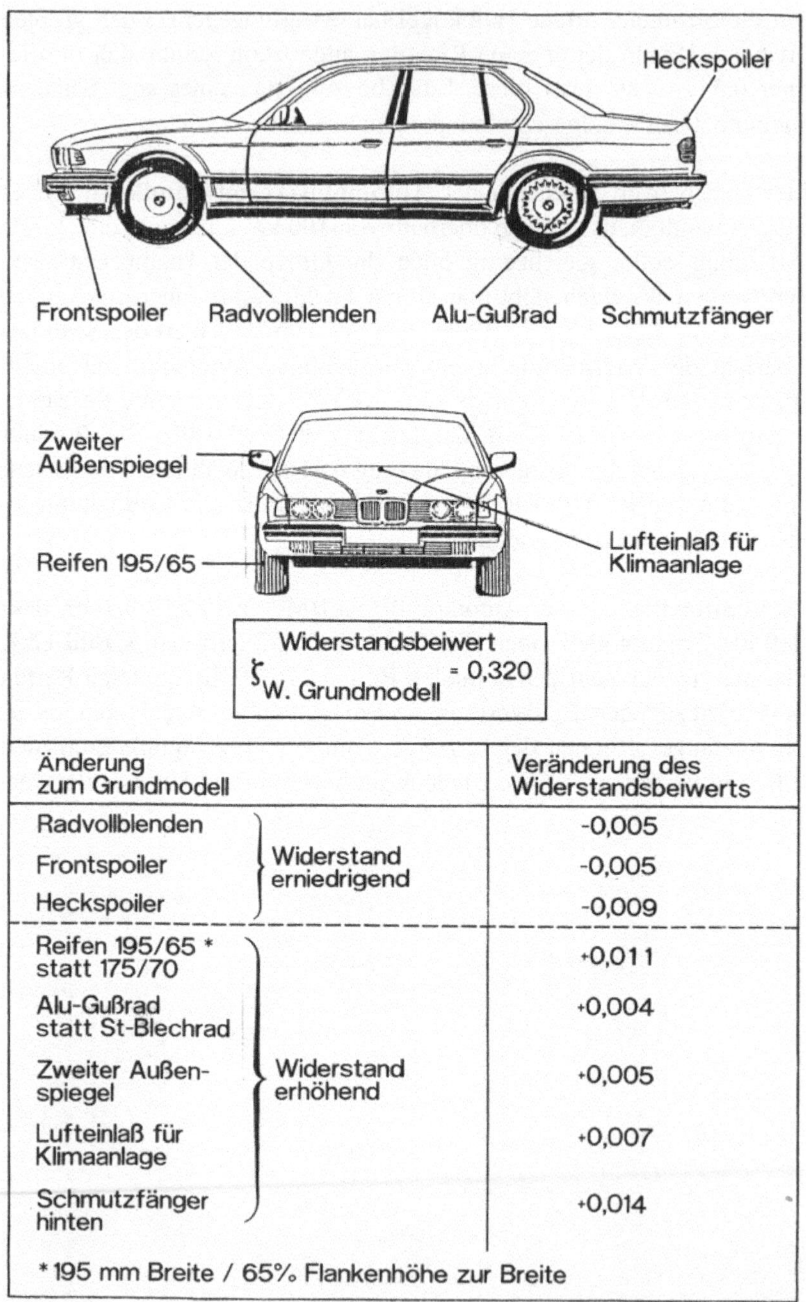

Änderung zum Grundmodell		Veränderung des Widerstandsbeiwerts
Radvollblenden	Widerstand erniedrigend	-0,005
Frontspoiler		-0,005
Heckspoiler		-0,009
Reifen 195/65 * statt 175/70	Widerstand erhöhend	+0,011
Alu-Gußrad statt St-Blechrad		+0,004
Zweiter Außenspiegel		+0,005
Lufteinlaß für Klimaanlage		+0,007
Schmutzfänger hinten		+0,014

* 195 mm Breite / 65% Flankenhöhe zur Breite

Bild 12.4. Aerodynamische Formmerkmale eines Autos (Werkbild BMW München)

12.2 Segel

In **Bild 12.5** ist der Grundriss eines Segelboots mit Großsegel und Vorsegel (Fock) dargestellt. Der Wind hat in der Seetechnik drei Bedeutungen: einmal handelt es sich um den „wahren Wind“ $\underline{v}_W$, d.h. um den von einem auf dem Wasser befindlichen Messinstrument unabhängig vom Segelboot wahrgenommenen Wind, zum anderen um den sog. „Fahrtwind“ $\underline{v}_F$, d.h. um den von einem auf dem Boot befindlichen Messinstrument unabhängig vom wahren Wind (bei Windstille) gemessenen Wind. Der wahre Wind und der Fahrtwind ergeben in vektorieller Addition den dritten, den sog. „scheinbaren Wind“ $\underline{v}_s$. Das Vektordiagramm:

$$\boxed{\underline{v}_s = \underline{v}_W + \underline{v}_F} \qquad (12.4)$$

ist in **Bild 12.5** dargestellt. Der scheinbare Wind $\underline{v}_s$ wird vom einem auf dem Boot installierten Messgerät unter realen Verhältnissen, d.h. bei wahrem Wind und Fahrtwind wahrgenommen. Der „scheinbare“ Wind $\underline{v}_s$ ist maßgeblich für die Segelstellung. Im **Bild 12.5** sei für die Veranschaulichung der Kräfte aufgrund der Anströmung des Segels unter $\underline{v}_s$ nur das Großsegel betrachtet. Der Wind strömt unter dem Anstellwinkel α (Winkel zwischen Segelsehne und Windrichtung) auf das Großsegel. Hierdurch entsteht ein Auftrieb $\underline{F}_A$, der hier im Gegensatz zur Flugzeugtheorie nicht nach oben sondern horizontal zeigt, und zwar senkrecht zur Anströmrichtung $\underline{v}_s$. In Richtung von $\underline{v}_s$ ergibt sich der Widerstand $\underline{F}_W$. Die Vektoren $\underline{F}_A$ und $\underline{F}_W$ bilden zusammen die Resultierende $\underline{F}_{Res}$. In **Bild 12.5** ist zu erkennen, dass $\underline{F}_{Res}$ eine vorantreibende Komponente $\underline{F}_V$ (Vortriebskraft) in Fahrtrichtung und eine Querkomponente $\underline{F}_Q$ (Querkraft), die vom Schwert aufgenommen werden muss, aufweist. $\underline{F}_Q$ führt zum sog. Versatz des Segelboots, der durch entsprechend sinnvolle Ausbildung des Kiels und/oder des Schwertes minimiert werden kann.

Die Windstärke des wahren Winds $\underline{v}_W$ wird nach der sog. BEAUFORT[20]-Skala angegeben, nach der BEAUFORT 5 (frischer Wind) $\underline{v}_W = 8{,}0$ bis 10,7 m/s beträgt. Gut geschnittene Segelboote können gegen den wahren Wind einen Winkel β von ca. 40° realisieren ($\beta_{max} = 40°$).

[20] BEAUFORT, Francis, geb.1774, gest. 1857. Britischer Admiral

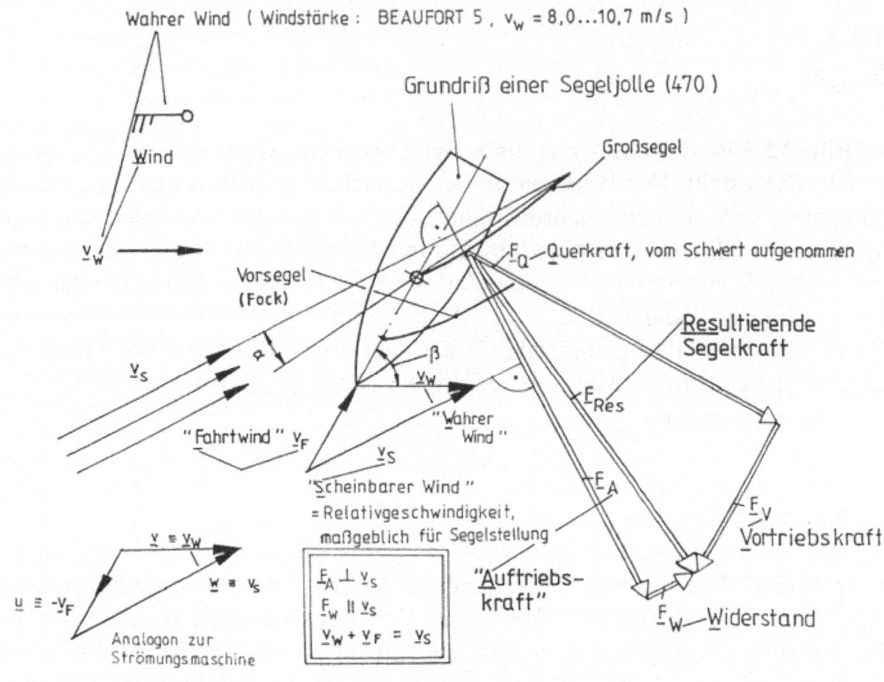

Bild 12.5. Geschwindigkeiten und Kräfte am Großsegel einer Segeljolle. $\underline{v}_W$ Wahrer Wind, $\underline{v}_s$ Scheinbarer Wind und $\underline{v}_F$ Fahrtwind

12.3 Querangeströmte Zylinder mit periodischer Wirbelablösung

Die ebene Umströmung eines Zylinders mit dem Durchmesser d, der Anströmgeschwindigkeit v_∞ und der kinematischen Viskosität ν des Fluids ergibt bei steigenden REYNOLDS-Zahlen $Re = v_\infty \, d/\nu$ das folgende im **Bild 12.6** dargestellte Stromlinienbild.

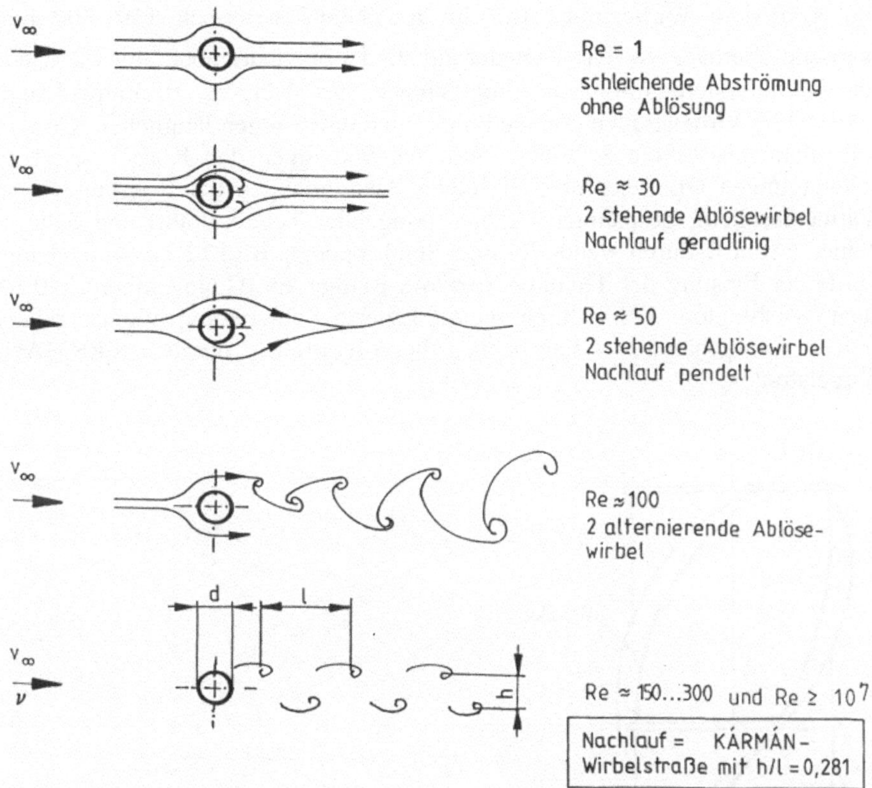

Bild 12.6. Wirbelablösungen bei querangeströmten Zylindern in Abhängigkeit von der REYNOLDS-Zahl Re

Auffallend ist die der Potentialströmung ähnliche Umströmung bei niedrigsten REYNOLDS-Zahlen. Bei REYNOLDS-Zahlen im Bereich 100...150 ergeben sich zwei alternierende Ablösewirbel im Nachlauf. Dieses zuerst von Theodore von KÁRMÁN[21] entdeckte Phänomen wird **KÁRMÁN-Wirbelstraße** genannt. Das Verhältnis von Wirbelabstand h senkrecht zur Strömungsrichtung und Wirbelteilung l hängt zwar in geringem Maße von der REYNOLDS-Zahl ab, jedoch kann festgestellt werden, dass das Strömungsbild einer KÁRMÁN-Wirbelstraße nur dann stabil bleibt, wenn sich folgender Wert einstellt:

$$\boxed{\frac{h}{l} = 0{,}281} \,. \tag{12.5}$$

[21] KÁRMÁN, Theodore von, geb.1881 in Budapest, gest. 1963 in Aachen. Einer der größten Strömungsforscher insbesondere in Verbindung mit der Luft- und Raumfahrttechnik. Prof. in Budapest, Aachen und am California Institute of Technology (Caltech, Pasadena)

Die KÁRMÁN-Wirbelstraße tritt im REYNOLDS-Bereich 150...300 und dann erst oberhalb Re = 10^7 wieder auf. Es ist bis heute noch ungeklärt, wie das Wirbelsystem mit den Abmessungen des Körpers zusammenhängt. KÁRMÁN-Wirbelstraßen können hinter allen umströmten länglichen Körpern und querangeströmten Zylindern auftreten und regen den Körper selbst zu Schwingungen an. Bekannt sind solche Schwingungen bei Rohrbündeln in Wärmetauschern, gespannten Drähten (singender Telefondraht) und Schornsteinen (Abhilfe durch wendelförmige Stahlrippen, s. **Bild 12.7**). Weltbekannt wurde der Einsturz der **Tacoma-Narrows-Bridge** am 07.November 1940 im Staat Washington, USA durch windinduzierte Schwingungen einer relativ breiten aufgehängten Fahrbahn, hervorgerufen durch KÁRMÁN-Wirbelstraßen.

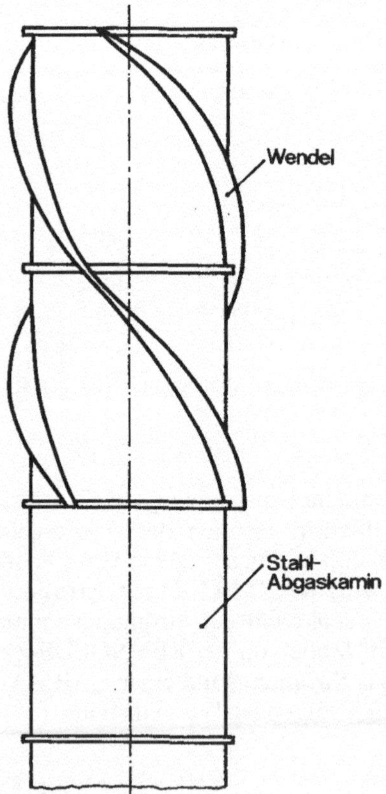

Bild 12.7. Wendel am Ende eines Stahl-Abgaskamins zur Verhinderung der KÁRMÁN-Wirbelstraße

Zur Erläuterung mögen zwei Beispiele dienen:

1. Singender Telefondraht:
Gegeben:
- d = 0,003 m Drahtdurchmesser,
- v_∞ =1,4 m/s Anströmgeschwindigkeit und
- $\nu = 15 \cdot 10^{-6} m^2 / s$ Kinematische Viskosität der Luft.

Gesucht:
Ist eine KÁRMÁN-Wirbelstraße und damit windinduzierte Schwingungsanregung möglich?

Lösung:
Eine KÁRMÁN-Wirbelstraße ist möglich, denn:

$$\mathrm{Re} = \frac{1{,}4 \cdot 0{,}003}{15 \cdot 10^{-6}} = 280 \text{ innerhalb des Bereichs } 150...300.$$

2. Schornsteinschwingung:

Gegeben:
- d = 7 m Schornsteindurchmesser,
- $\nu = 15 \cdot 10^{-6} m^2 / s$ kinematische Viskosität der Luft und
- $\mathrm{Re} \geq 10^7$ oberer REYNOLDS-Zahl-Bereich mit KÁRMÁN-Wirbelstraße.

Gesucht:
Windgeschwindigkeit, bei der das Bauwerk in windinduzierte Schwingungen gerät.

Lösung:

$$v_\infty = \nu\, \mathrm{Re}/d = 15 \cdot 10^{-6} \cdot 10^7 / 7 = 21{,}4\, m/s \text{ (Windstärke 9, Sturm).}$$

Bei Windgeschwindigkeiten über 21,4 m/s gerät der Schornstein in Schwingungen, falls keine bautechnische Abhilfe (z.B. Wendel), s. **Bild 12.7**, eingeleitet wurde.

12.4 Düsen und Siebe

Düsen spielen in der Strömungstechnik eine wesentliche Rolle, und zwar in allen Fällen, in denen Strömungen beschleunigt werden müssen. Düsen bewirken auch, dass eine ungleichmäßige v_x-Verteilung wesentlich vergleichmäßigt werden kann. Das sei anhand von **Bild 12.8** erläutert:

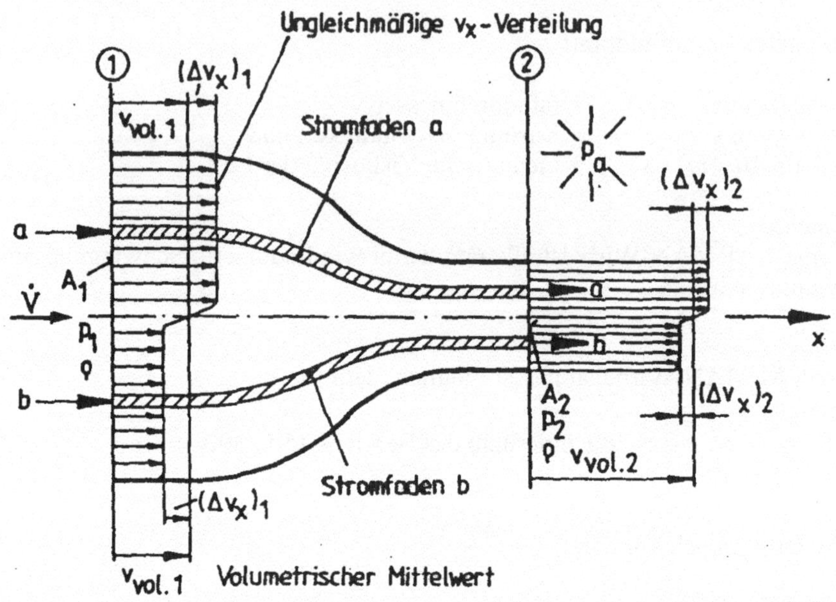

Bild 12.8.Düsenauslauf zur Erklärung der Vergleichmäßigung eines gestörten Geschwindigkeitsprofils

Bild 12.8 stellt im Düseneinlauf (1) im oberen Teil (Stromfaden a) eine fiktive Geschwindigkeitsverteilung oberhalb des volumetrischen Mittelwerts, im unteren Teil (Stromfaden b) unterhalb des volumetrischen Mittelwerts dar. Der Geschwindigkeitsunterschied zum Mittelwert wird mit $(\Delta v_x)_1$ bezeichnet. Im Düsenauslauf (2) zeigt das Bild aufgrund der Düsenwirkung einen wesentlich kleineren fiktiven Geschwindigkeitsunterschied $(\Delta v_x)_2$ zum volumetrischen Mittelwert. Dieser Effekt soll im Folgenden erklärt werden:

Gegeben:

- Eintrittsfläche A_1,
- Austrittsfläche A_2 und
- Fiktiver Geschwindigkeitsunterschied $(\Delta v_x)_1$ im Eintritt.

Vorausgesetzt:

- p_1 über A_1 konstant,
- p_2 über A_2 konstant,
- $\left|(\Delta v_x)_1\right|_a = \left|(\Delta v_x)_1\right|_b$,

- $\left|(\Delta v_x)_2\right|_a = \left|(\Delta v_x)_2\right|_b$,
- $\left|\Delta p_J\right|_{1,2} = 0\ Pa$, reibungsfreies Fluid,
- g z<< p/ρ,
- ρ = const und
- $v_{vol} = \dot{V} / A$ ist von der Zeit unabhängig (stationäre Strömung).

Gesucht:
Fiktiver Geschwindigkeitsunterschied $(\Delta v_x)_2$ im Austritt

Lösung:
Anwendung der BERNOULLI-Gl. zwischen (1) und (2) für Stromfaden a und b.
Stromfaden a:

$$\frac{p_1}{\rho} + \frac{(v_{vol} + \Delta v_x)_1^2}{2} = \frac{p_2}{\rho} + \frac{(v_{vol} + \Delta v_x)_2^2}{2},$$

Stromfaden b:

$$\frac{p_1}{\rho} + \frac{(v_{vol} - \Delta v_x)_1^2}{2} = \frac{p_2}{\rho} + \frac{(v_{vol} - \Delta v_x)_2^2}{2}.$$

Zieht man die beiden Gleichungen voneinander ab, so ergibt sich:

$$v_{vol.1} \cdot (\Delta v_x)_1 = v_{vol.2} \cdot (\Delta v_x)_2 \text{ und}$$

$$\frac{v_{vol.1}}{v_{vol.2}} = \frac{(\Delta v_x)_2}{(\Delta v_x)_1}.$$

Nun ist aber nach der Kontinuitätsgleichung $\frac{v_{vol.1}}{v_{vol.2}} = \frac{A_2}{A_1}$. Somit folgt:

$$\boxed{\frac{(\Delta v_x)_2}{(\Delta v_x)_1} = \frac{A_2}{A_1} < 1}. \tag{12.6}$$

Gleichung (12.6) zeigt deutlich, dass **Geschwindigkeitsspitzen** bzw., Geschwindigkeitsdellen im Maß der Querschnittsreduktion von A_1 nach A_2 in Düsen **abgebaut** werden. Von dieser Tatsache macht man in der Strömungstechnik häufig Gebrauch. Der Effekt bezieht sich aber auch auf die turbulenten v'_x-Schwankungen, die beim Durchströmen der Düse stark reduziert werden (Minderung des Turbulenzgrades). Sollten große Abweichungen der Schwankungsgeschwindigkeiten in x- und y- Richtung im Düseneinlauf bestehen, so wird durch den Abbau der höheren Schwankungsgeschwindigkeiten die Turbulenz in die Richtung isotroper Turbulenz überführt.

Es erhebt sich die Frage, welche Wirkung eine Düse auf die Wirbelstärke der Strömung ausübt. Die folgende Ableitung wird zeigen, dass die Düse auf die **Wirbelstärke anfachend** wirkt, s. **Bild 12.9**.

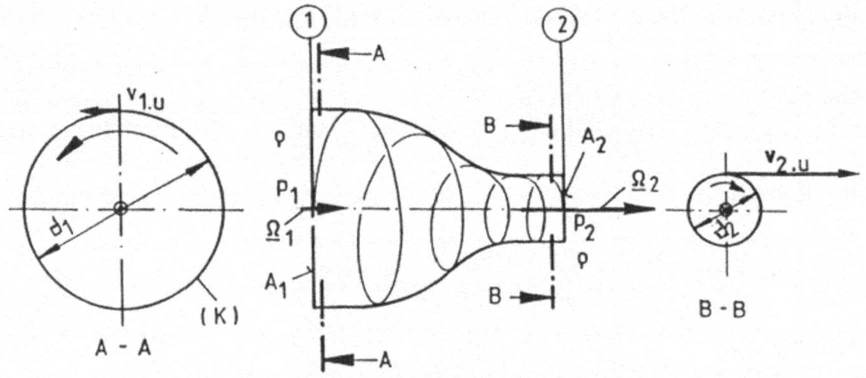

Bild 12.9. Düsenströmung zur Erklärung der Anfachung von Wirbelstärke

Gegeben:

- Düseneintrittsdurchmesser d_1,
- Düsenaustrittsdurchmesser d_2 und
- Wirbelstärke im Eintritt Ω_1.

Vorausgesetzt:

- p_1 über A_1 konstant,
- p_2 über A_2 konstant,
- $\left|\Delta p_J\right|_{1,2} = 0\ Pa$, reibungsfreies Fluid,
- $g\,z \ll p/\rho$,
- $\rho = \text{const}$ und
- $v_{vol} = \dot{V} / A$ ist von der Zeit unabhängig (stationäre Strömung).

Gesucht:
Wirbelstärke Ω_2 im Austritt

Lösung:
Die Zirkulation Γ_1 im Düseneinlauf über die Raumkontur (K), die hier den Düsenumfang bezeichnet, lautet:

$$\Gamma_1 = \oint_{(K)} \underline{v}\, d\underline{s} = \oint_{(A)} (\text{rot } \underline{v}) d\underline{A} = v_{1.u} \cdot \pi d_1 = \Omega_1 A_1 \ .$$

Nun ist nach dem HELMHOLTZ-Wirbelsatz (räumliche Konstanz der Zirkulation) und nach dem THOMSON-Wirbelsatz (zeitliche Konstanz der Zirkulation bei ρ = const und $\nu = 0$ m²/s):

$$\Gamma_1 = \Gamma_2 \text{ oder } \Omega_1 A_1 = \Omega_2 A_2 \ .$$

Daraus folgt:

$$\boxed{\frac{\Omega_2}{\Omega_1} = \frac{A_1}{A_2} = \frac{d_1^{\,2}}{d_2^{\,2}} > 1} \ . \qquad (12.7)$$

Aus Gl.(12.7) geht hervor, dass beim Durchströmen einer Düse die Wirbelstärke umgekehrt proportional zur Querschnittsreduktion angefacht wird. Fasst man die Wirbelstärke als die doppelte Winkelgeschwindigkeit eines rotierenden Strömungsteilchens auf, s. Gl.(I-8.1), so wird deutlich, dass eine erhebliche Drehung der Teilchen im Düsenauslauf bei nur schwacher Drehung im Einlauf stattfindet. Der Effekt kann sich je nach Anwendungsfall positiv (Mischvorgänge) oder negativ (Gleichrichtvorgänge) auswirken.

Wie in **Bild 12.10** dargestellt, befindet sich ein **Sieb** (Drahtgewebe vorgegebener Maschenweite) in einer Rohrströmung. Im Folgenden soll gezeigt werden, dass auch durch ein Sieb eine ungleichmäßige v_x-Verteilung wesentlich vergleichmäßigt werden kann.

Im oberen Teil des Bildes im Stromfaden a herrscht vor dem Sieb, an der Stelle (1), eine fiktive Übergeschwindigkeit $(\Delta v_x)_1$ über dem volumetrischen Mittelwert $v_{vol.1}$, im unteren Teil im Stromfaden b eine entsprechend fiktive Untergeschwindigkeit $(\Delta v_x)_1$ unter demselben Mittelwert. Hinter dem Sieb, an der Stelle (2), haben sich die Über- und Untergeschwindigkeiten $(\Delta v_x)_2$ deutlich abgebaut (Vergleichmäßigungseffekt). Im Folgenden soll diese Wirkung des Siebes erläutert werden.

Gegeben:
- Fiktiver Geschwindigkeitsunterschied $(\Delta v_x)_1$ im Eintritt und
- Verlustzahl ζ_s des Siebes.

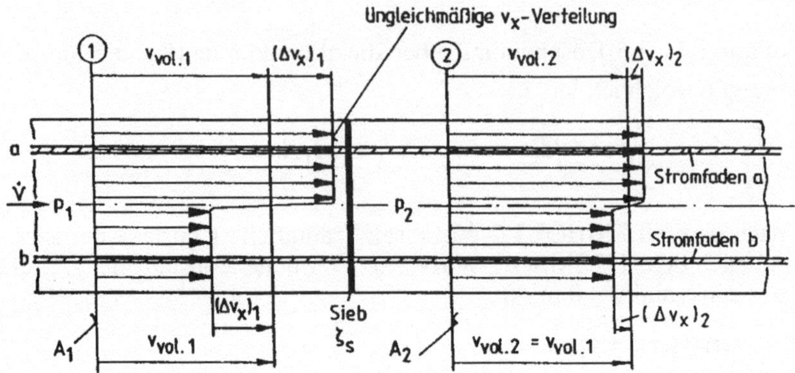

Bild 12.10. Rohrstrecke mit einem Sieb zur Erläuterung der Vergleichmäßigung eines gestörten Geschwindigkeitsprofils

Vorausgesetzt:

- $A_1 = A_2$,
- p_1 über A_1 konstant,
- p_2 über A_2 konstant,
- $\left|(\Delta v_x)_1\right|_a = \left|(\Delta v_x)_1\right|_b$
- $g\,z \ll p/\rho$,
- $\rho = \text{const}$ und
- $v_{vol} = \dot{V}/A$ ist von der Zeit unabhängig (stationäre Strömung).

Gesucht:

- Fiktiver Geschwindigkeitsunterschied $(\Delta v_x)_2$ im Austritt

Lösung:

Anwendung der BERNOULLI-Gl. mit Verlusten zwischen (1) und (2) für Stromfaden a und b $\Delta p_J/\rho = \varsigma_s (v_{vol} \pm \Delta v_{x.2})^2/2$:

Stromfaden a:

$$\frac{p_1}{\rho} + \frac{(v_{vol} + \Delta v_x)_1^2}{2} = \frac{p_2}{\rho} + \frac{(v_{vol} + \Delta v_x)_2^2}{2}(1 + \zeta_s).$$

Stromfaden b:

$$\frac{p_1}{\rho} + \frac{(v_{vol} - \Delta v_x)_1^2}{2} = \frac{p_2}{\rho} + \frac{(v_{vol} - \Delta v_x)_2^2}{2}(1 + \zeta_s).$$

Zieht man die beiden Gleichungen voneinander ab, so ergibt sich:

$$v_{vol.1} \cdot (\Delta v_x)_1 = v_{vol.2} \cdot (\Delta v_x)_2 (1 + \zeta_s),$$

und mit $v_{vol.1} = v_{vol.2}$ folgt:

$$\boxed{\frac{(\Delta v_x)_2}{(\Delta v_x)_1} = \frac{1}{(1 + \zeta_s)} < 1} \,. \tag{12.8}$$

Durch ein Sieb werden also Geschwindigkeitsspitzen abgebaut.
Zahlenbeispiel:

$\zeta_s = 0{,}4$, daraus folgt nach Gl.(12.8) $(\Delta v_x)_2 / (\Delta v_x)_1 = 0{,}71$.

Es findet also eine Vergleichmäßigung statt, dass die Geschwindigkeitsspitzen auf ca. 70% abgebaut werden. In diesem Zusammenhang ist es interessant, folgende Frage zu behandeln: Ist es strömungstechnisch günstiger, **drei** Siebe mit $\zeta_s = 0{,}4$ hintereinanderzuschalten, oder **ein** Sieb mit 3 ζ_s = 1,2, um ein und dieselbe Vergleichmäßigung zu erzielen, s. **Bild 12.11**?

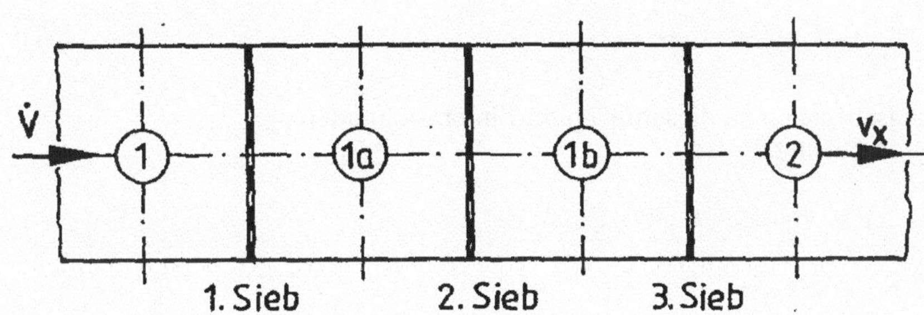

Bild 12.11. Rohrstrecke mit drei Sieben zur Vergleichmäßigung eines besonders stark gestörten Geschwindigkeitsprofils

Antwort:
Zur Vergleichmäßigung ist es günstiger, drei Siebe mit $\zeta_s = 0{,}4$ hintereinander zu schalten, als ein Sieb mit ζ_s =1,2.

Beweis:

$$\left(\frac{(\Delta v_x)_2}{(\Delta v_x)_1}\right)_{1\,\text{Sieb}} = \frac{1}{(1 + 3\zeta_s)} = 0{,}455, \tag{12.9}$$

$$\left(\frac{(\Delta v_x)_2}{(\Delta v_x)_1}\right)_{3\ \text{Siebe}} = \left(\frac{1}{1+\zeta_s}\right)^3 = 0{,}364\,. \tag{12.10}$$

Herleitung der Gl. (12.10) anhand von **Bild 12.11**:

$$\frac{(\Delta v_x)_{1a}}{(\Delta v_x)_1} = \frac{1}{(1+\zeta_s)},\quad \frac{(\Delta v_x)_{1b}}{(\Delta v_x)_{1a}} = \frac{1}{(1+\zeta_s)},\quad \frac{(\Delta v_x)_2}{(\Delta v_x)_{1b}} = \frac{1}{(1+\zeta_s)}\,.$$

Daraus folgt:

$$\left(\frac{(\Delta v_x)_2}{(\Delta v_x)_1}\right)_{3\,\text{Siebe}} = \left(\frac{1}{1+\zeta_s}\right)^3 \quad \text{q.e.d.}$$

Übungsaufgaben zu diesem Kapitel finden sich unter:
www.tu-berlin.de/~fsd

13 Ähnlichkeitsgesetze der Strömungslehre

13.1 Einleitung

Die Ähnlichkeitsgesetze sind unverzichtbare Bestandteile der Strömungslehre. Es gibt vier Wege zur Herleitung der Ähnlichkeitsgesetze:

1. Dimensionsanalyse,
2. Fraktionelle Analyse,
3. Methode der Differentialgleichungen und
4. Transformation der Variablen.

In den folgenden Kapiteln soll schwerpunktmäßig die Dimensionsanalyse, auch unter dem Namen **π-Theorem von BUCKINGHAM**[22] bekannt, behandelt werden.

Ein wichtiger Bestandteil der Ähnlichkeitsgesetze sind die sog. **Ähnlichkeitskennzahlen**. Diese sind der Strömungslehre seit Beginn dieses Jahrhunderts i.d.R. nach Forschern der Strömungstechnik benannt worden. Die bekannteste Kennzahl ist zweifellos die **REYNOLDS-Zahl**. Sie geht auf eine Arbeit von REYNOLDS (s. Fußnote (I-47)) zurück.: An experimental investigation of the circumstances which determine whether the motion of water in parallel channels shall be direct or sinuous and of the law of resistance in parallel channels, in REYNOLDS, O.: Phil. Transaction of the Royal Society, 174, 1883.

Mit der REYNOLDS-Zahl *Re* wird das Problem der stabilen laminaren und turbulenten Rohrströmung beschrieben in der Art, dass für

$$\boxed{Re = \frac{\mathrm{v}\, d}{\nu} > 2320} \tag{13.1}$$

nur die **turbulente Rohrströmung** stabil ist. Mit M = Modell und H = Hauptausführung sind zwei Strömungen ähnlich, wenn

[22] BUCKINGHAM, Edgar. Physiker, geb. 1867, gest. 1940, "On Physically Similar Systems: Illustrations of the Use of Dimensional Equations." *Phys. Rev.* **4**, 345-376, 1914, "Model Experiments and the Form of Empirical Equations." *Trans. ASME* **37**, 263, 1915.

$$\frac{v_M d_M}{\nu_M} = \frac{v_H d_H}{\nu_H} = \text{const}$$

ist. Damit ist das Kräfteverhältnis Trägheitskraft / Reibungskraft in M und H gleich.
Eine weitere wichtige Kennzahl der Strömungslehre ist die **FROUDE-Zahl**, die auf den Arbeiten von FROUDE[23] aus dem Jahre 1869 über den Schiffswiderstand beruht. FROUDE hat diese Kennzahl selbst nicht benutzt, vielmehr stammt sie aus einer Veröffentlichung von Moritz WEBER im Jahrbuch der Schiffbautechnischen Gesellschaft des Jahres 1919. Die FROUDE-Zahl lautet:

$$\boxed{Fr = \frac{v^2}{g\,l}}\,. \tag{13.2}$$

Sie stellt eine wichtige Ähnlichkeitszahl im schiffbaulichen Modellwesen dar; so ist das Wellenbild zweier Schiffsmodelle ähnlich, wenn ihre FROUDE-Zahlen (gebildet mit der Schiffsgeschwindigkeit v, der Schiffslänge l und der Fallbeschleunigung g) gleich sind. Mit M = Modell und H = Hauptausführung sind zwei Strömungen ähnlich, wenn

$$\frac{v_M^2}{g\,l_M} = \frac{v_H^2}{g\,l_H} = \text{const}$$

ist. Damit ist das Kräfteverhältnis Trägheitskraft / Schwerkraft in M und H gleich. Aus der Bildung der REYNOLDS- und FROUDE-Zahlen ist leicht abzulesen, dass beide Ähnlichkeitsgesetze nicht gleichzeitig erfüllt werden können. Betrachtet man zwei Geschwindigkeitsfelder mit jeweils derselben *Re*- und *Fr*-Zahl, hier $Re = \text{v}l/\nu$, so ist zwangsläufig das Produkt

$$Re\,Fr = \frac{v^3}{\nu\,g} = \text{const}\ .$$

Bezieht man dieses so gebildete Produkt auf die Geschwindigkeitsfelder zweier umströmter, geometrisch ähnlicher Schiffe, so ist, bei naturgemäßer Konstanz der kinematischen Viskosität ν, die Schiffsgeschwindigkeit $v = v_H = v_M = \text{const}$ und damit über die FROUDE-Zahl auch die Schiffslänge $l = l_H = l_M = \text{const}$. Dieser Fall aber ist die Identität beider Schiffe, es handelt sich also um dasselbe Schiff im Modell und in der Hauptausführung. Hieraus folgt die bekannte Tatsache, dass die REYNOLDS- und FROUDE-Ähnlichkeit nicht gleichzeitig erfüllt werden können.

[23] FROUDE, William. Britischer Schiffbauer, geb. 1810 in Devon, gest. 1879 in Simonstown (Südafrika). Erbaute die erste Schleppversuchsanstalt in Devon.

Eine sehr bekannte Ähnlichkeitszahl der Strömungstechnik stellt die MACH-Zahl dar, s. Kap.I-5.3.2:

$$\boxed{Ma = \frac{\mathrm{v}}{a}}\ . \tag{13.3}$$

Es ist erstaunlich, dass diese Kennzahl unter dem Namen MACH-Zahl erst im Jahre 1928 in der Habilitationsschrift von ACKERET[24] an der ETH Zürich zum ersten Mal benutzt wurde.

13.2 Dimensionsanalyse

Die Dimensionsanalyse ist ein sehr bekanntes Verfahren, dimensionslose Kennzahlen der Strömungslehre zu gewinnen. Man muss sich aber darüber im Klaren sein, dass man aus der Dimensionsanalyse nicht mehr Informationen gewinnen kann, als man an sinnvoller Physik investiert hat. Die Dimensionsanalyse selbst ist nur Kalkül und liefert keinen neuen physikalischen Beitrag.

Das Verfahren soll anhand eines Beispiels erklärt werden. Als Beispiel dient die Behandlung der hydrodynamischen Kugelwiderstandskraft F_W. Wie im **Bild 13.1** dargestellt, wird eine Kugel von links von einem inkompressiblen Fluid (z.B. Wasser oder Luft im MACH-Zahl-Bereich < 0,4) angeströmt. Die Widerstandkraft F_W wird mit einer Kraftmessdose, die in die Haltestange der Kugel integriert ist, gemessen.

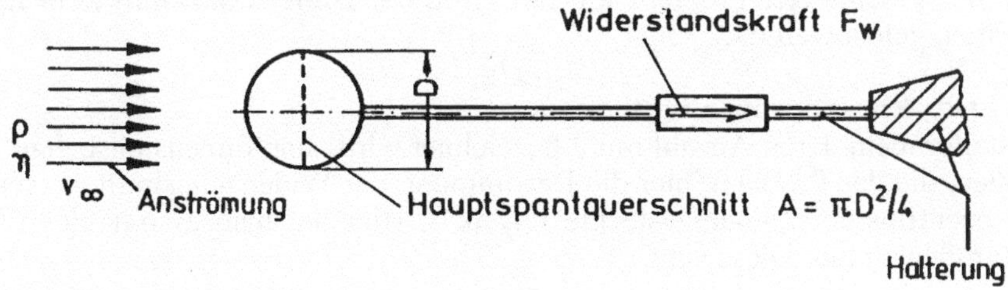

Bild 13.1 Anströmung einer Kugel zur Bestimmung der Kugelwiderstandskraft F_W

Der Ansatz für den Kugelwiderstandskraft ist, s. Gl.(12.2):

[24] ACKERET, Jakob. Schweizer. Aerodynamiker, geb. 1889 in Zürich, gest. 1981 bei Zürich. Erbaute 1934 den ersten Überlandkanal.

$$\boxed{F_{\mathrm{W}} = \varsigma_{\mathrm{W}} \frac{\rho}{2} \mathrm{v}_{\infty}^{2} \frac{\pi d^{2}}{4}} . \tag{13.4}$$

Gegeben:
- Anströmgeschwindigkeit v_{∞},
- Kugeldurchmesser d,
- Dichte ρ des anströmenden Fluids und
- Dynamische Viskosität η des anströmenden Fluids.

Vorausgesetzt:
Es gelte der in der Literatur am häufigsten angegebene Ansatz für die hydrodynamische Widerstandkraft F_{W}, s. Gl.(13.4),

Dieser Widerstandskoeffizient ist ein dimensionsloser Parameter und abhängig von der REYNOLDS-Zahl:

$$\boxed{Re = \frac{\mathrm{v}_{\infty} d}{\eta / \rho}} . \tag{13.5}$$

Die nun folgende Dimensionsanalyse wird zeigen, dass ζ_{W} nur von dieser Kennzahl und keiner anderen abhängt.

Gesucht:
Herleitung des Widerstandkoeffizienten $\zeta_{\mathrm{W}}(Re)$ als Funktion nur von der *Re*-Zahl.

Lösung:
Das hier geschilderte Problem soll mit Hilfe der **Dimensionsanalyse** in fünf Schritten gelöst werden.

1.Schritt: **Einstellgrößen bestimmen**:
Einstellgrößen, deren Anzahl mit e bezeichnet wird, sind dimensionsbehaftete Größen, die das Problem, hier die Bestimmung der Widerstandskraft, wesentlich beeinflussen („hineingesteckte Physik“). Hier hat man es mit vier Einstellgrößen zu tun. Diese sind:

1. Charakteristische Geschwindigkeit v_{∞} in m/s,
2. Charakteristische Länge d in m,
3. Dichte des Fluids ρ in kg/m³ und
4. Dynamische Viskosität des Fluids η in kg/(m s).

Man hat sich hiermit auf **vier** entscheidende Einflussgrößen festgelegt, so dass gilt:

$$\mathrm{F_W} = f(\mathrm{v}_{\infty}, d, \rho, \eta) \tag{13.6}$$

und

$$\boxed{e = 4}\,.$$

Eine fünfte (hier nicht berücksichtigte) Einstellgröße wäre z.B. der Turbulenzgrad Tu der Anströmung, s. Gl.(I-10.8).

2.Schritt: Grundgrößen festlegen
Allgemeine Grundgrößen der Strömungslehre sind Länge, Zeit, Masse und Temperatur. Die Anzahl der Grundgrößen wird mit g bezeichnet. Das hier vorliegende Problem der Bestimmung der Widerstandskraft werde bei konstanter Temperatur betrachtet, so dass sich hier drei **allgemeine Grundgrößen** ergeben:

1. Länge l in m,
2. Zeit t in s und
3. Masse M in kg

In der Regel ist es sinnvoll, nicht die allgemeinen Grundgrößen sondern Kombinationen zu benutzen, z.B. Geschwindigkeit und Dichte; beide Größen enthalten Länge, Zeit und Masse. Die Kombinationen, die Länge, Zeit und Masse enthalten müssen, werden als **problembezogene** Grundgrößen bezeichnet.

An dieser Stelle ist es wichtig, auf den Unterschied zwischen Dimension und Einheit zu verweisen. Dimensionen sind Länge l, Zeit t, Masse M und u.U. Temperatur T. Die entsprechenden Einheiten nach DIN 1301 sind Meter m, Sekunde s, Kilogramm kg und Grad Kelvin K.

Um z.B. die **Dimension** der Geschwindigkeit v_∞ zu kennzeichnen, ist folgende Schreibweise eingeführt: $[v_\infty] = l/t$.

Man hat es in diesem Beispiel mit drei **problembezogenen Grundgrößen** zu tun:

1. $[v_\infty] = l/t$ in m/s,
2. $[D] = l$ in m und
3. $[\rho] = M/l^3$ in kg/m³.

Die letzte Zeile wird beispielsweise wie folgt gesprochen:“ Dimension von ρ ist gleich Dimension Masse, dividiert durch Dimension Länge hoch drei in der Einheit Kilogramm pro Kubikmeter“.
Man hat sich hiermit auf drei problembezogenen Grundgrößen festgelegt, so dass gilt:

$$\boxed{g = 3}\,.$$

3. Schritt: Allgemeine Dimensionsmatrix aufstellen

Die Definition der allgemeinen Dimensionsmatrix ergibt sich aus der folgenden Vorgehensweise in drei Etappen:

3.1 Man analysiert die Einstellgrößen nach folgendem Muster der Exponenten

$[v_\infty] = l^{+1}\, t^{-1}\, M^0$	+1	-1	±0
$[D] = l^{+1}\, t^0\, M^0$	+1	±0	±0
$[\rho] = l^{-3}\, t^0\, M^{+1}$	−3	±0	+1
$[\eta] = l^{-1}\, t^{-1}\, M^{+1}$	−1	-1	+1.

3.2 Ebenso analysiert man die gesuchte Größe F_W mit der Dimension einer Kraft = Masse ∗ Beschleunigung:

$[F_W] = l^{+1}\, t^{-2}\, M^{+1}$	+1	-2	+1.

3.3 Die allgemeine Dimensionsmatrix wird als Ordnungsschema der Exponenten definiert:

$$\begin{array}{cccc} & l & t & M \\ [v_\infty] & +1 & -1 & \pm 0 \\ [d] & +1 & \pm 0 & \pm 0 \\ [\rho] & -3 & \pm 0 & +1 \\ [\eta] & -1 & -1 & +1 \\ [F_W] & +1 & -2 & +1 \end{array} = \text{Allgemeine Dimensionsmatrix}$$

mit

l, t, M = Allgemeine **G**rundgrößen, g = 3 und

v_∞, d, ρ, η und F_W = **E**instellgrößen, e = 4 + gesuchte Größe F_W .

4. Schritt: Problembezogene Dimensionsmatrix aufstellen

4.1 Allgemeine Grundgrößen durch problembezogene Grundgrößen ersetzen

Wie im zweiten Schritt vollzogen, können die allgemeinen Grundgrößen durch einen geeigneten Satz von problembezogenen Grundgrößen ersetzt werden. Entsprechend entsteht aus der allgemeinen Dimensionsmatrix eine problembezogene Dimensionsmatrix. In der Literatur findet sich auch der Ausdruck „natürliche“ Dimensionsmatrix.

Betrachtet man im dritten Schritt die allgemeine Dimensionsmatrix, so lautet die Kopfzeile l, t, M. Diese Kopfzeile wird nun durch die problembezogenen Grundgrößen $\mathrm{v}_\infty, d, \rho$ ersetzt, so dass sich die folgende **problembezogene Dimensionsmatrix** ergibt:

$$\begin{array}{cccc} & \mathrm{v}_\infty & d & \rho \\ [\mathrm{v}_\infty] & +1 & \pm 0 & \pm 0 \\ [d] & \pm 0 & +1 & \pm 0 \\ [\rho] & \pm 0 & \pm 0 & +1 \\ [\eta] & \alpha_1 & \alpha_2 & \alpha_3 \\ [F_\mathrm{W}] & \beta_1 & \beta_2 & \beta_3 \end{array} \quad = \text{Problembezogene Dimensionsmatrix}$$

mit

$\mathrm{v}_\infty, d, \rho$ = Problembezogene **G**rundgrößen, g = 3 und

$\mathrm{v}_\infty, d, \rho, \eta$ und F_W = **E**instellgrößen, e = 4 + gesuchte Größe F_W .

Die vorletzte Zeile der problembezogenen Dimensionsmatrix wird beispielsweise wie folgt gesprochen: „Dimension von η ist gleich Dimension v_∞ hoch α_1, von d hoch α_2 und von ρ hoch α_3".

Zum Übergang von den allgemeinen Grundgrößen zu den problembezogenen Grundgrößen ist noch zu erwähnen, dass statt $\mathrm{v}_\infty, d, \rho$ auch folgende Tripel möglich gewesen wären: $\mathrm{v}_\infty, \rho, \eta$ oder d, ρ, η oder $\mathrm{v}_\infty, d, \eta$, da in allen Tripeln die Dimensionen l, t und M vollständig vertreten sind.

Man kehrt nun zur gewählten problembezogenen Dimensionsmatrix mit dem Tripel $\mathrm{v}_\infty, d, \rho$ zurück. Die noch unbestimmten Exponenten α für die dynamische Viskosität η und β für die Widerstandskraft F_W werden mittels der **Dimensionsanalyse** bestimmt. Das Verfahren läuft in den beiden Schritten 4.2. und 4.3 ab.

4.2 Man analysiert die Dimension η nach folgendem Muster:

$$[\eta] = [\mathrm{v}_\infty]^{\alpha_1} [d]^{\alpha_2} [\rho]^{\alpha_3} .$$

Mit den in 3.1 bestimmten Größen ergibt sich:

$$\underbrace{l^{-1}\, t^{-1}\, M^{+1}}_{[\eta]} = \underbrace{\left(l^{+1}\, t^{-1}\, M^{0}\right)^{\alpha_1}}_{[\mathrm{v}_\infty]} \underbrace{\left(l^{+1}\, t^{0}\, M^{0}\right)^{\alpha_2}}_{[d]} \underbrace{\left(l^{-3}\, t^{0}\, M^{+1}\right)^{\alpha_3}}_{[\rho]}$$

Aus dem Exponentenvergleich ergibt sich:

$$l: \quad -1 = \alpha_1 + \alpha_2 - 3\alpha_3 ,$$

t: $-1 = -\alpha_1$,

M: $+1 = +\alpha_3$

und somit:

$$\alpha_1 = 1, \alpha_2 = 1, \alpha_3 = 1, \rightarrow [\eta] = [\mathrm{v}_\infty]^1 [d]^1 [\rho]^1$$

und der Ausdruck $\dfrac{\eta}{\mathrm{v}_\infty d\, \rho}$ muss dimensionslos sein.

4.2 Ebenso analysiert man die gesuchte Dimension von F_W :

$$[F_\mathrm{W}] = [\mathrm{v}_\infty]^{\beta_1} [d]^{\beta_2} [\rho]^{\beta_3}.$$

Mit den in 3.3 bestimmten Größen ergibt sich:

$$\underbrace{l^{+1}\, t^{-2}\, M^{+1}}_{[F_\mathrm{W}]} = \underbrace{\left(l^{+1}\, t^{-1}\, M^0\right)^{\beta_1}}_{[\mathrm{v}_\infty]} \underbrace{\left(l^{+1}\, t^0\, M^0\right)^{\beta_2}}_{[d]} \underbrace{\left(l^{-3}\, t^0\, M^{+1}\right)^{\beta_3}}_{[\rho]}$$

Aus dem Exponentenvergleich ergibt sich:

l: $+1 = \beta_1 + \beta_2 - 3\beta_3$,

t: $-2 = -\beta_1$,

M: $+1 = \beta_3$

und somit:

$$\beta_1 = 2, \beta_2 = 2, \beta_3 = 1, \rightarrow [F_\mathrm{W}] = [\mathrm{v}_\infty]^2 [d]^2 [\rho]^1$$

und der Ausdruck $\dfrac{F_\mathrm{W}}{\mathrm{v}_\infty{}^2 d^2 \rho}$ muss dimensionslos sein.

5. Schritt: Ergebnis feststellen:
Wie im ersten Schritt in Gl.(13.6) angegeben, ist die hydrodynamische Widerstandskraft F_W von den vier Einstellgrößen $\mathrm{v}_\infty, d, \rho$ und η abhängig:

$$\mathrm{F}_\mathrm{W} = f(\mathrm{v}_\infty, d, \rho, \eta).$$

Wird nun F_W in den gewählten problembezogenen Grundgrößen (s. Schritt 4) angegeben, so muss der dimensionslose Ausdruck

$$\frac{F_\mathrm{W}}{\mathrm{v}_\infty{}^2 d^2 \rho}$$

eine Funktion folgender Größen in dimensionsloser Schreibweise sein:

$$\boxed{\frac{F_\mathrm{W}}{\mathrm{v}_\infty{}^2 d^2 \rho} = f\left(\underbrace{\frac{\mathrm{v}_\infty}{\mathrm{v}_\infty{}^1 d^0 \rho^0}}_{1}, \underbrace{\frac{d}{\mathrm{v}_\infty{}^0 d^1 \rho^0}}_{1}, \underbrace{\frac{\rho}{\mathrm{v}_\infty{}^0 d^0 \rho^1}}_{1}, \frac{\eta}{\mathrm{v}_\infty{}^1 d^1 \rho^1}\right)}. \tag{13.7}$$

Damit ergibt sich:

$$\boxed{\frac{F_\mathrm{W}}{\mathrm{v}_\infty{}^2 d^2 \rho} = f\left(\frac{\eta/\rho}{\mathrm{v}_\infty d}\right)} \tag{13.8}$$

mit

$$\frac{\eta/\rho}{\mathrm{v}_\infty d} = \frac{\nu}{\mathrm{v}_\infty d} = \frac{1}{Re}\,.$$

Man stellt also fest, dass es sich hier auf der rechten Seite von Gl. (13.8) um einen dimensionslosen Parameter handelt, der nur von der REYNOLDS-Zahl, s. Gln.(13.1) und (13.5) abhängt:

$$F_\mathrm{W} = \zeta_\mathrm{W} \frac{\rho}{2} \mathrm{v}_\infty{}^2 \frac{\pi d^2}{4} \rightarrow F_\mathrm{W} = f\left(\frac{\eta/\rho}{\mathrm{v}_\infty d}\right) \mathrm{v}_\infty{}^2 d^2 \rho$$

Stellt man nun Gl.(13.4) und Gl.(13.8) gegenüber und setzt:

$$f\left(\frac{\eta/\rho}{\mathrm{v}_\infty d}\right) = \frac{\pi}{8} \zeta_\mathrm{W}(Re)$$

so folgt:

$$\boxed{F_\mathrm{W} = \zeta_\mathrm{W}(Re) \frac{\rho}{2} \mathrm{v}_\infty{}^2 \frac{\pi d^2}{4}}\,. \tag{13.9}$$

Damit ist gezeigt, dass unter den vier angegebenen Einstellgrößen e, d.h. $\mathrm{v}_\infty, d, \rho, \eta$, der Widerstandskoeffizient ζ_W nur von der REYNOLDS-Zahl und sonst von keiner anderen Kennzahl abhängt.

Zu dem gefundenen Ergebnis soll im Folgenden eine Verallgemeinerung angegeben werden, die unter dem Namen **π-Theorem von BUCKINGHAM** (1914) bekannt ist (π für „Parameterzahl“):

Gegeben sind e Einstellgrößen. Ist die Anzahl der zugehörigen (problembezogenen) Grundgrößen g, dann gibt es genau:

$$\boxed{\pi = e - g} \tag{13.10}$$

dimensionslose, voneinander unabhängige Parameter π, von denen die gesuchte Größe in dimensionsloser Form abhängt.

Für das oben genannte Beispiel gilt:
e = 4, g = 3, π = 1, d.h. $F_W / \left(\rho\, v_\infty{}^2 d^2\right)$ hängt nur von **einem** dimensionslosen Parameter π ab, nämlich von

$$\boxed{Re = \frac{v_\infty d}{\nu}}\,.$$

13.3 Fraktionelle Analyse

Diese Methode (Fractional Analysis) wurde im 19. Jahrhundert von Lord RAYLEIGH[25] auf die Mechanik, insbesondere auf die Strömungsmechanik angewendet. Die fraktionelle Analyse ist ein weiterer Weg zur Findung von strömungstechnischen Kennzahlen. Sie bedient sich folgender massebezogener Kräfte:

$$\frac{\text{Trägheitskraft}}{\text{Masse}} \text{ in } \frac{m^2}{s^2\, m} \sim \frac{(\text{Charakteristische Geschwindigkeit})^2}{\text{Charakteristische Länge}},$$

$$\frac{\text{Schwerkraft}}{\text{Masse}} \text{ in } \frac{m}{s^2} \sim \text{Fallbeschleunigung},$$

$$\frac{\text{Druckkraft}}{\text{Masse}} \text{ in } \frac{Nm^3}{m^2 kgm} \sim \frac{\text{Charakteristischer Druck}}{\text{Fluiddichte} \times \text{Charakteristische Länge}},$$

$$\frac{\text{Reibungskraft}}{\text{Masse}} \text{ in } \frac{m^2}{s}\frac{m}{s\, m^2} \sim \frac{\text{Fluidviskosität} \times \text{Charakt. Geschwindigkeit}}{(\text{Charakteristische Länge})^2}.$$

[25] Lord RAYLEIGH, John William Strutt, geb. 1842 in Essex (England), gest. 1919 ebd. Professor für Experimentalphysik in Cambridge . Seine Theorie über Streuung war die erste korrekte Erklärung, warum der Himmel blau ist. Er entdeckte das Inertgas Argon 1895; er erhielt dafür 1904 den Nobelpreis.

In Formelzeichen würden sich folgende Proportionalitäten ergeben, wobei die massenbezogenen Kräfte auf der linken Seite durch f in m/s² abgekürzt werden:

Massenbezogene Trägheitskraft $\boxed{f_{\mathrm{T}} \sim \frac{v^2}{l}}$,

Massenbezogene Schwerkraft $\boxed{f_{\mathrm{S}} \sim g}$,

Massenbezogene Druckkraft $\boxed{f_{\mathrm{D}} \sim \frac{p}{\rho\, l}}$ und

Massenbezogene Reibungskraft $\boxed{f_{\mathrm{R}} \sim \frac{\nu\, v}{l^2}}$.

Es ist hier besonders darauf hinzuweisen, dass die Einheiten der Größen f der Dimension Kraft/Masse gehorchen müssen, d.h. in der Einheit m/s² erscheinen.

Man analysiert nun in diesem Zusammenhang die NAVIER-STOKES-Bewegungsgleichung (I-6.17) bzw. die dazugehörige z-Komponente Gl.(I-6.16). Schränkt man den allgemeinen Fall auf stationäre Strömung im Erschwerefeld $f_z = -g$ ein, so erhält man:

$$\boxed{\underbrace{v_x \frac{\partial v_Z}{\partial x} + v_y \frac{\partial v_Z}{\partial y} + v_z \frac{\partial v_Z}{\partial z}}_{1.} = \underbrace{-g}_{2.} \underbrace{-\frac{1}{\rho} \frac{\partial p}{\partial z}}_{3.} + \underbrace{\nu \left(\frac{\partial^2 v_Z}{\partial x^2} + \frac{\partial^2 v_Z}{\partial y^2} + \frac{\partial^2 v_Z}{\partial z^2} \right)}_{4.}} \quad (13.11)$$

Man betrachtet nun in dieser Gleichung die einzelnen Blöcke 1...4 nach der Methode der fraktionellen Analyse:

1.: Es handelt sich in diesem Block um Glieder mit der Einheit m/s². Dieser Block steht für die **massenbezogene Trägheitskraft** v^2/l.

2.: Dieser Ausdruck charakterisiert die **massenbezogene Schwerkraft** g in m/s².

3.: Hiermit wird die **massenbezogene Druckkraft** $p/(\rho\, l)$ beschrieben mit der Einheit m/s².

4.: In diesem Block findet sich die **massenbezogene Reibungskraft** $\nu\, v/l^2$ in m/s².

Bildet man nun charakteristische Kräfteverhältnisse (fraktionelle Analyse), z.B. Trägheitskraft/Reibungskraft, so würde sich nach der Betrachtung der Blöcke 1...4 ergeben:

$$\boxed{\frac{\text{Trägheitskraft}}{\text{Reibungskraft}} = \frac{v^2 l^2}{l\,\nu\,v} = \frac{v\,l}{\nu} \rightarrow \quad Re}, \tag{13.12}$$

$$\boxed{\frac{\text{Trägheitskraft}}{\text{Schwerkraft}} = \frac{v^2}{g\,l} \rightarrow \quad Fr}, \tag{13.13}$$

$$\boxed{\frac{\text{Druckkraft}}{\text{Trägheitskraft}} = \frac{p\,l}{\rho\,l\,v^2} = \frac{p}{\rho\,v^2} \rightarrow Eu} \text{ und} \tag{13.14}$$

$$\boxed{\frac{\text{Druckkraft}}{\text{Reibungskraft}} = \frac{p\,l^2}{\rho\,l\,\nu\,v} = \frac{p\,l}{\eta\,v} \rightarrow \quad St}. \tag{13.15}$$

mit

Re REYNOLDS-Zahl,
Fr FROUDE-Zahl,
Eu EULER-Zahl und
St STOKES-Zahl.

13.4 Methode der Differentialgleichungen

Zur Bestimmung der Ähnlichkeitskennzahlen aus den Differentialgleichungen bildet man mit geeigneten Referenzwerten (Index ref) dimensionslose Variable (Exponent +). Die Kennzahlen erscheinen als Koeffizienten in den Differentialgleichungen. Zum Beispiel für die x-Komponente der NAVIER-STOKES-Gleichung (I-6.14) für instationäre Strömung inkompressibler Fluide:

$$\frac{\partial v_x}{\partial t} + v_x\frac{\partial v_x}{\partial x} + v_y\frac{\partial v_x}{\partial y} + v_z\frac{\partial v_x}{\partial z} = f_x - \frac{1}{\rho}\frac{\partial p}{\partial x} + \nu\left(\frac{\partial^2 v_x}{\partial x^2} + \frac{\partial^2 v_x}{\partial y^2} + \frac{\partial^2 v_x}{\partial z^2}\right) \tag{13.16}$$

können folgende dimensionslose Variable gebildet werden:

$$v_x{}^+ = \frac{v_x}{v_{ref}},\ v_y{}^+ = \frac{v_y}{v_{ref}},\ v_z{}^+ = \frac{v_z}{v_{ref}},\ p^+ = \frac{p}{p_{ref}},\ \rho^+ = \frac{\rho}{\rho_{ref}} = 1;$$

$$f_x{}^+ = \frac{f_x}{g},\ \eta^+ = \frac{\eta}{\eta_{ref}} = 1,\ t^+ = \frac{t}{t_{ref}},\ x^+ = \frac{x}{l_{ref}},\ y^+ = \frac{y}{l_{ref}},\ z^+ = \frac{z}{l_{ref}}.$$

Setzt man die dimensionslosen Variablen in Gl.(13.16) ein, z.B. $v_x = v_{ref}\,v_x{}^+$,so erhält man folgende Gleichung:

$$\frac{\partial\left(v_{ref} v_x^{+}\right)}{\partial\left(t_{ref} t^{+}\right)} + \left(v_{ref} v_x^{+}\right)\frac{\partial\left(v_{ref} v_x^{+}\right)}{\partial\left(l_{ref} x^{+}\right)} + \left(v_{ref} v_y^{+}\right)\frac{\partial\left(v_{ref} v_x^{+}\right)}{\partial\left(l_{ref} y^{+}\right)} + \left(v_{ref} v_z^{+}\right)\frac{\partial\left(v_{ref} v_x^{+}\right)}{\partial\left(l_{ref} z^{+}\right)} =$$

$$g f_x^{+} - \frac{1}{\left(\rho_{ref}\rho^{+}\right)}\frac{\partial\left(p_{ref} p^{+}\right)}{\partial\left(l_{ref} x^{+}\right)} + \frac{\eta_{ref}}{\rho_{ref}}\frac{\eta^{+}}{\rho^{+}}\left(\frac{\partial^2\left(v_{ref} v_x^{+}\right)}{\partial\left(l_{ref} x^{+}\right)^2} + \frac{\partial^2\left(v_{ref} v_x^{+}\right)}{\partial\left(l_{ref} y^{+}\right)^2} + \frac{\partial^2\left(v_{ref} v_x^{+}\right)}{\partial\left(l_{ref} z^{+}\right)^2}\right) \quad (13.17)$$

Hieraus folgt:

$$\frac{v_{ref}}{t_{ref}}\frac{\partial v_x^{+}}{\partial t^{+}} + \frac{v^2_{ref}}{l_{ref}} v_x^{+}\frac{\partial v_x^{+}}{\partial x^{+}} + \frac{v^2_{ref}}{l_{ref}} v_y^{+}\frac{\partial v_x^{+}}{\partial y^{+}} + \frac{v^2_{ref}}{l_{ref}} v_z^{+}\frac{\partial v_x^{+}}{\partial z^{+}} =$$

$$g f_x^{+} - \frac{p_{ref}}{\rho_{ref}\rho^{+} l_{ref}}\frac{\partial p^{+}}{\partial x^{+}} + \frac{\eta_{ref} v_{ref}}{\rho_{ref} l^2_{ref}}\frac{\eta^{+}}{\rho^{+}}\left(\frac{\partial^2 v_x^{+}}{\partial x^{+2}} + \frac{\partial^2 v_x^{+}}{\partial y^{+2}} + \frac{\partial^2 v_x^{+}}{\partial z^{+2}}\right) \quad (13.18)$$

Wenn man diese Gleichung mit l_{ref} / v^2_{ref} multipliziert, so erhält man:

$$\frac{l_{ref}}{v_{ref} t_{ref}}\frac{\partial v_x^{+}}{\partial t^{+}} + v_x^{+}\frac{\partial v_x^{+}}{\partial x^{+}} + v_y^{+}\frac{\partial v_x^{+}}{\partial y^{+}} + v_z^{+}\frac{\partial v_x^{+}}{\partial z^{+}} =$$

$$\frac{g\, l_{ref}}{v^2_{ref}} f_x^{+} - \frac{p_{ref}}{\rho_{ref} v^2_{ref}}\frac{1}{\rho^{+}}\frac{\partial p^{+}}{\partial x^{+}} + \frac{\eta_{ref}}{\rho_{ref} l_{ref} v_{ref}}\frac{\eta^{+}}{\rho^{+}}\left(\frac{\partial^2 v_x^{+}}{\partial x^{+2}} + \frac{\partial^2 v_x^{+}}{\partial y^{+2}} + \frac{\partial^2 v_x^{+}}{\partial z^{+2}}\right) \quad (13.19)$$

mit:

$$\frac{l_{ref}}{v_{ref} t_{ref}} = \textbf{STROUHAL}^{26} - Zahl, \quad \frac{g\, l_{ref}}{v^2_{ref}} = \frac{1}{FROUDE - Zahl},$$

$$\frac{p_{ref}}{\rho_{ref} v^2_{ref}} = EULER - Zahl, \quad \frac{\eta_{ref}}{\rho_{ref} l_{ref} v_{ref}} = \frac{1}{REYNOLDS - Zahl}.$$

Schließlich lautet Gl.(13.19):

[26] STROUHAL, Cenek. Tschechischer Physiker, geb. 1850, gest. 1923. Annalen der Physik und Chemie (1878).

$$Sr\frac{\partial v_x^+}{\partial t^+} + v_x^+\frac{\partial v_x^+}{\partial x^+} + v_y^+\frac{\partial v_x^+}{\partial y^+} + v_z^+\frac{\partial v_x^+}{\partial z^+} =$$

$$\frac{1}{Fr}f_x^+ - Eu\frac{\partial p^+}{\partial x^+} + \frac{1}{\mathrm{Re}}\left(\frac{\partial^2 v_x^+}{\partial x^{+2}} + \frac{\partial^2 v_x^+}{\partial y^{+2}} + \frac{\partial^2 v_x^+}{\partial z^{+2}}\right). \quad (13.20)$$

13.5 Typische Kennzahlen für fluiddynamische Modellversuche

Im Folgenden sollen die wichtigsten Kennzahlen der Strömungstechnik zusammengestellt werden, die, wenn strömungstechnische Ähnlichkeit zwischen zwei Dimensionen hergestellt werden soll, möglichst genau im Modell und in der Hauptausführung übereinzustimmen haben.

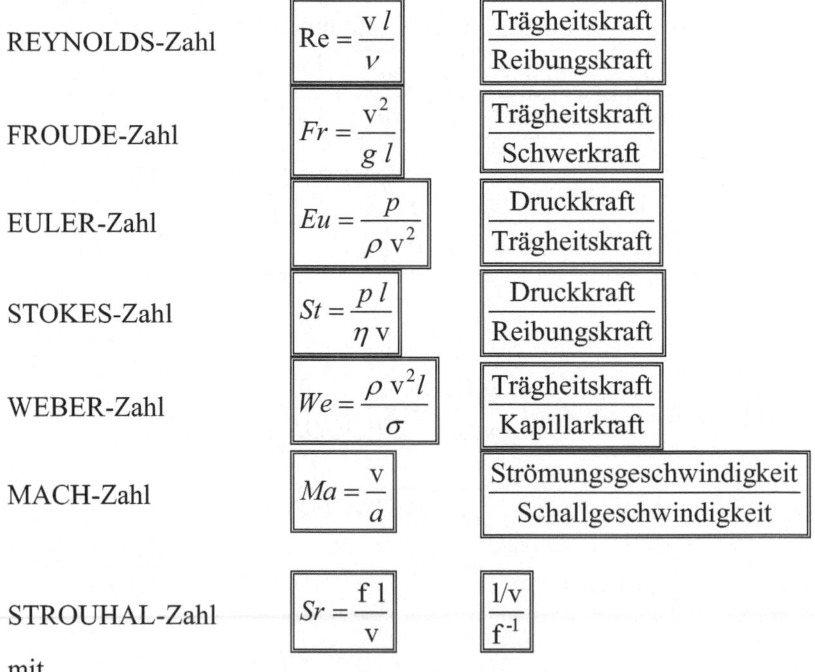

REYNOLDS-Zahl	$\mathrm{Re} = \frac{v\,l}{\nu}$	$\frac{\text{Trägheitskraft}}{\text{Reibungskraft}}$
FROUDE-Zahl	$Fr = \frac{v^2}{g\,l}$	$\frac{\text{Trägheitskraft}}{\text{Schwerkraft}}$
EULER-Zahl	$Eu = \frac{p}{\rho\,v^2}$	$\frac{\text{Druckkraft}}{\text{Trägheitskraft}}$
STOKES-Zahl	$St = \frac{p\,l}{\eta\,v}$	$\frac{\text{Druckkraft}}{\text{Reibungskraft}}$
WEBER-Zahl	$We = \frac{\rho\,v^2 l}{\sigma}$	$\frac{\text{Trägheitskraft}}{\text{Kapillarkraft}}$
MACH-Zahl	$Ma = \frac{v}{a}$	$\frac{\text{Strömungsgeschwindigkeit}}{\text{Schallgeschwindigkeit}}$
STROUHAL-Zahl	$Sr = \frac{f\,l}{v}$	$\frac{l/v}{f^{-1}}$

mit

$l/v \equiv$ Zeit zum Zurücklegen der Strecke l mit der Geschwindigkeit v und

$f^{-1} \equiv$ Periode des instationären Vorgangs mit der Frequenz f.

Turbulenzgrad $$Tu = \frac{1}{\overline{v}}\sqrt{\frac{\overline{v_x'^2} + \overline{v_y'^2} + \overline{v_z'^2}}{3}}$$

mit

$\sqrt{\overline{v'^2}}$ Mittelwert der turbulenten Schwankungsgeschwindigkeiten und

$\overline{v}$ Betrag der zeitlich gemittelten Geschwindigkeit (s. I-10.2).

Übungsaufgaben zu diesem Kapitel finden sich unter:
www.tu-berlin.de/~fsd

14 Numerische Strömungsberechnung

14.1 Einleitung

Das wesentliche Ziel einer numerischen Strömungsberechnung besteht in der Bestimmung des Geschwindigkeits- und Druckfeldes einer Strömung; es können aber auch andere Felder (z.B. Turbulenzgrad- Feld) berechnet werden. Die numerische Strömungsberechnung wird nach der englischen Bezeichnung Computational Fluid Dynamics mit CFD abgekürzt. Die verschiedenen Techniken der Strömungsbestimmung können in drei Hauptteile gegliedert werden:

- Analytische Strömungstechnik,
- Experimentelle Strömungstechnik und
- Numerische Strömungstechnik.

Bild 14.1 zeigt, wie diese drei Techniken voneinander abhängen.

Die mathematischen Gleichungen der Analytischen Strömungstechnik sind in der Regel partielle Differentialgleichungen, die analytisch in geschlossener Form noch nicht lösbar sind. In einigen Fällen können sie nur unter der Annahme starker Vereinfachungen gelöst werden.

CFD bedeutet, dass man die partiellen Differentialgleichungen der Strömungslehre nicht exakt löst, sondern für sie Näherungslösungen anstrebt, d.h., diese partiellen Differentialgleichungen durch die Näherung der numerischen Verfahren in ein System von algebraischen Gleichungen transformiert. Die Lösung dieser algebraischen Gleichungen liefert die gesuchten Größen, so dass man letztlich das Berechnungsgebiet vollständig beschreiben kann, d.h. durch Geschwindigkeits- Druck,- Turbulenz- und Wirbelstärkefelder, sowie die Verteilung der Wandschubspannungen.

Der größte Vorteil der numerischen Strömungstechnik liegt darin, dass relativ schnell und kostengünstig Ergebnisse erhalten werden. Im Gegensatz zu analytischen Untersuchungen sind keine Beschränkungen auf lineare Probleme notwendig.

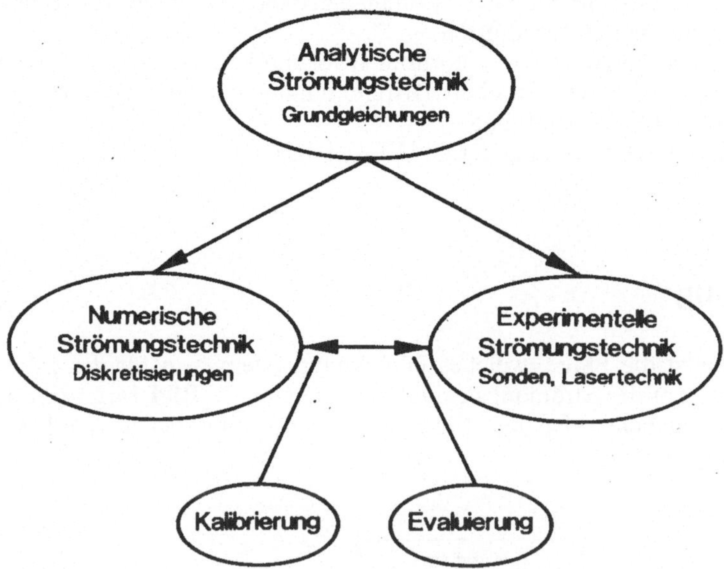

Bild 14.1. Gliederung der Strömungstechnik nach Analytik, Numerik und Experiment

Mit der CFD ist es auch möglich, ausführliche Parameterstudien durchzuführen, bevor eine strömungstechnisch optimierte Kontur einem Experiment (Evaluierung) unterzogen wird. Die wachsende ökonomische Attraktivität der CFD ist auf die folgenden drei Faktoren zurückzuführen:

1. Fallende Kosten für Hardware,
2. Steigende Computerkapazitäten und Rechnergeschwindigkeiten, auch bei kleinen und mittleren Rechenanlagen und
3. Steigende Zuverlässigkeit und Geschwindigkeit der numerischen Algorithmen.

14.2 Vorgehensweise

Sinnvollerweise geht man bei numerischen Strömungsberechnungen in folgenden Schritten vor:

- Modellierung durch Grundgleichungen, z.B. Kontinuitätsgleichung (I-2.3) und (I-3.9), Potentialströmungsgleichungen, z.B. (I-7.11)...(I-7.23), EULER-Bewegungsgleichung (I-3.1) und (I-3.7), NAVIER-STOKES-Gleichung (I-6.14)...(I-6.17), REYNOLDS-Gleichungen (10.5)... (10.10) und PRANDTL-Grenzschichtgleichungen (I-9.2)...(I-9.5),

- Geometrische Beschreibung des Strömungsgebietes durch ein Netz (dieser Schritt ist einer der aufwendigsten),
- Erstellung von numerischen Algorithmen für die Diskretisierung des Lösungsgebietes und der partiellen Differentialgleichungen (kommerzielle Programme vorherrschend) und
- Auswertung und Darstellung der CFD-Ergebnisse

14.3 Modellierung

Es stellt sich jetzt die Frage, welches Gleichungssystem man für das zu betrachtende Problem der Strömungstechnik anwenden soll. **Bild 14.2** zeigt die wesentliche Vorgehensweise der Modellierung aufgrund der wesentlichen Grundgleichungen.

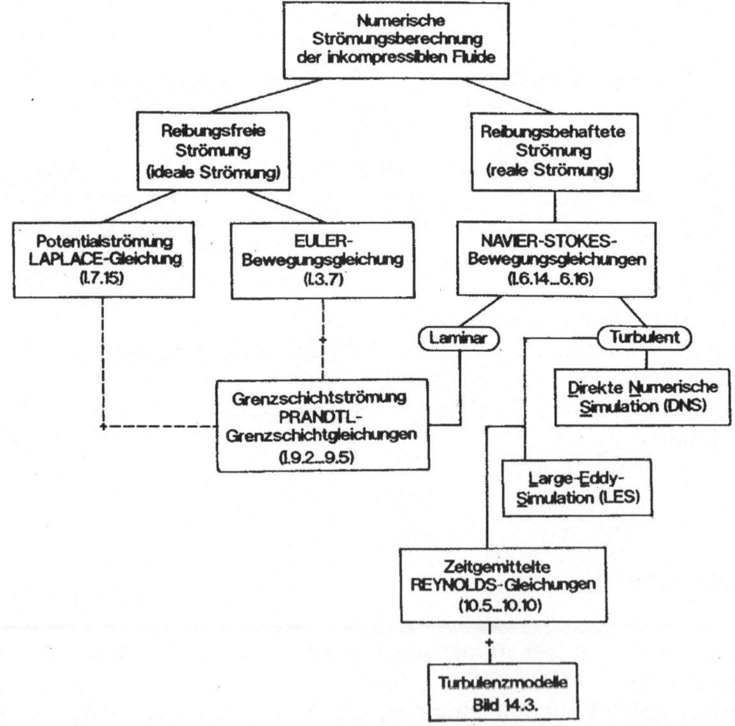

Bild 14.2. Vorgehensweise bei der Modellierung aufgrund von Grundgleichungen

Die in **Bild 14.2** angegebenen **Turbulenzmodelle** sind übersichtsmäßig in **Bild 14.3** dargestellt und können in zwei große Gruppen eingeteilt werden:

1. Wirbelviskositätsmodelle, die den BOUSSINESQ-Wirbelviskositätsansatz verwenden und
2. REYNOLDS-Spannungsmodelle, die direkte Näherungen oder Transportgleichungen für die REYNOLDS-Spannungen angeben.

Der Wirbelviskositätsansatz geht von der Isotropie (Richtungsunabhängigkeit) der Turbulenz aus. Für dreidimensionale turbulente Strömungen wird der BOUSSINESQ-Ansatz in der Form

$$-\rho\,\overline{v_i' v_j'} = \rho\left(\nu_t\left(\frac{\partial \overline{v_i}}{\partial x_j} + \frac{\partial \overline{v_j}}{\partial x_i}\right) - \frac{2}{3}k\,\delta_{ij}\right) \tag{14.1}$$

mit der spezifischen kinetischen Energie $k = \frac{1}{2}\sum \overline{v_i'^2}$ verwendet. δ_{ij} ist das KRONECKER-Symbol mit $\delta_{ij} = 1$, wenn $i = j$ und $\delta_{ij} = 0$, wenn $i \neq j$. Gleichung (14.1) ist in der sog. Indexnotation geschrieben, die eine kompakte Darstellung von Gleichungen ermöglicht.

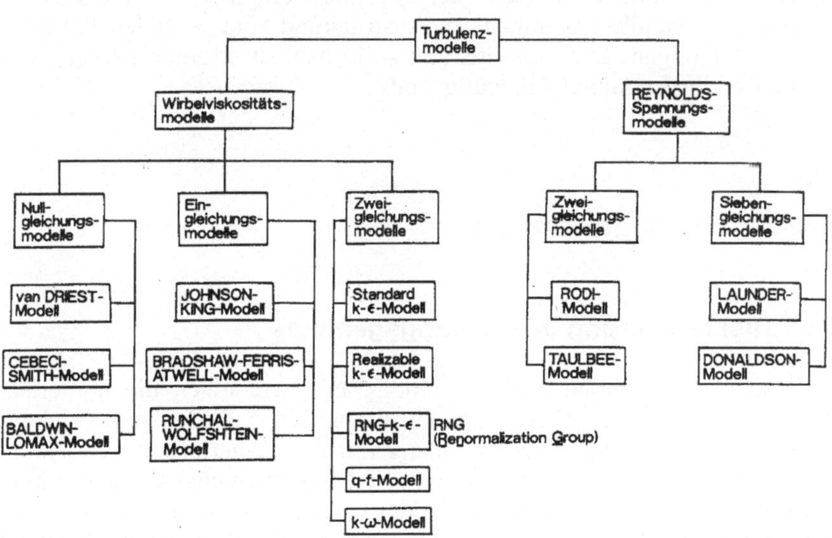

Bild 14.3. Turbulenzmodelle der numerischen Strömungsberechnung in der Übersicht

Die REYNOLDS-Spannungsmodelle kommen ohne Wirbelviskositätsansatz aus. Sie berechnen die REYNOLDS-Spannungen direkt aus Transportgleichungen. Der Einfluss von Stromlinienkrümmung, sowie von CORIOLIS- oder Auftriebskräften ist implizit in den Gleichungen vorhanden. Es existieren auch REYNOLDS-Spannungsmodelle, die keine Differentialgleichungen verwenden. Diese Modelle berechnen die REYNOLDS-Spannungen mit algebraischen Ausdrücken. Im dreidimensionalen Fall müssen sechs Gleichungen für die Spannungen und eine Gleichung für die Dissipation

$$\varepsilon = \nu \overline{\frac{\partial v_i' \partial v_i'}{\partial x_k \partial x_k}} \tag{14.2}$$

gelöst werden.

14.4 Geometrische Beschreibung des Strömungsgebiets

Das Strömungsgebiet, innerhalb dessen eine Strömungsberechnung durchgeführt wird, ist durch das zu behandelnde Problem festgelegt. Die Ränder des Berechnungsgebietes sind durch feste Wände (z.B. Gehäuse, Schaufeln von Lauf- und Leiträdern) fixiert. Die Lage des Eintritts bzw. Austrittsrandes der Strömung kann in vielen Fällen geringfügig verändert werden. In solchen Fällen wird der Eintrittsrand der Strömung so festgelegt, dass Informationen über die Zuströmung vorhanden oder eventuelle empirische Annahmen möglich sind. Die Randbedingungen am Austrittsrand sind in vielen Fällen Gradientenbedingungen. Der Austrittsrand sollte soweit stromab gelegt werden, dass die Randbedingungen eindeutig sind.

14.5 Numerische Algorithmen

14.5.1 Diskretisierung des Lösungsgebietes

Numerische Algorithmen sind notwendig, um zum einen die numerischen Gitter zu generieren, zum anderen, um die partiellen Differentialgleichungen numerisch zu lösen. Im Zusammenhang mit der Generierung eines numerischen Gitters ist die Wahl eines geeigneten Koordinatensystems wichtig, da die notwendigen Grundgleichungen in das gewählte Koordinatensystem transformiert werden. Am häufigsten werden kartesische Koordinaten verwendet. Da kartesische Koordinaten orthogonal sind, treten in den Grundgleichungen keine gemischten Ableitungen auf. Außerdem ist das entsprechende numerische Gitter leicht zu generieren. So sind diese Koordinaten besonders geeignet für die Berechnung von Strömungen mit einfachen Berandungen (z.B. Rohre, Kanäle, Diffusoren, Düsen).

Spezielle orthogonale Koordinatensysteme können bei Geometrien verwendet werden, deren Berandung analytisch beschrieben werden. Die Grundgleichungen müssen in diesem Falle mit Hilfe von analytischen Transformationen umgeformt werden und sind daher geringfügig komplexer, als bei der Verwendung von kartesischen Koordinaten. Zylinder-Koordinaten und Kugel-Koordinaten sind einfache Beispiele für derartige Koordinatensysteme, vergl. z.B. Kap. (I-2.3.4). Bei der Lösung von Strömungsproblemen in beliebigen komplexen Geometrien ist es notwendig, krummlinige Koordinatensysteme zu verwenden. Spezielle numerische Gitter können durch analytische, algebraische oder differentielle Gittergenerierungsverfahren erzeugt werden. Als Anforderungen an ein numerisches Gittergenerierungsverfahren sind drei Punkte zu nennen.

1. Das generierte Gitter muss nichtüberschneidende Gitterlinien besitzen,
2. Gitterpunkte und Gitterlinien müssen in beliebig wählbaren Bereichen zu konzentrieren sein und
3. Starke Gitterverzerrungen müssen vermieden werden, d.h. es sind möglichst orthogonale Gitter anzustreben.

14.5.2 Diskretisierung der partiellen Differentialgleichungen

Die Grundgleichungen, die zur Modellierung und Beschreibung von Strömungen eingesetzt werden, sind i.d.R. partielle Differentialgleichungen, die bei praktischen Problemen nur mit Hilfe numerischer Verfahren zu lösen sind. Es gibt eine große Zahl von Verfahren, die für spezielle Klassen von partiellen Differentialgleichungen entwickelt wurden. Überwiegend verwendet man derzeit zur Lösung der nichtlinearen partiellen Differentialgleichungen in komplexen Geometrien die sog. Diskretisierungsmethoden, mit denen die partiellen differentiellen Transportgleichungen in algebraische Gleichungen überführt werden. Diese Methoden sind im Prinzip bei allen partiellen Differentialgleichungen anwendbar. Als Beispiel für Diskretisierungsmethoden sind die Methode der Finiten Elemente, Finite Volumen und Finite Differenzen zu nennen. Allen Methoden gemeinsam ist, dass in das zu berechnende Strömungsgebiet ein Gitter gelegt wird. Die Verteilung von Feldgrößen, d.h. der abhängigen Variablen, soll an diskreten Punkten, den Rechenpunkten, bestimmt werden. Dabei können z.B. die Knotenpunkte des Gitters auch als Rechenpunkte definiert sein. Die kontinuierliche Verteilung der Feldgrößen wird somit durch die Feldgrößen an diskreten Gitterpunkten ersetzt. So wird die analytische Lösung der Differentialgleichungen durch die numerische Lösung ersetzt. Zur Lösung der linearen LAPLACE-Gleichung (I-7.15) sind spezielle Methoden entwickelt worden, z.B. die Panel-Methode.

14.6 Auswertung und Darstellung der Ergebnisse

Als Ergebnisse der numerischen Strömungsberechnung liegt i.d.R. eine relativ große Datenmenge vor, die eine sorgfältige Auswertung und Darstellung erfordert. Die Ergebnisse sind z.B. die berechneten Geschwindigkeiten und Drücke an allen diskreten Punkten des Rechengitters, die im sog. Postprozessor zu anschaulichen Informationen aufgearbeitet werden, das sind i.d.R. Vektordiagramme und Isolinien, die Verbindungslinien gleichwertiger physikalischer Größen. Postprozessoren sind sehr wichtige Bestandteile eines CFD Systems.

14.7 Beispiele von Ergebnissen numerischer Strömungsberechnung

Im Folgenden werden Beispiele von Strömungsberechnungen vorgestellt, die mit Hilfe verschiedener numerischer Verfahren durchgeführt werden. Es handelt sich um Berechnungen zweidimensionaler und dreidimensionaler turbulenter Strömungen. Der CFD kommt in Zukunft eine in der Strömungstechnik dominierende Rolle zu, so dass sich die Experimente in Zukunft mehr und mehr auf die Zwecke der Evaluierung beschränken müssen und dies i.d.R. mit Schwerpunkt auf die Randbedingungen. So ist es verständlich, dass im Rahmen dieses Buches die Auswahl von Beispielen restriktiv gehandhabt werden muss, da eine unübersehbare Fülle von CFD Ergebnissen bereits existiert.

Bild 14.4 zeigt das Ergebnis einer CFD-Simulation einer Zylinderumströmung als Stromlinienbild. Zu erkennen ist zum Einen die Umströmung eines Zylinders im niedrigen REYNOLDS-Zahl-Bereich (unter $3{,}8 \cdot 10^5$) und zum Anderen im oberen REYNOLDS-Zahl-Bereich (über $3{,}8 \cdot 10^5$). Man erkennt die unterschiedlichen Strömungsstrukturen anhand der Stromlinien und auch die verschiedenen Ablösestellen an der Zylinderoberfläche. Hieraus ergeben unterschiedliche Widerstandskoeffizienten ς_W (vergl. I-12.1).

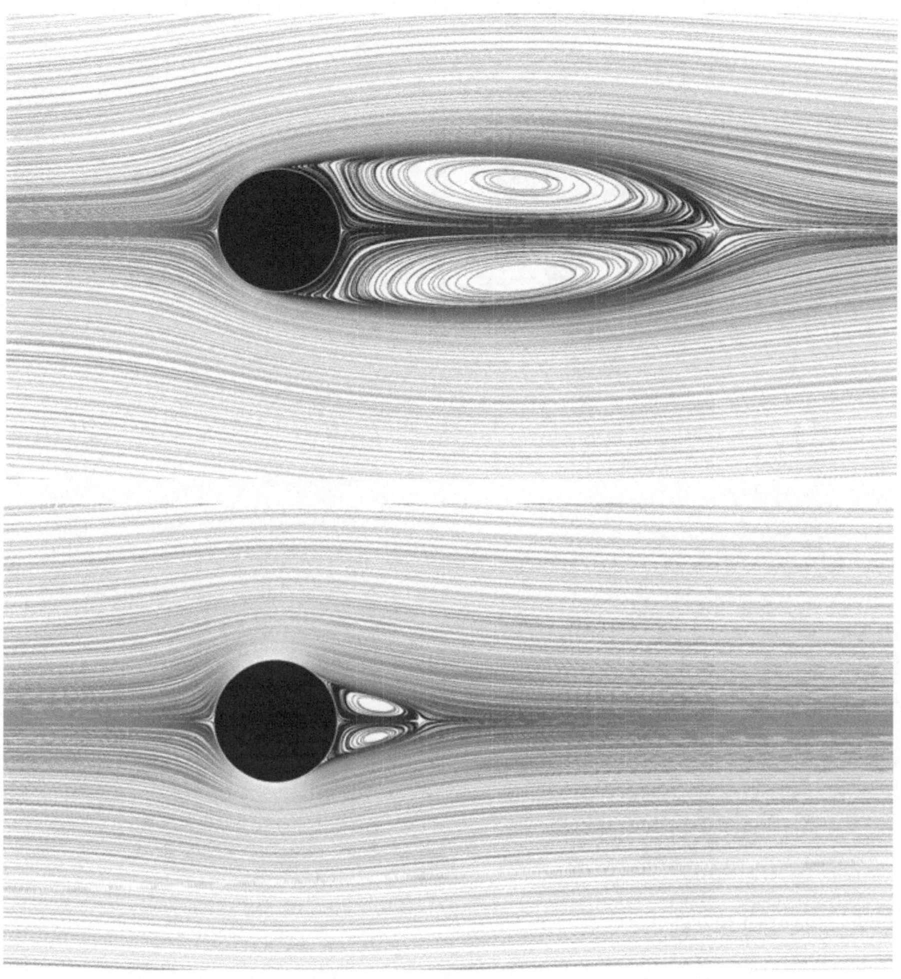

Bild 14.4. Stromlinien einer Zylinderumströmung, oben: unterkritische Umströmung $Re < 3{,}8 \cdot 10^5$, unten: überkritische Umströmung $Re > 3{,}8 \cdot 10^5$ [www.cfx-berlin.de]

Bild 14.5 zeigt das Geschwindigkeitsfeld eines Rauchgas-Absaug-Ventilators in Nabennähe anhand von Richtungsvektoren und nach Betrag (Graufärbung). Im Bereich der Laufradschaufeln wird die Relativgeschwindigkeit zum Laufrad dargestellt, stromauf und stromab dagegen die Absolutgeschwindigkeit. Hieraus lassen sich entsprechende Maßnahmen für die Auslegung derartiger Strömungsmaschinen ableiten.

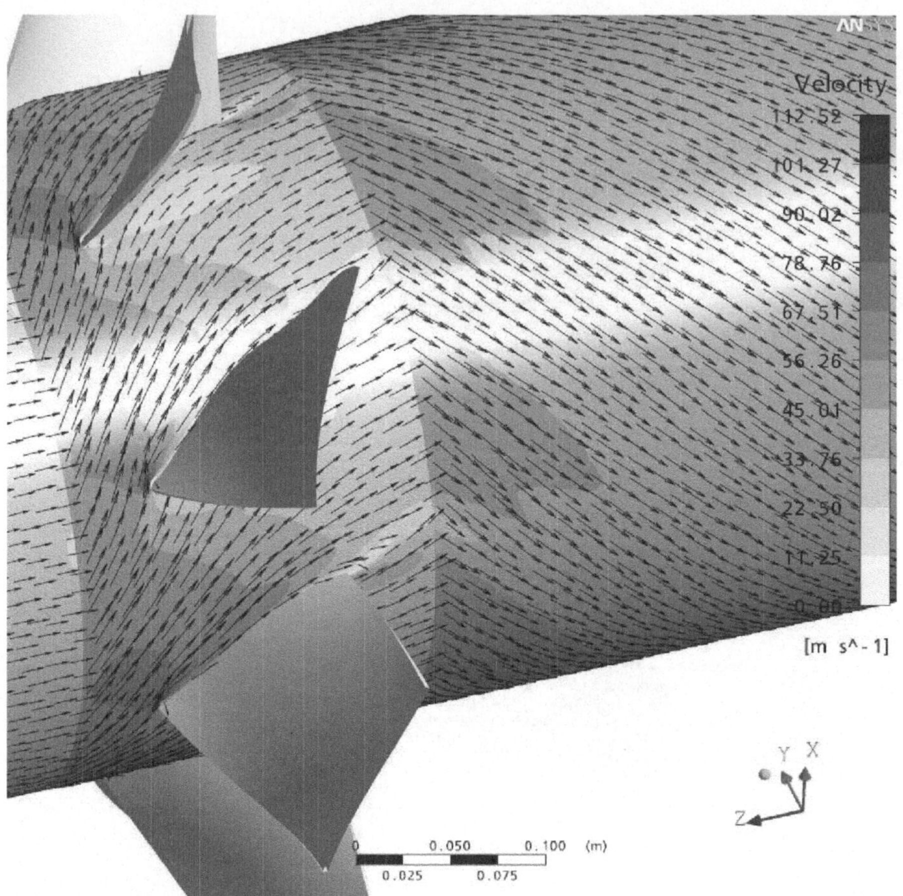

Bild 14.5. Geschwindigkeitsvektoren an einem Rauchgasabsaug-Ventilator [www.cfx-berlin.de]

Bild 14.6 oben zeigt ein Rotorblatt einer Windenergieanlage nach längerem Betrieb. Deutlich zu erkennen ist das unterschiedliche Schmutzbild im Nabenbereich des Rotors. Die Schmutzfläche wird begrenzt durch eine Ablöselinie der Strömung. Diese Ablöse-Linie konnte durch CFD-Berechnung eindeutig nachgewiesen werden, wie in Bild 14.6 unten anhand der wandnahen Stromlinien ersichtlich.

An dieser Stelle trifft eine radiale Strömung nahe der Rotorblatt-Oberfläche auf die ankommende Umströmung des Rotorblattprofils. Hier entsteht ein radiales Wirbelgebiet, dessen weitere Erforschung in mehreren Themenstellungen aktuell erfolgt. Gerade bei der Erschließung der Strömung um Windenergieanlagen werden die Vorteile der CFD deutlich, da sich diese meist relativ großen Anlagen experimentell nur schwierig erschließen lassen.

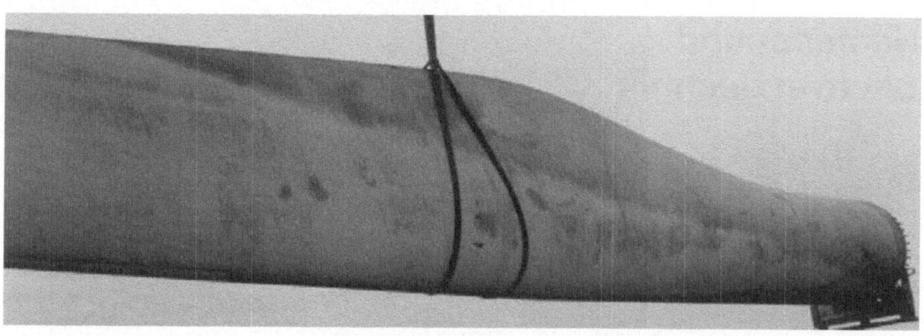

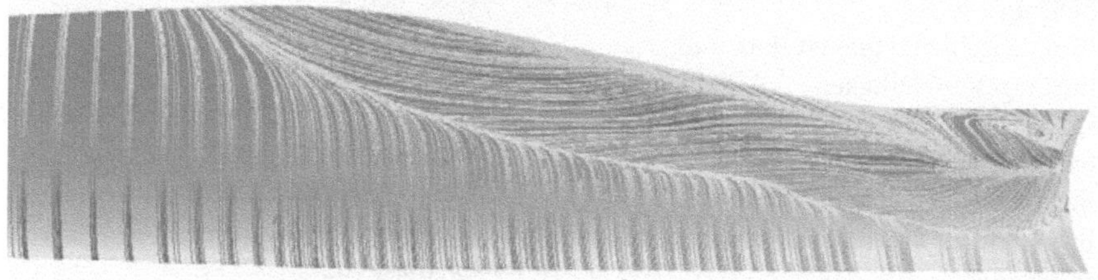

Bild 14.6. oben: Rotorblatt einer Windenergieanlage mit deutlicher Schmutzfläche an der Ablösestelle im Bereich der nabennahen Strömung; unten: Wandnahe Stromlinien am Rotorblatt einer Windenergieanlage [Diplomarbeit KRÄMER, RAUCH, TU Berlin 2007]

Namens- und Sachverzeichnis